Python Django Web典型模块开发实战

寇雪松◎编著

机械工业出版社
China Machine Press

图书在版编目（CIP）数据图书

Python Django Web典型模块开发实战 / 寇雪松编著. —北京：机械工业出版社，2019.7

ISBN 978-7-111-63279-5

Ⅰ. P… Ⅱ. 寇… Ⅲ. 软件工具－程序设计 Ⅳ. TP311.561

中国版本图书馆CIP数据核字（2019）第151824号

Python Django Web 典型模块开发实战

出版发行：机械工业出版社（北京市西城区百万庄大街 22 号 邮政编码：100037）

责任编辑：欧振旭 李华君		责任校对：姚志娟	
印　　刷：中国电影出版社印刷厂		版　　次：2019 年 8 月第 1 版第 1 次印刷	
开　　本：186mm × 240mm 1/16		印　　张：19.75	
书　　号：ISBN 978-7-111-63279-5		定　　价：99.00 元	

客服电话：（010）88361066 88379833 68326294　　投稿热线：（010）88379604

华章网站：www.hzbook.com　　读者信箱：hzit@hzbook.com

前言

Django 是基于 Python 编程语言的三大网站框架之一，是一门需要以实践经验来巩固和提高的技术。对于有一定理论和开发基础的 Django 学习者来说，想要摆脱重章复沓的学习，从而在 Django 技术领域中更上一层楼，学习实战项目案例绝对大有裨益。与着重于理论知识的教程不同，本书着重于对实际开发中的解决方案进行分析，从而让 Django 爱好者在学以致用的过程中走得更加自信，对技术的掌握更加牢靠。

在实际应用中，往往是道理都明白，可真要落实到代码开发上时，就会出现各种沟沟坎坎的情况。例如，一个看似很小的问题挡在了开发者的面前，他们也知道这个问题从理论上说是出在哪个环节，但是具体该怎样解决却无法得知。这种情况下，开发者只能选择去网上搜索相关的解决方案，或者去技术社群中提问，但往往收到的答案大多是以理论为主，并不能解决他们所面临的问题。这不仅会耽误开发者的时间，也会极大地影响他们的心态。

本书抛开空泛的理论，对每一个案例的每一个小功能的实现，都通过详细的图文分析和代码实现娓娓道来。读者跟随着本书进行学习，将会亲身体验一次充实的“知其然并知其所以然”的 Django 进阶实战之旅。

本书特色

1. 内容翔实，注重实战，通过十多个项目案例带领读者学习

本书内容涵盖了收费 API 业务模型的开发、网站防爬虫策略、网站违禁词自查系统的搭建、会员系统的搭建、前后端分离项目的上线部署等大大小小十余个项目模块分析，可以基本解决 Django 学习者从理论到实践过渡过程中经常会遇到的大部分问题。本书内容非常实用，案例的可操作性很强，是一本可以一边学习一边使用的书，书中的不少案例在实际工作中会经常遇到，读者稍加修改就可以应用到自己的项目中。

2. 行文诙谐幽默，案例趣味性强，特别适合学习者理解

本书中的每一个案例都是从一个开发者的视角出发对项目进行综合考虑。文中不乏举出了一些诙谐有趣的案例，来形象、生动地阐述一个项目的功能为什么要这样实现，这样实现有什么好处，不这样实现将有可能造成怎样的后果。比如，在分析登录机制的一章中

就列举了一个因为登录机制的错误选择而导致验证信息被窃取的例子。通过形象生动的例子，大大降低了读者对新知识的理解难度，让读者可以在流畅的学习过程中更加轻松地获取更多的“干货”。

3. 细节清晰，逻辑连贯，保证学习者能够毫不费力地掌握

本书重点着墨于“怎样做”，先力求让读者能够跟着每段代码和每个设置，在自己的计算机上一步一步地将书中所介绍的项目完成一遍。这样可以避免理论方面倒背如流，而真正需要动手敲代码实现时却无从下手的尴尬。这也和本书的讲解理念相吻合，即先让读者知道该怎么做，然后在这个基础上进行原理点拨，这样可以大大提升学习效果。

本书内容

第 1 章　从新浪微博聊起多端应用

假如时至今日，你只会用 Django 开发 PC 端的 Web 项目，还以 Python 全栈工程师自居的话，相信去哪家公司面试都会被当成入职以后需要再培训很久才能帮上忙的“小白”。一旦在老板心中被贴上了“小白”的标签，再怎么乐观也需要至少半年的时间才能撕掉这个标签吧。这一章我们来聊一聊多端开发。

第 2 章　用 Django REST framework 实现豆瓣 API 应用

几年前，用户想要获取豆瓣数据的 API，豆瓣一般都是免费提供的。但是随着近些年数据资产的价值被追捧得越来越高，豆瓣向外提供数据查询的 API 开始收费，包括电影、图书、音乐等所有类目。本章我们就来开发一套仿豆瓣收费的 API 项目。

第 3 章　用 Django 设计大型电商的类别表

本章我们将和读者一起来构建一个能满足大型电商网站业务需求的类别表。如果问所有使用 Django 开发的全栈工程师们为什么爱 Django，相信会有相当一部分人把 Django 的 ORM 摆在所有理由的首位。当某个很“大咖”的编程语言连输出 hello world 都要新建一个类的时候，利用 Django 框架都已经可以通过新建一个类直接构建一个高质量的数据表了。本章我们就通过一个电商项目案例来介绍这个话题。

第 4 章　用 Django 实现百度开发者认证业务模型

虽然我们经常需要对用户身份进行区分，但又不同于普通用户和付费用户这样的区分方法（当然了，这种区分也会在后面的章节中介绍），而是将用户分为生产者和消费者。本章我们将通过一个类似于百度开发者认证业务的项目模型，让大家能够全面、系统地掌

握一个区别于普通网站平台的关键功能的完整搭建流程。

第 5 章　区块链时代与 Token 登录

在本章中，我们好好聊一下 Django 的登录。当然，能够读到本章的读者朋友，想必对于 Django 框架的了解程度最低也是“登堂入室”了，自然不可能连 Django 框架自带的登录这么基础的功能都还没掌握（就算还没掌握也不要紧，因为那并不重要）。我们之所以特意以一章的篇幅聊登录，肯定是要聊一些更有趣、又有用的知识，比如 Token。

第 6 章　实现优酷和爱奇艺会员的 VIP 模式

在本章中，我们来详细地分析一下 Django 的权限管理，从而可以将读者的权限管理这个知识短板彻底补齐。我们首先会从技术和产品的角度分析权限管理在当前互联网领域的重要程度，然后会新建一个 Django 项目实例给大家细致入微地讲解权限管理，最后使用 Django REST framework 的权限管理组件介绍前后端分离项目中如何使用权限管理。

第 7 章　违禁词自审查功能

常见的违禁词自审查功能分为两种：一种是用户提交想要发表的内容，在经过网站的违禁词自审查检验时，发现内容中包含了一些违禁词，提示用户发表失败，并提示用户内容中有哪些违禁词，要求用户修改内容或者放弃发表，这种违禁词自审查功能大多用于长篇博客、影评、网络小说等篇幅较大的内容审查中；另一种则比较适合评论、发帖等内容篇幅比较短小的应用场景，这种违禁词自审查功能会将检测到的违禁词自动替换为*号。在本章中，我们将会开发一个实际项目，向大家介绍这两种违禁词的自审查功能。

第 8 章　分析吾爱破解论坛反爬虫机制

近几年，Python 语言的人气越来越火，从其他编程语言转 Python 语言的群体中，因大数据、人工智能和云计算而转学 Python 的人占了极大一部分；还有一部分人是为了开发爬虫、学习区块链技术、全栈开发和自动化运维等转学 Python，其中因开发爬虫而转学 Python 的群体比例较高。在本章中，我们将会新建一个 Django 项目，实现非常经典的反爬虫机制——频率限制。

第 9 章　关于跨域问题的解决办法

一说到跨域，相信只要开发过前后端分离项目的程序员都不会陌生。但是有很大一部分程序员对于跨域问题是知其然而不知其所以然，也就是说会用，但不知道为什么这样用。在本章中，我们来详细地聊一聊跨域这个话题。

第 10 章　用 Django 实现支付功能

通过学习前面章节的内容可以看出，开发并运营好一个网站是一笔不小的开销。就算不是以盈利为目的的网站开发者，也有必要学习支付功能的相关知识。在本章中，我们将对国内主流支付平台的业务模式进行分析，并以实际的项目案例演示如何实现支付功能。

第 11 章　Redis 缓存——解决亿万级别的订单涌进

如何通过在开发阶段的设置，让网站服务器在面临巨大压力时能够举重若轻地处理这些数据请求，同时将必要的服务器开销降到最低，这已经成为开发者无法避开的一个问题。在本章中，我们就来解决这个问题，分析目前市场上比较通用的解决方案。

第 12 章　前后端分离项目上线部署到云服务器

一个项目开发完成后，接下来要做的事就是将项目上线部署到云服务器上。本章我们就来新建一个前后端分离的项目案例，然后将其分别部署到 Ubuntu 系统上，从而带领大家学习 Django 项目上线部署到云服务器的相关知识点。

本书配套资源获取方式

本书涉及的源代码文件等配套资料需要读者自行下载。请在华章公司的网站 www.hzbook.com 上搜索到本书，然后单击“资料下载”按钮即可在本书页面上找到“配书资源”下载链接，单击链接即可下载。

本书读者对象

- Django 自学者；
- 具有一定基础的 Django 开发者；
- 其他领域具有 Python 基础想转型 Django 开发的人员；
- 想要成为全栈开发工程师的前后端程序员；
- Python 语言爱好者；
- Web 开发项目经理；
- 高校相关专业的学生；
- 培训机构的相关学员。

本书作者

本书由寇雪松编写。感谢在本书编写和出版过程中给予笔者大量帮助的各位编辑！

因作者水平所限，加之写作时间有限，书中可能还存在一些疏漏和不足之处，敬请各位读者批评指正。若您在阅读本书时有疑问，请发电子邮件到 hzbook2017@163.com 以获取帮助。

编著者

目录

第 1 章　从新浪微博聊起多端应用

当人们听到“新浪”，脑海里第一个浮现的关联词是“新浪微博”，而不是“新浪博客”的时候，互联网已经发展到了多端应用的时代。如果一个互联网公司的业务数据，还只能通过 PC 端访问，那么可以丝毫不危言耸听地说，这家互联网公司不论经营的业务是什么，都很难在这个时代有所建树。

同样地，假如时至今日，一个互联网开发者只会用 Django 开发 PC 端的 Web 项目，还以 Python 全栈工程师自居的话，相信他去哪家公司面试，都会被当成入职以后需要再培训很久，才能进入工作的“小白”，一旦在老板心中被贴上“小白”的标签，再怎么乐观，也需要半年的时间来撕掉吧？

其实“小白”跟“老鸟”相差的，不就是“老鸟”比“小白”多了解了一些知识点吗？只不过这些知识点是实际项目中必然会用到，而学校和培训班却很少提及的。一般的程序员，只能在年复一年的工作经验中获得这些知识点。幸运的是，本书里满满的都是这样的知识点，从本章开始，向一只“老鸟”蜕变吧。

1.1　AOP 面对切面编程思想

这一节，我们来介绍多端应用的基础编程思想。站在一个项目架构者的角度，对项目的宏观布局做到胸有成竹是一项必备技能。其实多端应用的概念刚开始火起来的时候，Python 全栈开发还方兴未艾（至少不像近些年这么热），当时 PHP 正如日中天，AOP 就被广泛应用。想要与资深的 Web 开发人员侃侃而谈，那么 AOP 是一个绝佳的谈资。

AOP（Aspect Oriented Programming，面向切面编程），如果要长篇大论地介绍其最早是怎么来的，是通过多少复杂的机制实现的，那将是晦涩难懂的原理，下面举一个例子来跟大家解释什么是 AOP。

假如文轩和阿福家里各有一棵苹果树，今天市场上苹果很畅销，文轩和阿福都很开心，因为他们可以摘苹果去卖钱。但是第二天市场上桃子变得畅销了，苹果滞销了，文轩不开心了，因为他只有一颗苹果树，他的苹果树只能结苹果，长不出桃子来。

但是阿福依然很开心，因为他在他的苹果树上嫁接了一根桃枝，当天就长出了很多桃子，又卖了很多钱。第三天市场上橘子变得畅销了，文轩依然不开心，因为他只有苹果；阿福依然很开心，因为他在苹果树上又嫁接了一根橘子枝。第四天阿福在苹果树上嫁接了一根梨枝，第五天嫁接了一根西瓜枝，第六天嫁接了一根巧克力枝……阿福的做法就是AOP，阿福的苹果树就是一个基于面对切面编程思想架构的 Web。

AOP 在软件架构中的应用非常广泛，是一种如果使用 AOP 架构最好，如果不使用 AOP 也行，至多就是耦合度高点儿的应用。但是在 Web 项目开发中，特别是进入移动互联网时代以来，基于 AOP 思想，对项目进行前后端分离的基本架构，已经成为了一种必须要做的事情。2012 年以前，新浪的 CTO 如果跟 CEO 说："新浪微博只能从 PC 端访问。"那么并没有什么问题，但是，如果今天，新浪的 CTO 跟 CEO 说："新浪微博只能从 PC 端访问。"，那还不如直接说"世界那么大，我想去看看。"显得更文艺一点。

2017 年 12 月，胡润研究院发布了《2017 胡润大中华区独角兽指数》，榜单上的所有"独角兽"公司，都可以通过 PC 端和移动端进行业务访问，这个结果其实是可预料的。是的，现在多端应用可以说是绝大部分公司的业务标配，身为一个程序员，必须要有一棵能长巧克力的苹果树。

1.2 Django 的前后端分离

相信对 Django 有所了解的读者都知道，Django 的普通项目是基于 MVT 模式（Model View Template）开发的，而 Django 的前后端分离项目则是基于 MVVM 模式（Model View ViewModel）开发的，解耦得更彻底，彻底到前后端分离了，甚至可以说分离成了两个项目。

Django 前后端分离项目原理：后端遵循 restful 规范开发 API，与前端进行数据交互，实现多端应用。

1.2.1 什么是 API

API 作为一个互联网行业的术语，很少被直接翻译过来，因为在中文中并没有一个对应的词汇可以完全表达其含义，如果强行翻译，可以被翻译为数据接口，但显然这个翻译并不准确。举个现实中的例子，比如购房网上面有全国房屋买卖的交易数据，万达公司在需要一些房屋交易数据来作为参考投产项目时，如果自己去做社会调研，费时、费力，非常不合算，所以万达公司每年都要向购房网支付数百万元来购买这些交易数据。大家是否考虑过，这一笔交易是以怎样的方式进行的呢？

所谓的一手交钱一手交货，交钱的流程比较简单，只要万达公司将资金汇给购房网就可以了，但是购房网是怎样将全国房屋买卖的交易数据交给万达公司呢？难道是直接将数据库复制给万达公司一份吗？这显然不可能。购房网是将一些 API 和权限交给万达公司的技术人员，万达公司的技术人员就可以通过调用这些 API 获取到他们所需要的交易数据。当然，API 是一个广义的概念，除了可以通过调用 API 获取到数据资源外，还可以通过 API 提供和获取技术服务，在无数的 SDK（软件开发包）中都有所体现。在本章中，我们主要是通过 API 获取数据。

在业内编写这类 API，不论是使用什么编程语言，都需要遵循 RESTful 规范，当然这是众所周知的事情。

1.2.2　RESTful 规范——如何写 API

API 接口应该如何写？API 跟 URL 有什么不同？这绝对是不可以被忽略的问题，如果 API 写得乱七八糟，很有可能会失去负责前端开发的同事的信任。将 API 写得“高大上”，也是一名开发者工匠精神的一种体现。下面来介绍如何写 API。

（1）如果是对同一个表进行数据操作（增、删、改、查），应该使用一条 API，然后根据 method 的不同，进行不同的操作。

```
GET/POST/PUT/DELETE/PATCH
```

（2）面向资源编程，通过 API 提交的参数最好是名词，比如 name，尽量少用动词。

```
http://www.abc.com/name
```

（3）体现版本，在 API 中加入像 v1、v2 这样的版本代号：

```
http://www.abc.com/v1/name
http://www.abc.com/v2/name
```

（4）体现 API，让使用者一眼能看出这是 API 而不是 URL，应该在 API 中加入提示：

```
http://www.abc.com/api/v1/name
http://www.abc.com/api/v2/name
```

（5）使用 HTTPS，这一项原本是为了安全考虑，但是随着国内外互联网环境对安全性越来越重视，谷歌浏览器对所有不是 HTTPS 请求的链接全都会提示用户此链接为不安全链接，腾讯等平台也对小程序等产品强制要求使用 HTTPS 协议。不过，好在国内许多提供云服务的公司，像腾讯云、阿里云等，都提供免费的 SSL 证书，供开发者去申请。

```
https://www.abc.com/api/v1/name
https://www.abc.com/api/v2/name
```

（6）响应式设置状态码，例如，200 和 201 代表操作成功，403 代表权限不够，404 代表没有指定资源，500 代表运行时发现代码逻辑错误等。

```
return HttpResponse('adgbag',status=300)
```

（7）API 的参数中加入筛选条件参数，也可以理解为获取资源优先选择 GET 的方式。

```
https://www.abc.com/api/v2/name?page=1&size=10
```

（8）返回值的规范，不同的 method 操作成功后，后端应该响应的返回值如下：

```
https://www.abc.com/api/v1/name
```

不同的提交方式代表对数据进行不同的操作：

- GET：所有列表。

- POST：新增的数据。

```
https://www.abc.com/api/v1/name/1
```

- GET：单条数据。
- PUT：更新，返回更新的数据。
- PATCH：局部更新，返回更新的数据。
- DELETE：删除，返回空文档。

（9）返回错误信息，应该加入错误代号 code，让用户能直接看出是哪种类型的错误。

```
ret {
    code:1000,
    data:{
        {'id':1,'title':'lala'}
    }
}
```

（10）返回的详细信息，应该以字典的形式放在 data 中。

```
ret {
    code:1000,
    data:{
        {'id':1,'title':'lala','detail':http://www.……}
    }
}
```

RESTful 规范是业内约定俗成的规范，并不是技术上定义的公式，在实际生产使用中，大家还是要根据业务灵活运用。

1.2.3 Django REST framework 简介

在 Python 的 Web 业内广为流传一句话“使用 Python 进行 Web 全栈开发者必会 Django，使用 Django 开发前后端分离项目者必会 Django REST framework”。使用 Python 进行 Web 全栈开发的框架，主流的就有 4 个，但是大家除了使用 Django 以外，其他的都很少使用。Django 本身也拥有一些模块，可以用于完成前后端分离项目的需求，但是大家除了使用 Django REST framework 以外，也很少使用其他模块。

所以但愿读者在读到此处之前，没有浪费更多的时间去学习那些很少会被用到的知识。Django REST framework 之所以能够拥有如此超然的地位，源于其将 Python 语言特有的一些优势发挥得淋漓尽致，虽然其中也有可以再完善的空间，但可以毫不夸张地说，如果可以将 Django REST framework 的 10 个常用组件融会贯通，那么使用 Django 开发前后端分离的项目中有可能遇到的绝大部分需求，都能得到高效的解决。

Django REST framework 的 10 个常用组件如下：

- 权限组件；
- 认证组件；

- 访问频率限制组件；
- 序列化组件；
- 路由组件；
- 视图组件；
- 分页组件；
- 解析器组件；
- 渲染器组件；
- 版本组件。

Django REST framework 官方文档的地址是 https://www.django-rest-framework.org/。

新建一个 Django 项目，命名为 book，作为贯穿本书的演示项目。选择 PyCharm 作为开发工具，在新建目录时，新建 App 命名为 users。

第 2 章　用 Django REST framework 实现豆瓣 API 应用

活跃在互联网上的年轻人中，不论是文艺青年还是非文艺青年，可能都会去逛豆瓣网（以后简称为豆瓣），因此大家对豆瓣并不陌生。豆瓣上多年以来囤积的海量数据，对于无数与文艺相关的项目是非常重要的内容。比如想要开发一个面向喜欢重金属音乐的用户群体的音乐推荐软件，就需要获取豆瓣中重金属类目下的音乐数据信息，以此了解哪些音乐评分较高。

几年前，豆瓣这些数据的 API，都是免费提供给广大开发者的，但是随着近些年数据资产的价值越来越被重视，豆瓣向外提供数据查询的 API 开始收费，包括电影、图书、音乐等所有类目。

开发者想要获得豆瓣上的数据，需要向豆瓣付费，才可以有权限调用相关的 API，而本章就是开发一个这样的业务模型。

2.1　豆瓣 API 功能介绍

豆瓣图书的 API 功能原理是用户通过输入图书的 ISBN 号（书号）、书名、作者、出版社等部分信息，就可获取到该图书在豆瓣上的所有信息。当然，API 中除了要包含检索信息之外，还要包含开发者的 apikey，用来记录开发者访问 API 的次数，以此向开发者收费。目前豆瓣图书的 API 是 0.3 元/100 次。

2.2　Django REST framework 序列化

序列化（Serialization）是指将对象的状态信息转换为可以存储或传输形式的过程。在客户端与服务端传输的数据形式主要分为两种：XML 和 JSON。在 Django 中的序列化就是指将对象状态的信息转换为 JSON 数据，以达到将数据信息传送给前端的目的。

序列化是开发 API 不可缺少的一个环节，Django 本身也有一套做序列化的方案，这个方案可以说已经做得很好了，但是若跟 Django REST framework 相比，还是不够极致，速度不够快。

2.2.1　Postman 的使用

Postman 是一款非常流行的 API 调试工具，其使用简单、方便，而且功能强大。

通过 Postman 可以便捷地向 API 发送 GET、POST、PUT 和 DELETE 请求，几乎是资深或者伪资深开发人员调试 API 的首选。当然，这并不是 Postman 在开发领域如此受欢迎的唯一理由。Postman 最早是以 Chrome 浏览器插件的形式存在，可以从 Chrome 应用商店搜索、下载并安装，后来因为一些原因，Chrome 应用商店在国内无法访问，2018 年 Postman 停止了对 Chrome 浏览器的支持，提供了独立安装包，不再依赖 Chrome，同时支持 Linux、Windows 和 Mac OS 系统。

测试人员做接口测试会有更多选择，例如 Jmeter 和 soapUI 等，因为测试人员就是完成产品的测试，而开发人员不需要有更多的选择，毕竟开发人员是创新者、创造者。Postman 的下载地址是 https://www.getpostman.com/apps。

2.2.2　用 serializers.Serializer 方式序列化

还记得我们在第 1 章中新建的 Django 项目 book 吗？下面我们来一起在这个项目中一步一步地通过 Serializer 序列化组件，完成豆瓣 API 核心功能的开发。

（1）打开项目 book。

（2）安装 Django REST framework 及其依赖包 markdown 和 django-filter。命令如下：

```
pip install djangorestframework markdown django-filter
```

（3）在 settings 中注册，代码如下：

```
INSTALLED_APPS = [
    'django.contrib.admin',
    'django.contrib.auth',
    'django.contrib.contentTypes',
    'django.contrib.sessions',
    'django.contrib.messages',
    'django.contrib.staticfiles',
    'users.apps.UsersConfig',
    'rest_framework'
]
```

（4）设计 users 的 models.py，重构用户表 UserProfile，增加字段 APIkey 和 money。当然，为了演示核心功能，可以建立一张最简单的表，大家可以根据个人喜好增加一些业务字段来丰富项目功能。

```
from django.db import models
from django.contrib.auth.models import AbstractUser
# Create your models here.
class UserProfile(AbstractUser):
```

```
        """
        用户
        """
APIkey=models.CharField(max_length=30,verbose_name='APIkey',default='abcdef
ghigklmn')
        money=models.IntegerField(default=10,verbose_name='余额')
        class Meta:
            verbose_name='用户'
            verbose_name_plural = verbose_name
        def __str__(self):
            return self.username
```

（5）在 settings 中配置用户表的继承代码：

```
    AUTH_USER_MODEL='users.UserProfile'
```

（6）在 users 的 models.py 文件中新建书籍信息表 book，为了演示方便，我们姑且将作者字段并入书籍信息表，读者在实际项目中可根据业务模式灵活设计数据表 model：

```
    from datetime import datetime
    from django.db import models
    class Book(models.Model):
        """
        书籍信息
        """
        title=models.CharField(max_length=30,verbose_name='书名',default='')
        isbn=models.CharField(max_length=30,verbose_name='isbn',default='')
        author=models.CharField(max_length=20,verbose_name='作者',default='')
        publish=models.CharField(max_length=30,verbose_name='出版社',default='')
        rate=models.FloatField(default=0,verbose_name='豆瓣评分')
        add_time = models.DateTimeField(default=datetime.now, verbose_name='
添加时间')
        class Meta:
            verbose_name='书籍信息'
            verbose_name_plural = verbose_name
        def __str__(self):
            return self.title
```

（7）执行数据更新命令：

```
    python manage.py makemigrations
    python manage.py migrate
```

（8）建立一个超级用户，用户名为 admin，邮箱为 1@1.com，密码为 admin1234。

```
    python manage.py createsuperuser
    Username: admin
    邮箱: 1@1.com
    Password:
    Password (again):
```

（9）通过 PyCharm 的 Databases 操作面板，直接在 book 表内增加一条记录，title 为一个书名，isbn 为 777777，author 为一个作者，publish 为一个出版社，rate 为 6.6，add_time 为 154087130331。

（10）准备工作已经完成，接下来是我们的“正片”开始啦。在 users 目录下新建 py 文件 serializers，将序列化的类代码写入其中：

```
from rest_framework import serializers
from .models import UserProfile,Book
class BookSerializer(serializers.Serializer):
    title=serializers.CharField(required=True,max_length=100)
    isbn=serializers.CharField(required=True,max_length=100)
    author=serializers.CharField(required=True,max_length=100)
    publish=serializers.CharField(required=True,max_length=100)
    rate=serializers.FloatField(default=0)
```

（11）在 users/views 中编写视图代码：

```
from .serializers import BookSerializer
from rest_framework.views import APIView
from rest_framework.response import Response
from .models import UserProfile,Book
class BookAPIView1(APIView):
    """
    使用 Serializer
    """
    def get(self, request, format=None):
        APIKey=self.request.query_params.get("apikey", 0)
        developer=UserProfile.objects.filter(APIkey=APIKey).first()
        if developer:
            balance=developer.money
            if balance>0:
                isbn = self.request.query_params.get("isbn", 0)
                books = Book.objects.filter(isbn=int(isbn))
                books_serializer = BookSerializer(books, many=True)
                developer.money-=1
                developer.save()
                return Response(books_serializer.data)
            else:
                return Response("兄弟，又到了需要充钱的时候！好开心啊！")
        else:
            return Response("查无此人啊")
```

（12）在 urls 中配置路由如下：

```
from django.contrib import admin
from django.urls import path
from users.views import BookAPIView1
urlpatterns = [
    path('admin/', admin.site.urls),
    path('apibook1/',BookAPIView1.as_view(),name='book1'),
]
```

至此，我们可以运行 book 项目，使用 Postman 访问 API 来测试一下啦。我们用 Postman 的 GET 方式访问 API：

```
http://127.0.0.1:8000/apibook1/?apikey=abcdefghigklmn&isbn=777777
```

我们获得了想要的 JSON 数据：

```
[
    {
        "title": "一个书名",
        "isbn": "777777",
        "author": "一个作者",
        "publish": "一个出版社",
        "rate": 6.6
    }
]
```

然后到数据库中查看一下，发现用户 admin 的 money 被减去了 1，变成了 9。当我们用 Postman 故意填错 apikey 时，访问：

```
http://127.0.0.1:8000/apibook1/?apikey=abcdefghigklmn33&isbn=777777
```

API 返回的数据为：

```
"查无此人啊"
```

当我们连续访问 10 次：

```
http://127.0.0.1:8000/apibook1/?apikey=abcdefghigklmn&isbn=777777
```

API 返回的数据为：

```
"兄弟，又到了需要充钱的时候！好开心啊！"
```

至此，一个简单的模仿豆瓣图书 API 的功能就实现了。在实际的项目中，这样的实现方式虽然原理很清晰，但是存在着很明显的短板，比如被查询的表的字段不可能只有几个，我们在真正调用豆瓣图书 API 的时候就会发现，即使只查询一本书的信息，由于有很多的字段和外键字段，返回的数据量也会非常大。如果使用 Serializer 进行序列化，那么工作量实在太大，严重影响了开发效率。

所以，这里使用 Serializer 进行序列化，目的是让大家通过这种序列化方式更加轻松地理解 Django REST framework 的序列化原理。在实际生产环境中，更加被广泛应用的序列化方式是采用了 Django REST framework 的 ModelSerializer。

2.2.3 用 serializers.ModelSerializer 方式序列化

在上一节中，我们通过使用 Django REST framework 的 Serializer 序列化，实现了一个模仿豆瓣图书 API 的功能，在这一节，我们将要使用 Django REST framework 的 ModelSerializer 来实现这个功能。因为都是在 book 项目中，所以上一节中介绍的很多步骤我们没有必要重复。我们现在要做的，首先是到数据库中的 UserProfile 表中，将用户 admin 的 money 从 0 修改回 10，不然 API 只能返回提醒充值的数据。

在 users/Serializer.py 中，写 book 的 ModelSerializer 序列化类：

```
from rest_framework import serializers
from .models import UserProfile,Book
class BookModelSerializer(serializers.ModelSerializer):
    class Meta:
        model = Book
        fields="__all__"                    #将整个表的所有字段都序列化
```

在 users/views.py 中，编写基于 BookModelSerializer 的图书 API 视图类：

```
from .serializers import BookModelSerializer
from rest_framework.views import APIView
from rest_framework.response import Response
from .models import UserProfile,Book
class BookAPIView2(APIView):
    """
    使用 ModelSerializer
    """
    def get(self, request, format=None):
        APIKey=self.request.query_params.get("apikey", 0)
        developer=UserProfile.objects.filter(APIkey=APIKey).first()
        if developer:
            balance=developer.money
            if balance>0:
                isbn = self.request.query_params.get("isbn", 0)
                books = Book.objects.filter(isbn=int(isbn))
                books_serializer = BookModelSerializer(books, many=True)
                developer.money-=1
                developer.save()
                return Response(books_serializer.data)
            else:
                return Response("兄弟，又到了需要充钱的时候！好开心啊！")
        else:
            return Response("查无此人啊")
```

注意：使用 ModelSerializer 序列化对应的视图类与使用 Serializer 进行序列化对应的视图类，除了序列化的方式不同，其他的代码都是相同的。

在 urls 中配置路由代码：

```
from django.contrib import admin
from django.urls import path
from users.views import BookAPIView1,BookAPIView2
urlpatterns = [
    path('admin/', admin.site.urls),
    path('apibook1/',BookAPIView1.as_view(),name='book1'),
    path('apibook2/',BookAPIView2.as_view(),name='book2'),
]
```

使用 Postman 对 API 进行测试，用 GET 的方式访问：

```
http://127.0.0.1:8000/apibook2/?apikey=abcdefghigklmn&isbn=777777
```

返回书籍所有的字段数据：

```
[
    {
```

```
        "id": 1,
        "title": "一个书名",
        "isbn": "777777",
        "author": "一个作者",
        "publish": "一个出版社",
        "rate": 6.6,
        "add_time": null
    }
]
```

注意：这里的 add_time 字段为 null，是因为这个项目使用了 Django 默认的 db.sqlite3 数据库。由于 db.sqlite3 在存储时间字段的时候，是以时间戳的格式保存的，所以直接使用 Django REST framework 的 Serializer 进行序列化失败。在实际项目中，我们会选择 MySQL 等主流数据库，就不会出现这种情况了。

可以看出，对于一条有很多字段的数据记录来说，使用 ModelSerializer 的序列化方式，可以一句话将所有字段序列化，非常方便。当然，ModelSerializer 也可以像 Serializer 一样对某几个特定字段进行序列化，写法也很简单，只需要对原本的 BookModelSerializer 修改一行代码：

```
class BookModelSerializer(serializers.ModelSerializer):
    class Meta:
        model = Book
        # fields="__all__"                          #将整个表的所有字段都序列化
        fields = ('title', 'isbn', 'author')       #指定序列化某些字段
```

使用 Postman 对 API 进行测试，用 GET 的方式访问：

```
http://127.0.0.1:8000/apibook2/?apikey=abcdefghigklmn&isbn=777777
```

返回的数据就成了：

```
[
    {
        "title": "一个书名",
        "isbn": "777777",
        "author": "一个作者"
    }
]
```

至此，我们对 Django REST framework 的两种序列化方式做一个总结：Serializer 和 ModelSerializer 两种序列化方式中，前者比较容易理解，适用于新手；后者则在商业项目中被使用的更多，在实际开发中建议大家多使用后者。

记得笔者初学 Django REST framework 时，一直很困惑于用哪种序列化方式更好。因为许多教材中都将 Django REST framework 的 Serializer 和 ModelSerializer，与 Django 的 Form 和 ModelForm 做对比，虽然二者相似，在优劣选择上却是不同的。Form 虽然没有 ModelForm 效率高，但是 ModelForm 的使用增加了项目的耦合度，不符合项目解耦原则，所以 Form 比 ModelForm 更优（除了字段量过大的情况）；而 ModelSerializer 有 Serializer

所有的优点，同时并没有比 Serializer 明显的不足之外，所以 ModelSerializer 比 Serializer 更优。

2.3　Django REST framework 视图三层封装

其实，Django REST framework 中最令人困惑的并不是 Serializer 与 ModelSerializer 的选择，而是三层封装的视图使用哪种好？到底应该怎样选择？视图层层封装，层层嵌套，令人混乱不堪，再加上版本更替，许多教程与实际项目中的演示对不上号，学习起来更是晦涩难懂。

最无奈的是，就算硬着头皮将文档教程“啃”下来，但依然困惑于实现一个功能，到底应该封装几层，使用哪种视图方式，根本不敢贸然选择，犹豫不决之间又浪费了许多时间。因此业内有十个抛弃 Django REST framework 的人里九个是因为视图封装之说。我们将会在下一节聊一聊视图的三层封装，如果你也是一个对 Django REST framework 视图的三层封装如鲠在喉的程序员，可要打起精神来。

2.3.1　用 mixins.ListModelMixin+GenericAPIView 的方式实现视图封装

在users/views.py中，使用mixins.ListModelMixin+GenericAPIView编写基于Book ModelSerializer的图书 API 视图类。代码如下：

```
from .serializers import BookModelSerializer
from rest_framework.response import Response
from .models import UserProfile,Book
from rest_framework import mixins
from rest_framework import generics
ookMixinView1(mixins.ListModelMixin,generics.GenericAPIView):
    queryset=Book.objects.all()
    serializer_class = BookModelSerializer
    def get(self,request,*args,**kwargs):    #如果这里不加 get 函数，代表默认不
                                             支持 get 访问这个 api，所以必须加上
        APIKey = self.request.query_params.get("apikey", 0)
        developer = UserProfile.objects.filter(APIkey=APIKey).first()
        if developer:
            balance=developer.money
            if balance>0:
                isbn = self.request.query_params.get("isbn", 0)
                developer.money -= 1
                developer.save()
                self.queryset = Book.objects.filter(isbn=int(isbn))
                return self.list(request, *args, **kwargs)
            else:
                return Response("兄弟，又到了需要充钱的时候！好开心啊！")
        else:
```

```
            return Response("查无此人啊")
```

在 urls 中配置路由代码如下：

```
from django.contrib import admin
from django.urls import path
from users.views import BookAPIView1,BookAPIView2
from users.views import BookMixinView1
urlpatterns = [
    path('admin/', admin.site.urls),
    path('apibook1/',BookAPIView1.as_view(),name='book1'),
    path('apibook2/',BookAPIView2.as_view(),name='book2'),
    path('apibook3/',BookMixinView1.as_view(),name='book3'),
]
```

这时，我们再使用 Postman 对 API 进行测试，用 GET 的方式访问：

```
http://127.0.0.1:8000/apibook3/?apikey=abcdefghigklmn&isbn=777777
```

我们获得了跟使用 APIView 编写的 API 视图同样的效果，也获得了以下数据：

```
[
    {
        "title": "一个书名",
        "isbn": "777777",
        "author": "一个作者"
    }
]
```

2.3.2 用 generics.ListAPIView 的方式实现视图封装

在 users/views.py 中，使用 generics.ListAPIView 编写基于 BookModelSerializer 的图书 API 视图类，代码如下：

```
from .serializers import BookModelSerializer
from rest_framework.response import Response
from .models import UserProfile,Book
from rest_framework import mixins
from rest_framework import generics
class BookMixinView2(generics.ListAPIView):
    queryset = Book.objects.all()
    serializer_class = BookModelSerializer
    def get(self,request,*args,**kwargs):
        APIKey = self.request.query_params.get("apikey", 0)
        developer = UserProfile.objects.filter(APIkey=APIKey).first()
        if developer:
            balance=developer.money
            if balance>0:
                isbn = self.request.query_params.get("isbn", 0)
                developer.money -= 1
                developer.save()
                self.queryset = Book.objects.filter(isbn=int(isbn))
                return self.list(request, *args, **kwargs)
            else:
```

```
            return Response("兄弟，又到了需要充钱的时候！好开心啊！")
        else:
            return Response("查无此人啊")
```

在 urls 中配置路由代码：

```
from django.contrib import admin
from django.urls import path
from users.views import BookAPIView1,BookAPIView2
from users.views import BookMixinView1,BookMixinView2
urlpatterns = [
    path('admin/', admin.site.urls),
    path('apibook1/',BookAPIView1.as_view(),name='book1'),
    path('apibook2/',BookAPIView2.as_view(),name='book2'),
    path('apibook3/',BookMixinView1.as_view(),name='book3'),
    path('apibook4/',BookMixinView2.as_view(),name='book4'),
]
```

使用 Postman 对 API 进行测试，用 GET 的方式访问：

```
http://127.0.0.1:8000/apibook4/?apikey=abcdefghigklmn&isbn=777777
```

我们获得了跟使用 APIView 编写的 API 视图同样的效果，也获得了以下数据：

```
[
    {
        "title": "一个书名",
        "isbn": "777777",
        "author": "一个作者"
    }
]
```

注意：使用 mixins.ListModelMixin+generics.GenericAPIView 对 APIView 进行一次封装，至少需要加一个 get 函数：

```
def get(self,request,*args,**kwargs):
    return self.list(request,*args,**kwargs)
```

而使用 generics.ListAPIView 则可以不用加这个函数，因为 generics.ListAPIView 相对于 mixins.ListModelMixin+generics.GenericAPIView 而言，所谓的封装，就是封装了一个 get 函数罢了。

2.3.3　用 viewsets+Router 的方式实现视图封装

在 users/views.py 中，使用 viewsets.ModelViewSet 编写基于 BookModelSerializer 的图书 API 视图类，代码如下：

```
from .serializers import BookModelSerializer
from rest_framework.response import Response
from .models import UserProfile,Book
from rest_framework import viewsets
from rest_framework.permissions import BasePermission
```

```
class IsDeveloper(BasePermission):
    message='查无此人啊'
    def has_permission(self,request,view):
        APIKey = request.query_params.get("apikey", 0)
        developer = UserProfile.objects.filter(APIkey=APIKey).first()
        if developer:
            return True
        else:
            print(self.message)
            return False
class EnoughMoney(BasePermission):
    message = "兄弟，又到了需要充钱的时候！好开心啊！"
    def has_permission(self,request,view):
        APIKey = request.query_params.get("apikey", 0)
        developer = UserProfile.objects.filter(APIkey=APIKey).first()
        balance = developer.money
        if balance > 0:
            developer.money -= 1
            developer.save()
            return True
        else:
            return False
class BookModelViewSet(viewsets.ModelViewSet):
    authentication_classes = []
    permission_classes = [IsDeveloper, EnoughMoney]
    queryset = Book.objects.all()
    serializer_class = BookModelSerializer
    def get_queryset(self):
        isbn = self.request.query_params.get("isbn", 0)
        books = Book.objects.filter(isbn=int(isbn))
        queryset=books
        return queryset
```

在 urls 中配置路由代码：

```
from django.contrib import admin
from django.urls import path
from users.views import BookAPIView2
from users.views import BookMixinView1,BookMixinView2
from users.views import BookModelViewSet
from rest_framework.routers import DefaultRouter
from django.conf.urls import include
router=DefaultRouter()
router.register(r'apibook5',BookModelViewSet)
urlpatterns = [
    path('admin/', admin.site.urls),
    path('apibook2/',BookAPIView2.as_view(),name='book2'),
    path('apibook3/',BookMixinView1.as_view(),name='book3'),
    path('apibook4/',BookMixinView2.as_view(),name='book4'),
    path('',include(router.urls))
]
```

使用 Postman 对 API 进行测试，用 GET 的方式访问：

```
http://127.0.0.1:8000/apibook5/?apikey=abcdefghigklmn&isbn=777777
```

获得了以下数据：

```
[
    {
        "title": "一个书名",
        "isbn": "777777",
        "author": "一个作者"
    }
]
```

当我们连续 10 次用 get 访问 API 后，得到以下提示信息：

```
{
    "detail": "兄弟，又到了需要充钱的时候！好开心啊！"
}
```

注意：Django REST framework 的权限组件有一个原则，即没有认证就没有权限！所以我们可以看见，在视图类 BookModelViewSet 中不但加入了 permission_classes = [IsDeveloper, EnoughMoney]，还加入了 authentication_classes = []这样一个空列表。这一行代码是必须加的，如果不加，虽然权限组件依然起作用，但是在权限通不过的时候，detail 将不会显示我们自定义的 message 的内容，而永远只是提示认证未通过。

2.3.4　小结

在这一章中，我们使用 Django REST framework 三层封装（APIView、mixins 和 viewsets）分别实现了一遍豆瓣图书 API 的功能。对比这 3 种视图封装方式，大家觉得哪一种更优一些呢？

相信有很多 Django REST framework 的学习者，在学到视图封装的时候，都会认为 APIView 这一层封装的知识点还是比较好领会的，一切的麻烦都是从 mixins 开始，mixins 虽然只是在 APIView 的基础上又做了一层封装，但是根据不同的 method，又分成了 mixins.ListModelMixin、generics.GenericAPIView 和 generics.ListAPIView，这样非常容易让人认为所谓 Django REST framework 的三层视图封装，指的是 APIView、mixins 和 Generics.ListAPIView，然后当发现文档后面的 viewsets 时，概念瞬间就凌乱了，甚至学完 viewsets，脑中依然一片混乱。

当读者发现有这么多方式可以实现同一个功能时，非常容易在选择时犹豫不决，再加上 Django REST framework 的许多教程中，经常会出现一些诸如“像魔法一样”“非常强大”、“很简单”这类故弄玄虚的词，令人更加困扰。

那么，到底该怎样选择视图封装呢？我们马上就将得到一个相对确切的答案。

首先，我们来剖析视图的封装层数。要知道，我们经常说到的 Django REST framework 的“三层视图封装”，并不是仅仅封装了三层，下面解剖一个 viewsets.ModelViewSet 看一下：

```
class ModelViewSet(mixins.CreateModelMixin,
                   mixins.RetrieveModelMixin,
                   mixins.UpdateModelMixin,
                   mixins.DestroyModelMixin,
                   mixins.ListModelMixin,
                   GenericViewSet):
class GenericViewSet(ViewSetMixin, generics.GenericAPIView):
class GenericAPIView(views.APIView):
```

可以看出，从 APIView 到 views.ModelViewSet，mixins 只是个过程，mixins 存在的价值，更多的是为了帮助 Django REST framework 学习者，更加容易地理解视图封装的原理。但事实上似乎并没有起到帮助作用。可以说，我们在今后的项目中，只需要优先在 APIView 和 viewsets 中选择即可。至于 mixins 就好像是斐波那契数列一样，几乎永远不会缺席于应聘 Django REST framework 技术岗位的笔试题中，但在实际项目中却很少能用得上。

APIView 和 viewsets 应该怎样选择呢？Django REST framework 的官方文档中也有介绍过二者的取舍问题，但帮助不大。以我们在本章中实现的豆瓣图书 API 这个功能来看，viewsets 虽然对 APIView 做了封装，但结果反而是代码更多了，逻辑更麻烦了，显然，像这类情况，我们应该选择 APIView。总结一下，当视图要实现的功能中，存在数据运算、拼接的业务逻辑时，比如本章例子中，API 成功访问一次，用户表中的 money 记录减少 1，可以一律选择 APIView 的方式来写视图类，除此以外，优先使用 viewsets 的方式来写视图类，毕竟使用 viewsets+Router 在常规功能上效率极高。

第 3 章　用 Django 设计大型电商的类别表

在本章中，我们将要做一个符合数据量庞大的电商平台的类别表。看似使用 SQL 语句就可以完成的功能需求，其实并没有想象中那么简单。对于如天猫和京东这样数据量庞大的电商类平台来说，类别表内的数据记录是存在层层嵌套的，如果采用传统的构建数据表的方式来完成功能需求，是非常难以实现的。通过本章的学习，我们就可以了解到，如何使用 Django 来设计一张数据表，以实现数据量庞大的商品分类需求。

3.1　电商类别表的项目功能需求

本节将分析电商“大鳄”的类别表中实现了哪些功能。让我们从宏观角度来观察一下大型的企业电商对于类别表的设计思路，从而提升和夯实我们对于数据库设计的水平。相信从这一节中，读者会对数据类别表有一个重新的认识，从而对以后实战项目中的数据库设计，能够做到胸有成竹。

3.1.1　类别表需求分析

如图 3-1 所示，天猫、京东，以及目前国内的一线电商平台，大多都是以这种结构作为首页上方的分类导航界面，将树状分类导航与轮播图镶嵌在一起，这样从网页设计角度上来讲，可以用最少的空间呈现最多的数据信息。当然，使用 Django 主要是分析后端的逻辑，前端的网页设计并不是本书的重点。

大家可以将图 3-1 与天猫或者京东的首页进行对比查看。如图 3-1 所示，在轮播图上方是一级类目，包括商品分类及一些业务分类。当我们将光标悬浮在任何一个二级类目上时，就会出现在此二级类目下的三级类目、二级类目所包含领域的一些推荐品牌的 Logo，以及在三级类目中比较热门的一些四级类目的搜索内容。

这样听起来似乎有一点绕，我们可以拿天猫来举一个例子。比如图 3-1 中的一级类目，在天猫中，这些一级类目是“商品分类”“天猫超市”“天猫国际”“喵生鲜”等，二级类目是“女装/内衣”“男装/户外运动”“女鞋/男鞋/箱包”等，当我们将光标移动悬浮到某一个二级类目上方时，比如将光标悬浮到“女鞋/男鞋/箱包”这个类目上方，在原本轮播图的上面，就会出现一个新的导航页将其覆盖，而在导航页中分为左、中、右三个结构，左边这一列就是三级类目，比如“推荐女鞋”“潮流男鞋”“女单鞋”“特色鞋”等，中间这一列就是四级类目，比如“潮流过膝靴”“气质百搭踝靴”“永远的帆布鞋”，右边这一列则是一些品牌 Logo，比如“李宁”“耐克”“乔丹”等。总结一下，类别表的设计需求如下：

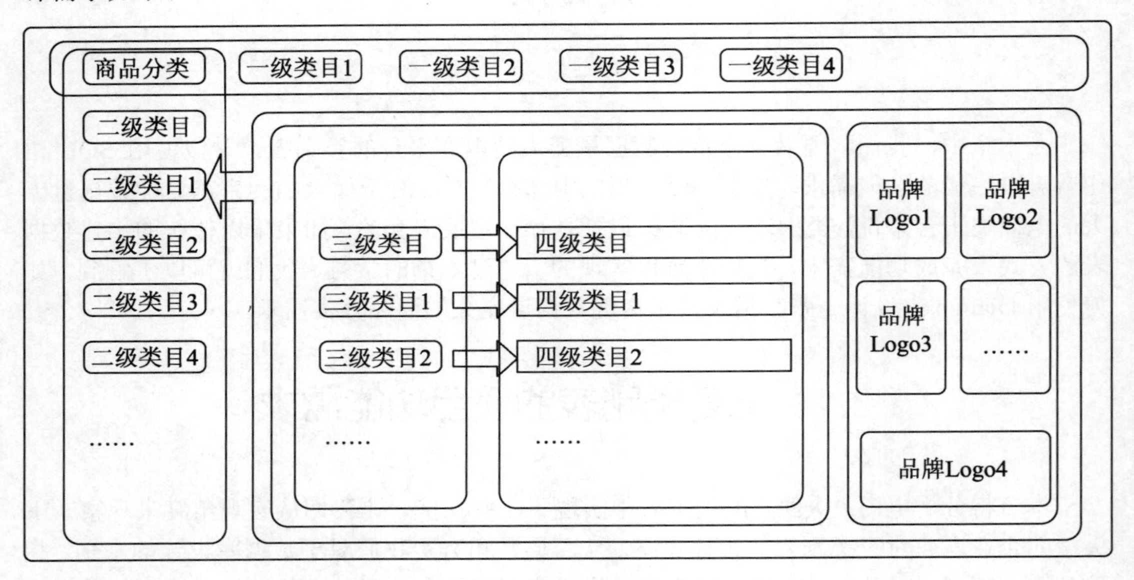

图 3-1　电商分类导航栏草图

（1）类别表必须包含多级类目，至少分为四级类目。

（2）类别表每一级类目数据都要有各自类目级别的标注，以便前端进行网页设计。

（3）类别表内的类别数据，必须可以灵活地进行增、减，并且不会因此而改变其上下层级的数据关系。

3.1.2　使用 Vue.js 在前端开发一个电商导航栏项目 demo1

在 3.1.1 节中，我们了解到了一个大型的电商网站的导航栏类别表的项目需求。本节我们将使用 Vue.js 开发一个电商导航栏的前端 demo。

什么是 Vue.js？在回答这个问题之前，我们需要先了解一个概念：前端框架。

在第 1 章中，我们详细地讲述了什么是前后端分离，以及在当今技术领域，使用前后端分离面相切面编程的技术模式，来处理多端应用开发的需求。既然是前后端分离，有后端框架 Django，当然也要有前端框架。前端框架与后端框架不同，后端框架 Django 是为 Python 处理网站后端逻辑而创造出来的，Django 之于 Python，就如同 ThinkPHP 之于

PHP，.NET 之于 C#，几乎每一种后端框架，都对应着一种编程语言。但是对于前端框架而言，所有的前端框架，都只对应 HTML+CSS+JavaScript 语言，绝大多数的前端框架，都是为了将 HTML+CSS+JavaScript 工程化而产生的。

Vue.js 就是一个前端框架。Vue.js 的单页面应用模式对于前端技术的影响非常深远，包括微信小程序在内的很多前端原生语言，都是借鉴了此模式。

Vue.js 是一个构建数据驱动的 Web 界面渐进式框架，与 Angular 和 React 并称为前端三大框架，而 Vue.js 框架是由华人尤雨溪所创造，开发文档更适合中国人阅读，而且尤雨溪也已经加盟阿里巴巴，所以 Vue.js 在国内也得到了阿里巴巴的推广，已经成为了国内最热门的前端框架之一。Vue.js 的知识非常简单，如果大家已经掌握了 HTML+CSS+JavaScript 语言，通过 Vue.js 的官方文档，只需要几个小时的学习，就可以轻松上手 Vue.js 框架了。Vue.js 是实现多端并行中非常重要，也是非常基础的一个技术。

下面我们来搭建 Vue.js 的开发环境：

（1）下载 Node.js。

Node.js 官网地址为 https://nodejs.org/en/，如图 3-2 所示，选择适合大多数用户使用的稳定版本 10.15.0LTS 安装包。

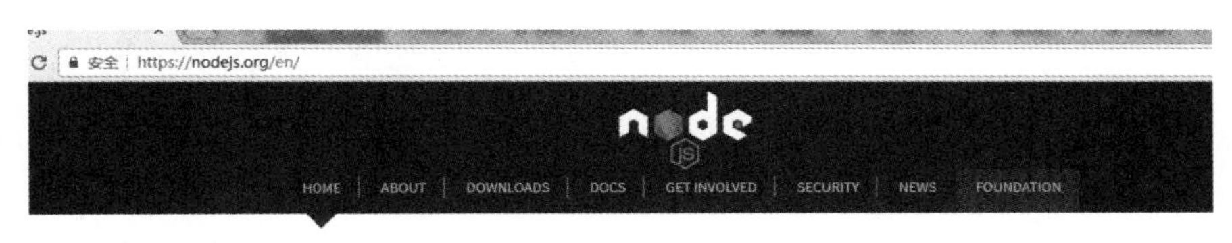

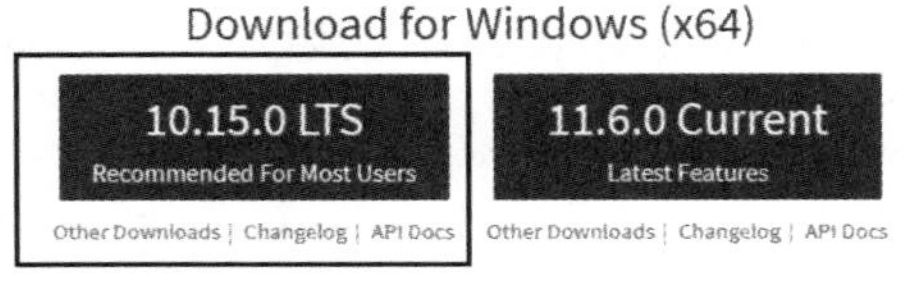

图 3-2　Node.js 官网首页

注意： 如图 3-2 所示，这里下载的是适合 Windows 64 位操作系统的 Node.js。由于 Node.js 的下载和安装非常简单，所以这里只介绍 Windows 64 位操作系统下 Node.js 的下载与安装方法。Mac OS 系统和 Linux 系统下的下载和安装方法，大家可以自行在网上查看相关教程。

（2）安装 Node.js。

将 Node.js 安装包 msi 文件下载到计算机中，双击安装包，打开 Node.js 安装对话框，如图 3-3 所示，然后单击 Next 按钮。

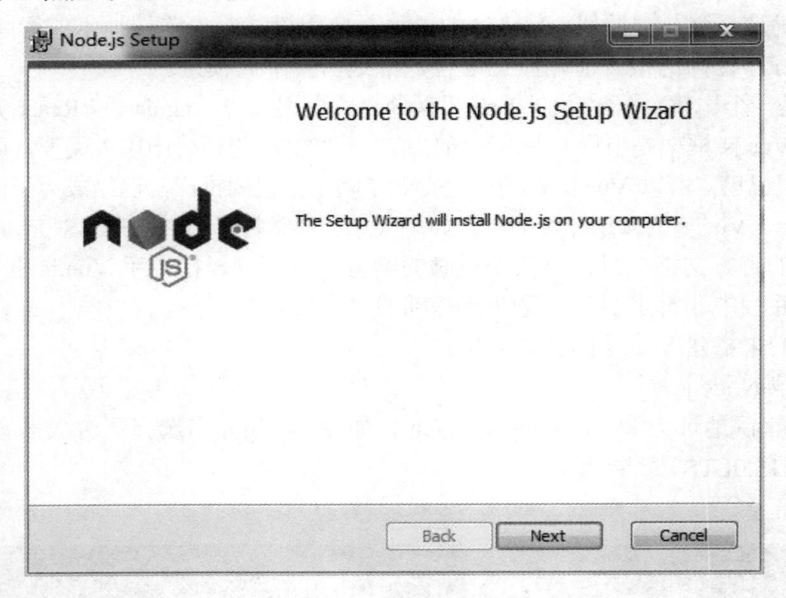

图 3-3　Node.js 安装第 1 步

在进入的对话框中，勾选同意协议，然后单击 Next 按钮，进入下一步，如图 3-4 所示。

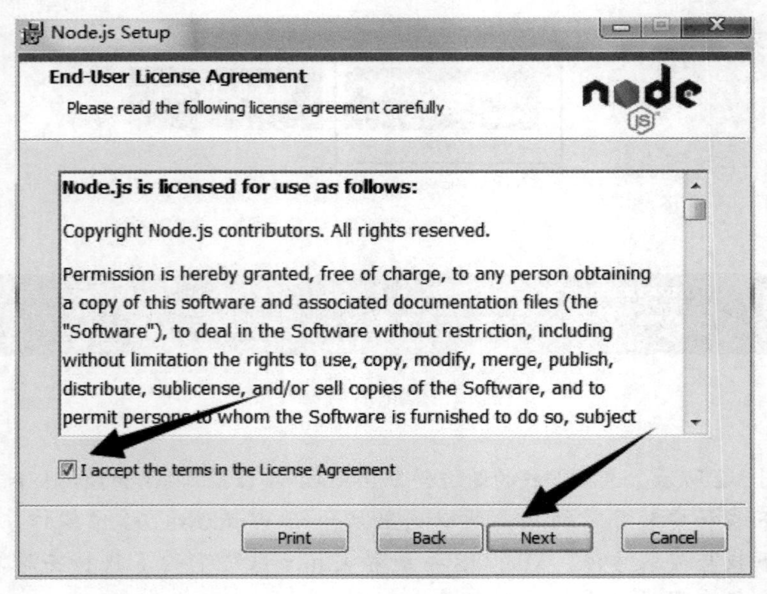

图 3-4　Node.js 安装第 2 步

在进入的对话框中，单击 Change…按钮可以自定义将 Node.js 安装到哪个路径，也可以不做修改，安装在默认路径下。然后单击 Next 按钮，进入下一步，如图 3-5 所示。

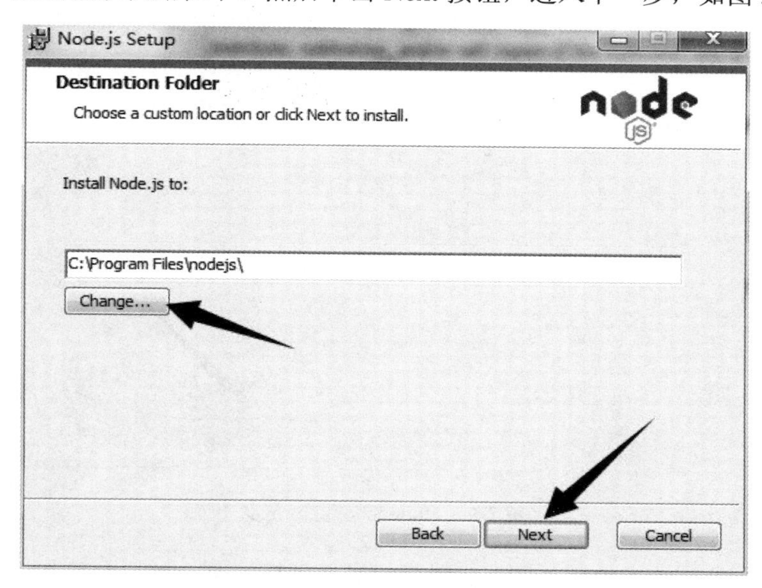

图 3-5　Node.js 安装第 3 步

在进入的对话框中，单击 Next 按钮，进入下一步，如图 3-6 所示。

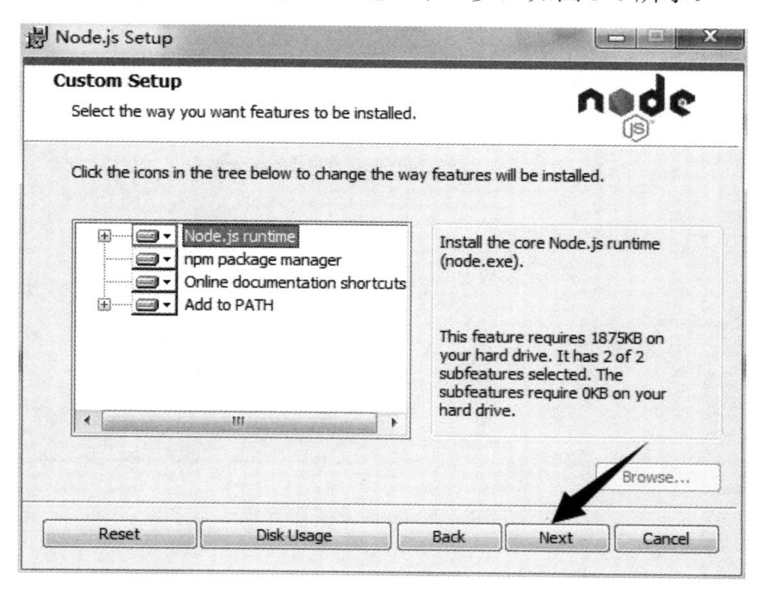

图 3-6　Node.js 安装第 4 步

在进入的对话框中，单击 Install 按钮进行安装，如图 3-7 所示。

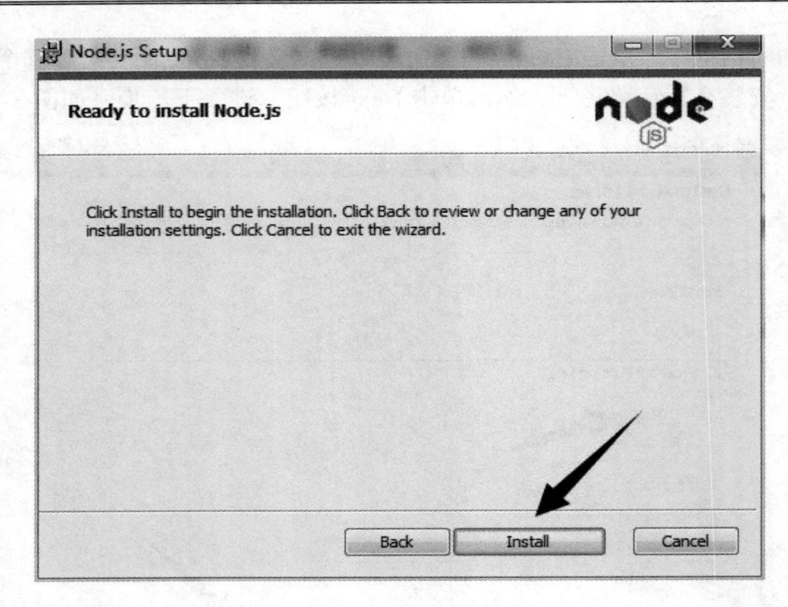

图 3-7　Node.js 安装第 5 步

经过几分钟的等待，出现如图 3-8 所示的对话框后，单击 Finish 按钮，完成安装。

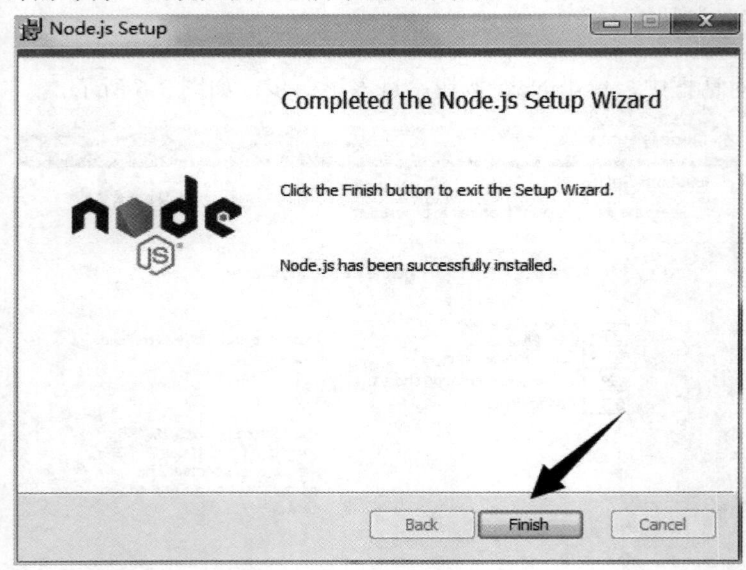

图 3-8　Node.js 安装第 6 步

（3）查看 Node.js 是否安装成功。

通过单击桌面左下角的“开始”按钮，然后输入 cmd，打开 cmd.exe 程序，如图 3-9 所示。

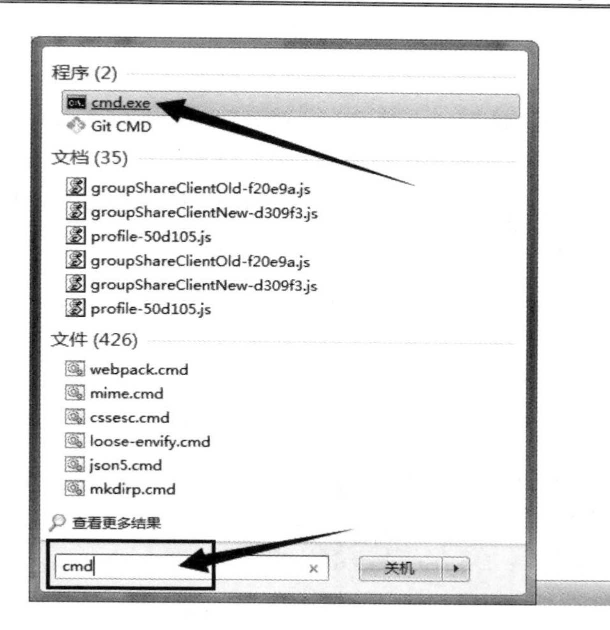

图 3-9　打开 cmd.exe 程序

在 cmd 操作界面输入以下命令，运行结果如图 3-10 所示。

```
node -v
```

图 3-10　cmd 界面

然后按 Enter 键，如果像图 3-10 中一样显示 Node.js 的当前版本，则证明安装成功。

（4）安装淘宝镜像 cnpm，可以让资源包下载得更快。在 cmd 操作界面输入以下命令，运行结果如图 3-11 所示。

```
npm install -g cnpm --registry=HTTPS://registry.npm.taobao.org
```

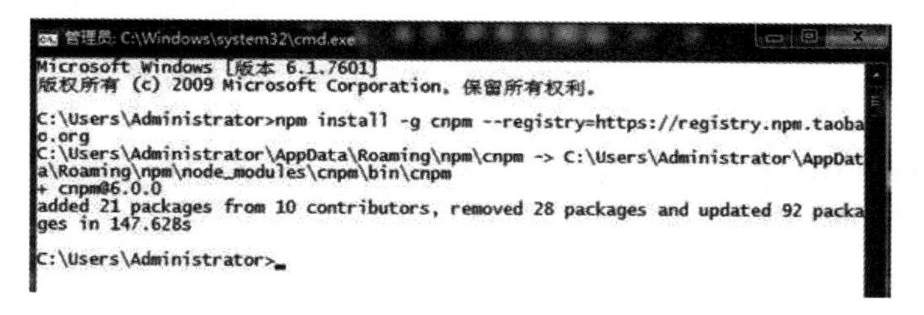

图 3-11　安装淘宝镜像

然后按 Enter 键进行安装。

注意： 由于国内网络原因，使用淘宝镜像 cnpm 进行资源包下载虽然比直接使用 npm 进行资源包下载速度快得多，但是使用 npm 进行资源包下载很多时候会因为网速过于缓慢导致资源包下载失败，因此多数情况下都会选择使用 cnpm。但是有一点需要注意，cnpm 在镜像的过程中，存在一个时间差，有可能因为这个时间差造成资源包的版本差异，从而导致项目报错无法运行的情况，当大家发现有因为资源包而报错的情况时，可以尝试用 npm 重新下载一次资源包。

（5）安装 Vue.js 的脚手架工具。输入以下命令，运行结果如图 3-12 所示。

```
cnpm install --global vue-cli
```

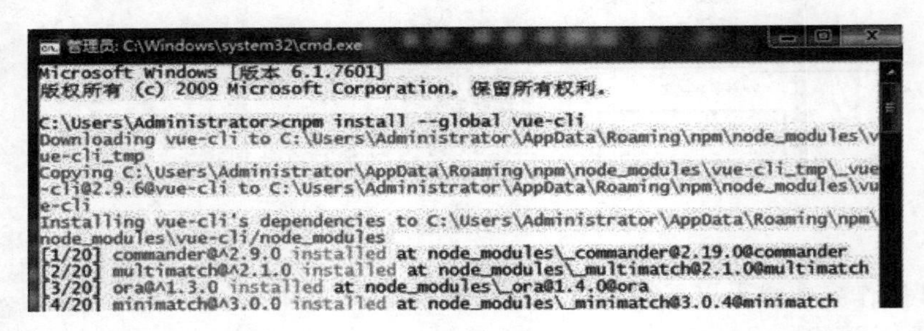

图 3-12　安装脚手架工具

然后按 Enter 键进行安装。

（6）创建项目。创建 Vue.js 项目，命名为 demo1，如图 3-13 所示。

```
vue init webpack-simple demo1
```

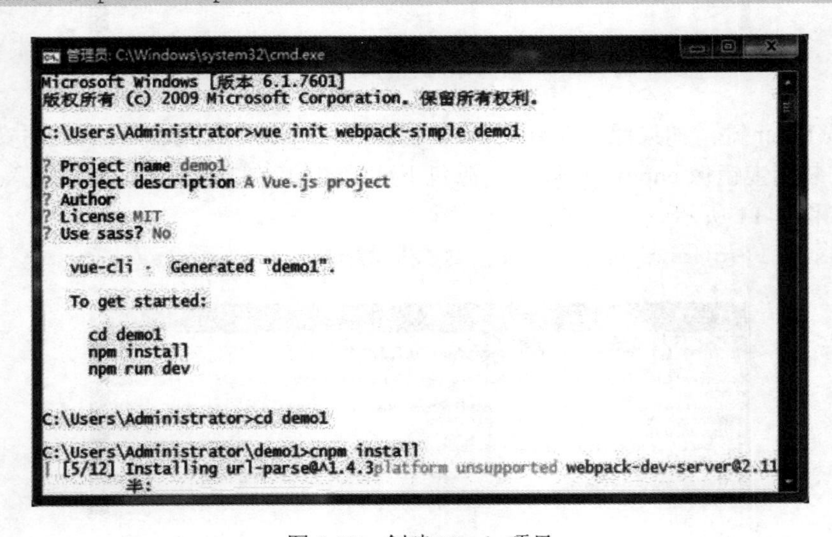

图 3-13　创建 Vue.js 项目

然后连续按 5 次 Enter 键默认选项。

注意：5 次 Enter 键，分别默认 5 个选项，其意义是：第 1 项 Project name，代表项目名称，默认是 demo1；第 2 项 Project description，代表对此项目进行一个简短的说明，默认是 A Vue.js project；第 3 项 Author，代表输入作者姓名，默认是暂不设置作者姓名；第 4 项 License，代表软件授权许可协议类型，默认是 MIT（代表作者只想保留版权，而无其他限制）；第 5 项 Use sass，代表是否使用 sass，默认是 No。

项目新建完成后，切换到项目目录下：

```
cd demo1
```

安装依赖：

```
cnpm install
```

（7）运行初始项目。在项目目录 demo1 下，执行以下命令，结果如图 3-14 所示。

```
npm run dev
```

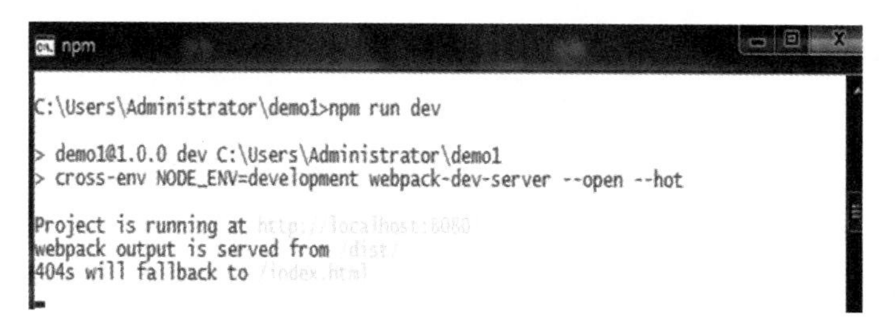

图 3-14　运行项目

在运行了项目以后，浏览器会自动打开如图 3-15 所示的页面，并访问以下网址：

```
http://localhost:8080/
```

Welcome to Your Vue.js App

Essential Links

Core Docs　Forum　Community Chat　Twitter

Ecosystem

vue-router　vuex　vue-loader　awesome-vue

图 3-15　浏览器打开项目初始页面

当大家见到如图 3-15 所示的页面，代表我们新建的 Vue.js 项目成功了。

（8）项目目录结构。如图 3-16 所示，使用 VS Code 编辑器将项目 demo1 打开，可以看到项目的目录结构，由于我们仅仅需要演示导航栏这一个功能，所以可以将代码都写在 App.vue 中。

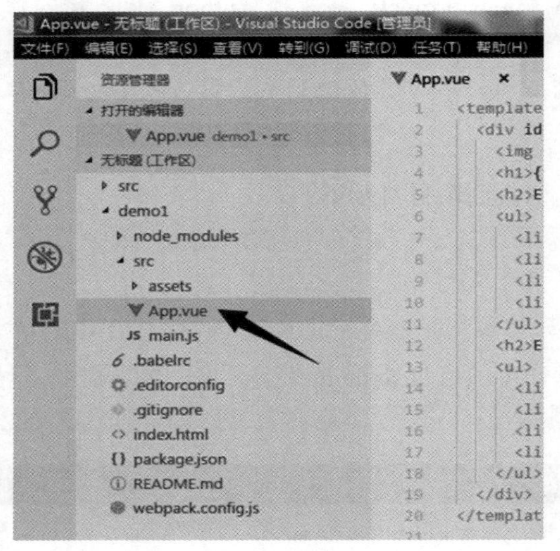

图 3-16　用 VS Code 打开项目界面

注意：VS Code 是一款专门做前端代码编辑的编辑器，是完全免费的，而且不需要安装，下载以后就可以直接打开。在这里可以使用 VS Code 打开项目，大家也可以选择自己喜欢使用的前端代码编辑器，并没有特殊限制。

（9）编辑电商导航栏所需代码。将 App.vue 中的代码替换如下：

HTML 部分：

```
<template>
  <div id="app">
    <div class="all">
      <div class="one">
        <div class="oneType" v-for="(item,index) in one" :key="index">
          <b>{{one[index]}}</b>
        </div>
      </div>
      <div class="twothreefour">
        <div class="two">
          <div class="twoType"
          v-for="(item,index) in two" :key="index"
           @mouseenter="open(index)">
            <b>{{two[index]}}</b>
          </div>
        </div>
```

```
        <div class="threefour" v-if="flag"
          @mouseleave="close()">
          <div class="threefourType" v-for="(item,index) in three" :key=
          "index">
            <span class="three">{{three[index]}}</span>
           <span class="four" v-for="(item4,index4) in four" :key="index4">
           {{four[index4]}}</span>
          </div>
        </div>
      </div>
    </div>
  </div>
</template>
```

JavaScript 部分：

```
<script>
export default {
  name: 'app',
  data () {
    return {
      one:['一级类目','一级类目','一级类目','一级类目','一级类目'],
      two:['二级类目 1','二级类目 2','二级类目 3','二级类目 4','二级类目 5'],
      three:[],
      four:['四级类目','四级类目','四级类目','四级类目','四级类目'],
      flag:false
    }
  },
  methods: {
    open(index){
      var index=index+1;
      var i=index+"";
      this.three=['三级目录'+i,'三级目录'+i,'三级目录'+i,'三级目录'+i,'三级目录
      '+i]
      this.flag=true
    },
    close(){
      this.flag=false
    }
  },
}
</script>
```

CSS 样式部分如下：

```
<style>
*{
  /* 样式初始化 */
  box-sizing: border-box;
  margin: 0;
  padding: 0;
}
.all{
  /* 将整个导航栏组件做整体设置 */
  /*宽度占浏览器 80%，高度 400px；背景为灰色；上外边距 50px；左右居中*/
```

```
    /* 设置为 flex 弹性盒子，并且定义为高度不够自动折行模式，用于横向排列子元素 */
    width: 80%;
    height: 400px;
    background:#eee;
    margin: 50px auto;
    display: -webkit-flex; /* Safari */
    display: flex;
    flex-wrap: wrap;
  }
  .one{
    /* 设置一级类目所占地区的样式，宽度占满 all 盒子的 100% */
    width: 100%;
    height: 50px;
    background: #FF8888;
    display: flex;
    display: -webkit-flex; /* Safari */
    flex-wrap: wrap;
    /* 弹性盒子内部的子元素都均匀排列成一横排，并且左右两边都留有一定空隙 */
    justify-content: space-around;
  }
  .oneType{
    width: 20%;
    height: 50px;
    line-height: 50px;
    text-align: center;
  }
  .oneType:hover{
    background-color:chocolate;
    color: #eee;
  }
  .twothreefour{
    /* 盛放二、三、四级目录的盒子 */
    width: 100%;
    height: 350px;
    background: #66FF66;
    display: -webkit-flex; /* Safari */
    display: flex;
    flex-wrap: wrap;
    /* 弹性盒子内部的子元素都均匀排列成一横排，并且左右两边都不留空隙 */
    justify-content: space-between;
  }
  .two{
    /* 设置盛放二级类目的弹性盒子 */
    width: 15%;
    height: 100%;
    background: #77FFCC;
    display: -webkit-flex; /* Safari */
    display: flex;
    /* 弹性盒子内部的子元素从上到下排成一列 */
    flex-direction: column;
  }
  .twoType{
    width: 100%;
    height: 40px;
```

```
    line-height: 40px;
    text-align: center;
    background: #EEFFBB;
  }
  .twoType:hover{
    background-color:black;
    color: #eee;
  }
  .threefour{
    width: 40%;
    margin-right: 45%;
    height: 100%;
    background: #33FFDD;
    display: -webkit-flex; /* Safari */
    display: flex;
    flex-direction: column;
  }
  .threefourType{
    margin: 10px auto;
  }
  .three{
    font-family: 微软雅黑, 黑体;
    font-size: 16px;
    font-weight: 800;
  }
  .four{
    font-family: 宋体;
    font-size: 12px;
    font-weight: 400;
  }
</style>
```

重新运行项目 demo1，然后在浏览器中访问 http://localhost:8080/，我们使用 Vue.js 开发的最简易的电商导航栏效果图，如图 3-17 所示。

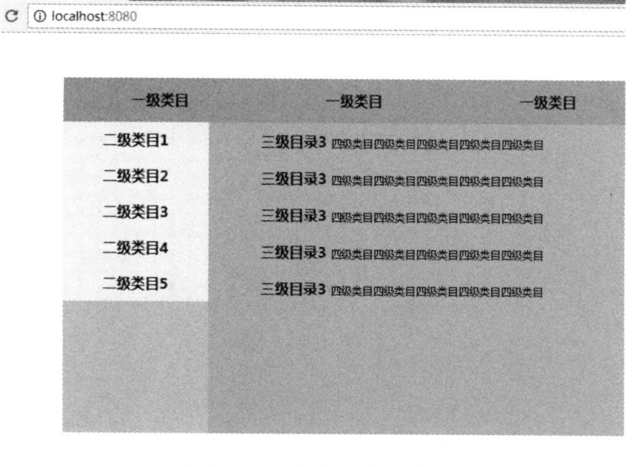

图 3-17　导航栏效果图

3.2 为什么不用传统建表方式建类别表

在 3.1.2 节中，我们建立了一个前端电商平台导航栏项目 demo1。通过 demo1 项目中 App.vue 的代码不难看出，在完整的前后端分离项目中，前端的 Vue.js 项目，是将网络请求通过 API 发送给后端项目，从而获取数据并且赋值给前端项目的 data，替换原本的 data 内容。这也是实现前后端分离的基本原理。

在本节中，我们将新建一个 Django 后端项目 demo2，与前端的 Vue.js 项目 demo1 组成一个前后端分离项目，通过实际项目中前后端数据之间的调试来解述为什么传统的建表方式无法满足大型电商网站的类别表需求。

注意：传统的建表方式虽然可解决大部分功能需求，但是当遇到诸如大型电商网站类别表这种级别的开发需求时，传统建表方式就显得捉襟见肘了。所以不建议大家跳过此节内容直接看下一节。

3.2.1 使用 PyCharm 新建后端演示项目

PyCharm 是一种 Python 的 IDE，是广大 Python 程序员非常喜欢的一款 IDE。本书的读者定位是具有一定 Python 基础的人，相信许多读者的计算机上即使没有 Office，也有一款 PyCharm。此处不再介绍关于 PyCharm 的下载与安装步骤，请读者自行查看相关介绍。

（1）如图 3-18 所示，新建 Django 项目并命名为 demo2，同时新建 App，命名为 app01。

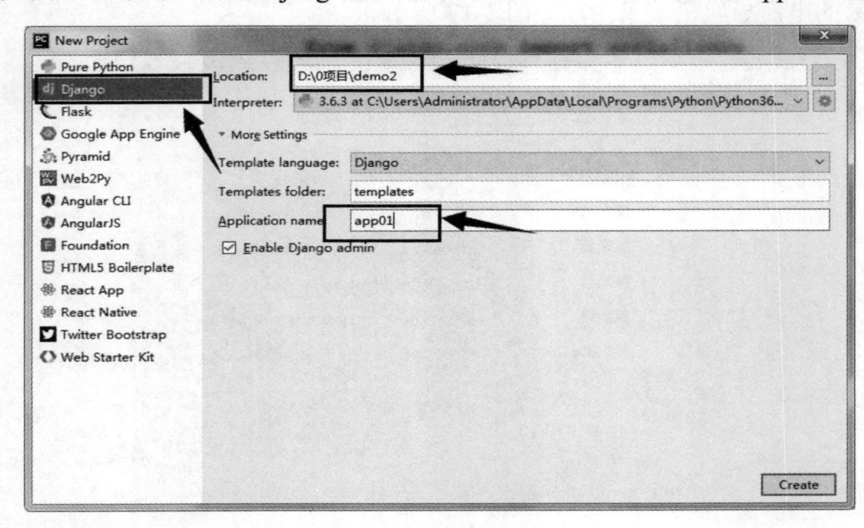

图 3-18 新建 Django 项目

（2）如图 3-19 所示，在 PyCharm 中打开项目终端，安装相关依赖包：

```
pip install djangorestframework markdown Django-filter pillow django-
guardian coreapi
```

```
Terminal
Microsoft Windows [版本 6.1.7601]
版权所有 (c) 2009 Microsoft Corporation。保留所有权利。

D:\0项目\demo2>pip install djangorestframework markdown django-filter pillow django-guardian coreapi
Requirement already satisfied: djangorestframework in c:\users\administrator\appdata\roaming\python\py
36\site-packages
Requirement already satisfied: markdown in c:\users\administrator\appdata\local\programs\python\pythor
Python Console    Terminal    6: TODO
```

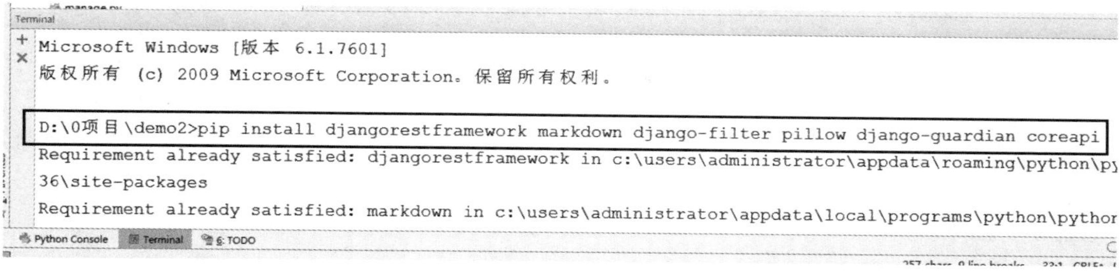

图 3-19　安装依赖包

注意： 这里也可以使用 cmd 窗口，通过命令行切换到项目目录下来执行依赖包的下载和安装命令，只不过这样显然要麻烦很多。

（3）在 demo2/demo2/settings.py 中注册 rest_framework：

```
INSTALLED_APPS = [
    'Django.contrib.admin',
    'Django.contrib.auth',
    'Django.contrib.contentTypes',
    'Django.contrib.sessions',
    'Django.contrib.messages',
    'Django.contrib.staticfiles',
    'app01.apps.App01Config',
    'rest_framework'
]
```

（4）在 demo2/app01/models.py 中新建类别表：

```
from Django.db import models
from datetime import datetime
# Create your models here.
class Type1(models.Model):
    """
    一级类目
    """
    name=models.CharField(max_length=10,default="",verbose_name="类目名")
    add_time = models.DateTimeField(default=datetime.now, verbose_name='
    添加时间')
    class Meta:
        verbose_name = '商品类别'
        verbose_name_plural = verbose_name
    def __str__(self):
        return self.name
```

```
class Type2(models.Model):
    """
    二级类目
    """
parent=models.ForeignKey(Type1,verbose_name="父级类别",
null=True,blank=True,on_delete=models.CASCADE)
    name=models.CharField(max_length=10,default="",verbose_name="类目名")
    add_time = models.DateTimeField(default=datetime.now, verbose_name='
    添加时间')
    class Meta:
        verbose_name = '商品类别 2'
        verbose_name_plural = verbose_name
    def __str__(self):
        return self.name
class Type3(models.Model):
    """
    三级类目
    """
parent=models.ForeignKey(Type2,verbose_name="父级类别",
null=True,blank=True,on_delete=models.CASCADE)
    name=models.CharField(max_length=10,default="",verbose_name="类目名")
    add_time = models.DateTimeField(default=datetime.now, verbose_name='
    添加时间')
    class Meta:
        verbose_name = '商品类别 3'
        verbose_name_plural = verbose_name
    def __str__(self):
        return self.name
class Type4(models.Model):
    """
    四级类目
    """
parent=models.ForeignKey(Type3,verbose_name="父级类别",
null=True,blank=True,on_delete=models.CASCADE)
    name=models.CharField(max_length=10,default="",verbose_name="类目名")
    add_time = models.DateTimeField(default=datetime.now, verbose_name='
    添加时间')
    class Meta:
        verbose_name = '商品类别 4'
        verbose_name_plural = verbose_name
    def __str__(self):
        return self.name
```

然后同第（2）步一样，打开项目终端，执行数据更新命令：

```
Python manage.py makemigrations
Python manage.py migrate
```

如图 3-20 所示，当数据表构建成功后，在项目目录中会生成一个 db.sqlite3 数据库文件。

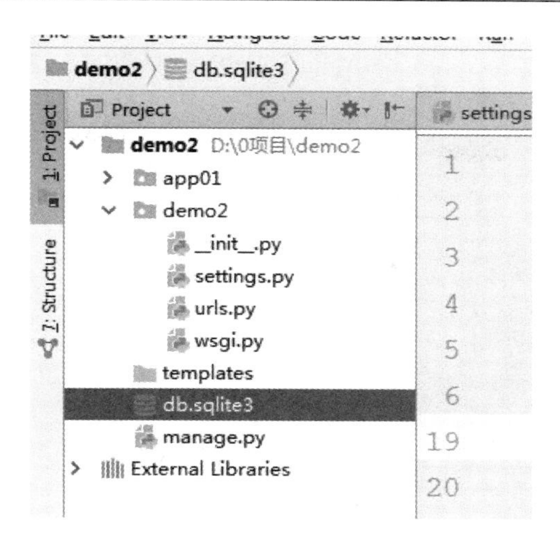

图 3-20 sqlite3 数据库

（5）手动添加一些数据。

我们不需要其他的数据库操作软件，只要将图 3-20 中所示的 db.sqlite3 文件直接拖曳到 PyCharm 的 Database 窗口内，如图 3-21 所示，就可以直接对项目 demo2 的所有数据表进行增、删、改操作了。

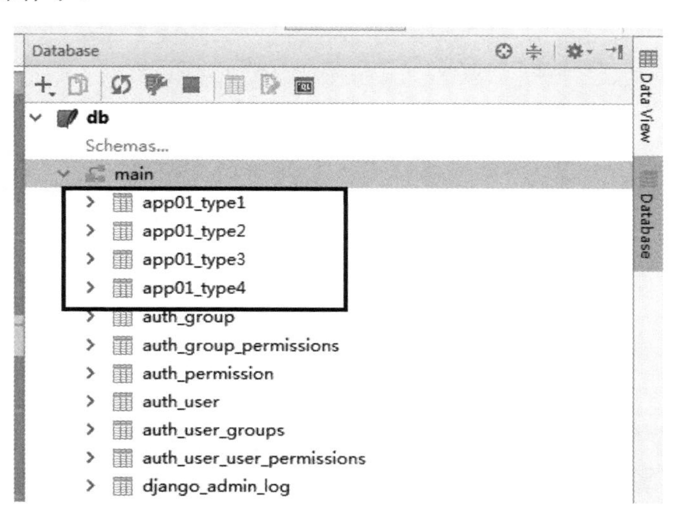

图 3-21 PyCharm 的 Database 界面

注意：因为本章所介绍的是一个数据量很小的项目，所以我们并没有使用 MySQL 数据库，而是直接使用了 Django 自带的 sqlite3 数据库，的确方便了许多。但是 sqlite3 的局限性是只适合数据量级比较小的数据库服务，一旦涉及数据量比较庞大的项目，就要选择使用 MySQL 数据库或者其他数据库。

如图 3-22 所示，我们通过 PyCharm 的 Database 界面，手动向一级类目表中增加了 5 条数据记录。

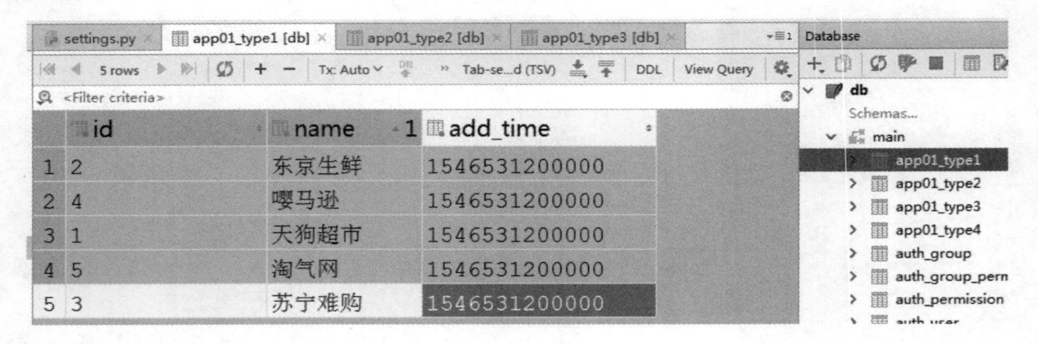

	id	name	add_time
1	2	东京生鲜	1546531200000
2	4	嘤马逊	1546531200000
3	1	天狗超市	1546531200000
4	5	淘气网	1546531200000
5	3	苏宁难购	1546531200000

图 3-22　一级类目表

如图 3-23 所示，我们给二级类目表内手动添加了 5 条数据记录。

	id	name	add_time	parent_id
1	2	鞋子箱包	1546531200…	1
2	3	零食	1546531200…	1
3	5	美妆丽人	1546531200…	1
4	1	男装女装	1546531200…	1
5	4	厨卫	1546531200…	1

图 3-23　二级类目表

如图 3-24 所示，同样给三级类目表内手动添加了 5 条数据记录。

	id	name	add_time	parent_id
1	5	坚果	1546531200…	3
2	1	夹克衫	1546531200…	1
3	4	收纳箱	1546531200…	2
4	3	纱裙	1546531200000	1
5	2	长裤	1546531200…	1

图 3-24　三级类目表

如图 3-25 所示，在四级类目表内，我们手动添加了 11 条数据记录。

	id	name	add_time	parent_id
1	11	三只老鼠	1546531200…	5
2	7	仙女风白裙	1546531200…	3
3	1	双鹰同款黑皮风衣	1546531200…	1
4	8	性感黑纱	1546531200…	3
5	9	折纸箱	1546531200…	4
6	10	旅行箱	1546531200…	4
7	6	朦胧美纱裙	1546531200…	3
8	5	水洗布单裤	1546531200…	2
9	4	牛仔裤	1546531200…	2
10	2	闪亮皮夹克	1546531200…	1
11	3	黑又亮夹克	1546531200…	1

图 3-25　四级类目表

3.2.2　完善 demo2 的后台逻辑代码

本节中会将 demo2 的业务逻辑补充完整，为下一节前后端项目联合调试做好准备。

（1）在 app01 目录下新建序列化模块 serializers.py，新建 4 个类别表的序列化类：

```
from rest_framework import serializers                    #引入序列化模块
from .models import Type1,Type2,Type3,Type4               #引入所有数据表类
class Type1ModelSerializer(serializers.ModelSerializer):
    class Meta:
        model=Type1
        fields="__all__"
class Type2ModelSerializer(serializers.ModelSerializer):
    class Meta:
        model=Type2
        fields="__all__"
class Type3ModelSerializer(serializers.ModelSerializer):
    class Meta:
        model=Type3
        fields="__all__"
class Type4ModelSerializer(serializers.ModelSerializer):
    class Meta:
        model=Type4
        fields="__all__"
```

（2）在 app01/views.py 中，编写访问 4 个类别表的视图逻辑代码：

```
#引入序列化类
from .serializers import Type1ModelSerializer,Type2ModelSerializer
from .serializers import Type3ModelSerializer,Type4ModelSerializer
#引入数据表
from .models import Type1,Type2,Type3,Type4
```

```
#引入 rest_framework 相关模块
from rest_framework.views import APIView
from rest_framework.response import Response
from rest_framework.renderers import JSONRenderer, BrowsableAPIRenderer
# Create your views here.
class Type1View(APIView):
    """
    all Type1
    """
    renderer_classes = [JSONRenderer]
    def get(self, request, format=None):
        Types=Type1.objects.all()
        Types_serializer = Type1ModelSerializer(Types, many=True)
        return Response(Types_serializer.data)
class Type2View(APIView):
    """
    all Type2
    """
    renderer_classes = [JSONRenderer]
    def get(self, request, format=None):
        Types=Type2.objects.all()
        Types_serializer = Type2ModelSerializer(Types, many=True)
        return Response(Types_serializer.data)
class Type3View(APIView):
    """
    all Type3
    """
    renderer_classes = [JSONRenderer]
    def get(self, request, format=None):
        Types=Type3.objects.all()
        Types_serializer = Type3ModelSerializer(Types, many=True)
        return Response(Types_serializer.data)
class Type4View(APIView):
    """
    all Type4
    """
    renderer_classes = [JSONRenderer]
    def get(self, request, format=None):
        Types=Type4.objects.all()
        Types_serializer = Type4ModelSerializer(Types, many=True)
        return Response(Types_serializer.data)
```

注意：这里用到了 Django REST framework 的选择器，大家可以根据自己的喜好，选择使用 JSONRenderer 模式还是 BrowsableAPIRenderer。

（3）在 demo2/urls.py 中添加路由代码：

```
from Django.contrib import admin
from Django.urls import path
#引入视图类
from app01.views import Type1View,Type2View,Type3View,Type4View
urlpatterns = [
    path('admin/', admin.site.urls),
    path('api/Type1/',Type1View.as_view()),
```

```
    path('api/Type2/',Type2View.as_view()),
    path('api/Type3/',Type3View.as_view()),
    path('api/Type4/',Type4View.as_view())
]
```

3.2.3　前后端项目联合调试

现在，前端项目 demo1 和后端项目 demo2 都完成了，可以正式开始前后端联合调试的工作了。

（1）运行 demo2 项目。如图 3-26 所示，使用 PyCharm 可以通过右上方的运行项目按钮，一键便捷启动运行 demo2 项目。

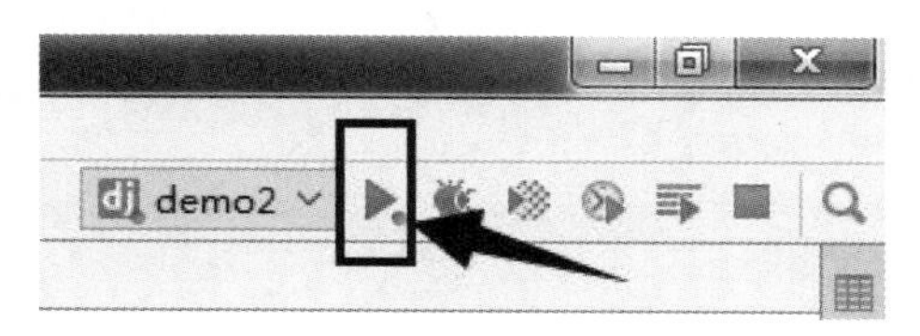

图 3-26　运行项目

（2）给 demo1 项目安装网络请求模块 axios。在 cmd 窗口执行安装 axios 模块命令，结果如图 3-27 所示。

```
cnpm install axios --save
```

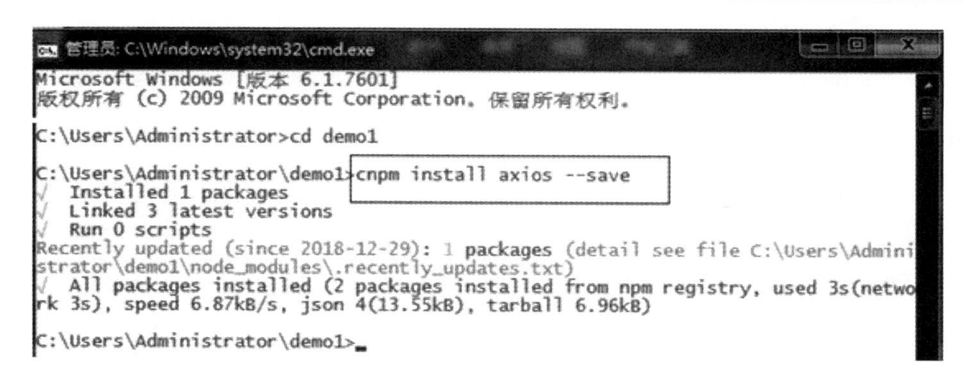

图 3-27　安装 axios 模块

注意： axios 是前端项目中非常主流的一款提供网络请求功能的第三方模块，我们在使用 cnpm 进行安装的时候，不要忘记在命令的后面加上--save，将模块的注册信息写入前端项目的配置信息中。

（3）改写前端项目，在 demo1/src/App.vue 中，<style>样式标签内的代码不做改变，其他代码修改如下：

HTML 部分：

```
<template>
  <div id="app">
    <div class="all">
      <div class="one">
        <div class="oneType" v-for="(item,index) in one" :key="index">
          <b>{{one[index].name}}</b>
        </div>
      </div>
      <div class="twothreefour">
        <div class="two">
          <div class="twoType"
          v-for="(item,index) in two" :key="index"
           @mouseenter="open(index)">
            <b>{{two[index].name}}</b>
          </div>
        </div>
        <div class="threefour" v-if="flag"
           @mouseleave="close()">
          <div class="threefourType" v-for="(item,index) in three1" : key=
          "index">
            <span class="three">{{three1[index]}}</span>
            <span class="four" v-for="(item4,index4) in four1" :key="index4">
{{four1[index4]}} </span>
          </div>
        </div>
      </div>
    </div>
  </div>
</template>
```

JavaScript 部分：

```
<script>
import Axios from 'axios';
export default {
  name: 'app',
  data () {
    return {
      one:[],
      two:[],
      three:[],
      four:[],
      flag:false,
      three1:[],
      four1:[]
    }
  },
  methods: {
    getData(){
      const api='http://127.0.0.1:8000/';
      var api1=api+'api/Type1/';
      var api2=api+'api/Type2/';
      var api3=api+'api/Type3/';
      var api4=api+'api/Type4/';
```

```
var Type1=[];
var Type2=[];
var Type3=[];
var Type4=[];
Axios.get(api1)
.then(function (response) {
// console.log(response);
for(var i=0;i<response.data.length;i++){
  // console.log(response.data[i])
  Type1.push(response.data[i])
}
// console.log(Type1)
})
.catch(function (error) {
console.log(error);
});
this.one=Type1;
Axios.get(api2)
.then(function (response) {
// console.log(response);
for(var i=0;i<response.data.length;i++){
  // console.log(response.data[i])
  Type2.push(response.data[i])
}
// console.log(Type2)
})
.catch(function (error) {
console.log(error);
});
this.two=Type2;
Axios.get(api3)
.then(function (response) {
// console.log(response);
for(var i=0;i<response.data.length;i++){
  // console.log(response.data[i])
  Type3.push(response.data[i])
}
// console.log(Type3)
})
.catch(function (error) {
console.log(error);
});
this.three=Type3;
Axios.get(api4)
.then(function (response) {
// console.log(response);
for(var i=0;i<response.data.length;i++){
  // console.log(response.data[i])
  Type4.push(response.data[i])
}
// console.log(Type4)
})
.catch(function (error) {
console.log(error);
});
```

```
      this.four=Type4;
      // console.log(this.one)
      // console.log(this.two)
      // console.log(this.three)
      // console.log(this.four)
},
    open(index){
      // console.log(this.two[index].id)
      var temp=[]
      for(var i=0;i<this.three.length;i++){
        if(this.three[i].parent===index){
          temp.push(this.three[i].name)
        }
      }
      console.log(temp)
      this.three1=temp;
      var temp4=[]
      for(var j=0;j<this.four.length;j++){
        temp4.push(this.four[j].name)
      }
      this.four1=temp4
      this.flag=true
    },
    close(){
      this.flag=false
    }
  },
  mounted() {
    this.getData()
  },
}
</script>
```

注意：考虑到篇幅问题，一级、二级、三级类目遵循了从属关系，而第四级类目为了体现效果并没有通过筛选赋值，筛选的逻辑原理跟三级类目相同，大家如果有兴趣，可以做进一步的优化和完善。

（4）解决跨域问题。在后端 Django 项目 demo2 中安装相关模块：

```
pip install Django-cors-headers
```

然后在 settings.py 中的注册里配置如下：

```
INSTALLED_APPS = [
    'Django.contrib.admin',
    'Django.contrib.auth',
    'Django.contrib.contentTypes',
    'Django.contrib.sessions',
    'Django.contrib.messages',
    'Django.contrib.staticfiles',
    'app01.apps.App01Config',
    'rest_framework',
    'corsheaders'
]
```

在 settings.py 中的 MIDDLEWARE 里设置如下：

```
MIDDLEWARE = [
    'corsheaders.middleware.CorsMiddleware',                #放到中间件顶部
    'Django.middleware.security.SecurityMiddleware',
    'Django.contrib.sessions.middleware.SessionMiddleware',
    'Django.middleware.common.CommonMiddleware',
    'Django.middleware.csrf.CsrfViewMiddleware',
    'Django.contrib.auth.middleware.AuthenticationMiddleware',
    'Django.contrib.messages.middleware.MessageMiddleware',
    'Django.middleware.clickjacking.XFrameOptionsMiddleware',
]
```

在 settings.py 中新增配置项，即可解决本项目中的跨域问题。

```
CORS_ORIGIN_ALLOW_ALL = True
```

注意：在 Python 全栈开发的知识体系里，跨域问题和深浅拷贝，几乎是逢面试必考的两个笔试题。不同的是，深浅拷贝在实际项目中很少用到，而跨域问题却几乎在每个项目中都有涉及，只是并非都能被察觉罢了。跨域问题是非常重要的一个知识点，关系到网络安全，甚至说跨域问题是 Web 安全中最重要的一环也不为过。我们在这里只是先预热一下，在第 9 章中将针对跨域问题进行详细分析。

（5）重启前后端，即可看到效果，如图 3-28 所示。

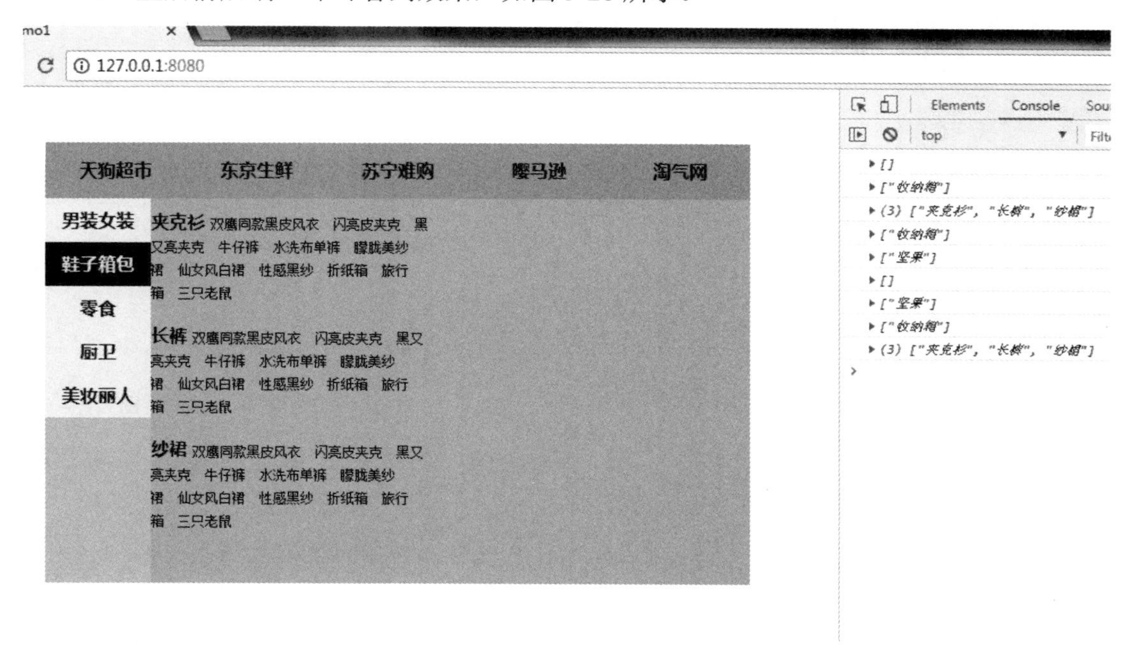

图 3-28　导航栏效果图

总结一下，从本节不难看出，为了获取类别表数据，前端通过不同的 4 个 API 发送了

4 次网络请求，这是因为我们假设一个电商平台只有四级类目。但是现实中这显然是不可能的，往往一个用户量越庞大的电商平台，商品的种类越齐全、越细分，就意味着发送网络请求的倍数也就越多，需要的带宽也就更多，这个成本是非常庞大的。

抛去带宽成本不谈，假如恰巧你的老板不在乎钱，不懂技术，又很好骗，但是前端工程师也会在开发获取类别数据时，因不得不开发冗长的代码而投诉后端工程师。所以，不要抱有侥幸心理，传统的建表方式构建大型电商平台的类别表是行不通的。

3.3 使用 Django 的 model 实现类别表建立

利用 Django 框架，Python 已经可以通过新建一个类直接构建一个高质量的数据表了。在本节中，我们将构建一个能满足大型电商网站业务需求的类别表。

3.3.1 四表合一

类别表本来就应该是一张表，我们来构建一张类别表，把上一节用传统建表方式建立的四张类别表合为一张。

（1）在 demo2/app01/models.py 中新建类 Type。

```
    class Type(models.Model):
        """
        商品类别
        """
        CATEGORY_TYPE=(
            (1,'一级类目'),
            (2,'二级类目'),
            (3,'三级类目'),
            (4,'四级类目')
        )
        name=models.CharField(default='',max_length=30,verbose_name='类别名',
        help_text='类别名')
        code=models.CharField(default='',max_length=30,verbose_name='类别 code',
        help_text='类别 code')
        desc=models.CharField(default='',max_length=30,verbose_name='类别描述',
        help_text='类别描述')

category_Type=models.IntegerField(choices=CATEGORY_TYPE,verbose_name='类别描述',help_text='类别描述')

parent_category=models.ForeignKey('self',null=True,blank=True,verbose_name='父类目录',
    help_text='父类别',related_name='sub_cat',on_delete=models.CASCADE)
        is_tab=models.BooleanField(default=False,verbose_name='是否导航',help_text=
```

```
        '是否导航')
        class Meta:
            verbose_name='商品类别'
            verbose_name_plural=verbose_name
        def __str__(self):
            return self.name
```

（2）建表，执行数据更新命令如下：

```
    Python manage.py makemigrations
    Python manage.py migrate
```

3.3.2　数据导入

因为在上一节中建立的 4 个类别表已经手动加入了一些数据，我们没有必要再用手动加入的方式将这些记录加入新建的 Type 表里，而是选择使用一种更加方便的方式，即通过 Postman 将数据以 post 的方式，加入 Type 表内。

（1）在 demo2/app01/ serializers.py 内增加 Type 表的序列化类：

```
    from .models import Type
    class TypeModelSerializer(serializers.ModelSerializer):
        class Meta:
            model=Type
            fields="__all__"
```

（2）在 demo2/app01/views.py 内创建 TypeView 视图类：

```
    from .models import Type
    #导入序列化类
    from .serializers import TypeModelSerializer
    class TypeView(APIView):
        """
        操作类别表
        """
        renderer_classes = [JSONRenderer]
        def get(self,request,format=None):
            types=Type.objects.all()
            types_serializer = TypeModelSerializer(types, many=True)
            return Response(types_serializer.data)
            def post(self,request):
            name=request.data.get('name')
            category_type=request.data.get('lei')
            parent_category_id=request.data.get('parent')
            type=Type()
            type.name=name
            type.category_type=category_type
            if parent_category_id:

parent_category=Type.objects.filter(id=parent_category_id).first()
                type.parent_category=parent_category
            type.save()
            type_serializer=TypeModelSerializer(type)
```

```
        return Response(type_serializer.data)
```

（3）在 demo2/demo2/urls.py 内增加路由代码如下：

```
from app01.views import TypeView
urlpatterns = [
    #......
    path('api/type/',TypeView.as_view())
]
```

（4）运行 demo2 项目，使用 Postman 通过 post 加入数据记录，如图 3-29 所示。

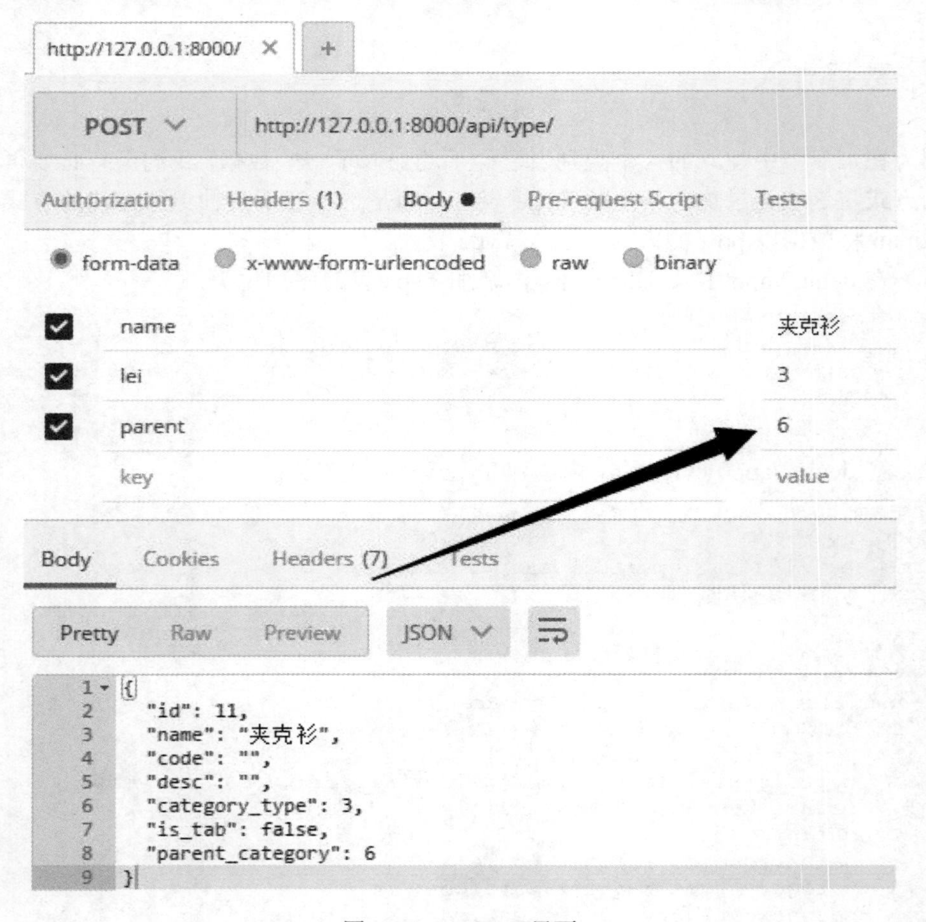

图 3-29　Postman 界面

注意：如图 3-29 所示，我们之前建立的 4 个表，非一级类目的父级 id（parent）跟四合一以后的表中非一级类目的父级 id 是不一样的。

如图 3-30 和图 3-31 所示，大家在加入数据记录以后，可以对照一下查看是否正确。

	id	name	code	desc	category_type	is_tab	parent_category_id
1	1	天狗超市			1	0	<null>
2	2	东京生鲜			1	0	<null>
3	3	苏宁难购			1	0	<null>
4	4	嘤马逊			1	0	<null>
5	5	淘气网			1	0	<null>
6	6	男装女装			2	0	1
7	7	鞋子箱包			2	0	1
8	8	零食			2	0	1
9	9	厨卫			2	0	1
10	10	美妆丽人			2	0	1
11	11	夹克衫			3	0	6
12	12	长裤			3	0	6
13	13	纱裙			3	0	6
14	14	收纳箱			3	0	7
15	15	坚果			3	0	8

图 3-30　实验数据 1

	id	name	code	desc	category_type	is_tab	parent_category_id
12	12	长裤			3	0	6
13	13	纱裙			3	0	6
14	14	收纳箱			3	0	7
15	15	坚果			3	0	8
16	16	双鹰同款黑			4	0	11
17	17	闪亮皮夹克			4	0	11
18	18	黑又亮夹克			4	0	11
19	19	牛仔裤			4	0	12
20	20	水洗布单裤			4	0	12
21	21	朦胧美纱裙			4	0	13
22	22	仙女风白裙			4	0	13
23	23	性感黑纱			4	0	13
24	24	折纸箱			4	0	14
25	25	旅行箱			4	0	14
26	26	三只老鼠			4	0	15

图 3-31　实验数据 2

3.3.3　前后端项目联合调试

崭新的数据类别表构建完成了，下面将前端项目改造一下，对接调试我们的类别表，看看可以节省多少前端的工作量。

（1）在 demo1/src/App.vue 原来的基础上，只修改<script>标签内的代码：

```
<script>
import Axios from 'axios';
export default {
  name: 'app',
  data () {
    return {
      type:[],
```

```
            one:[],
            two:[],
            flag:false,
            three1:[],
            four1:[]
        }
    },
    methods: {
        getData(){
            const api='http://127.0.0.1:8000/api/type/';
            var _this=this

            Axios.get(api)
            .then(function (response) {
                _this.type=response.data;
                for(var i=0;i<_this.type.length;i++){
                    if(_this.type[i].category_type===1){
                        _this.one.push(_this.type[i])
                    }
                }
                for(var j=0;j<_this.type.length;j++){
                    if(_this.type[j].category_type===2){
                        _this.two.push(_this.type[j])
                    }
                }
            })
            .catch(function (error) {
            console.log(error);
            });

        },
        open(index){
            this.three1=[]
            this.four1=[]
            var parent=this.two[index].id
            for(var i=0;i<this.type.length;i++){
                if(this.type[i].parent_category===parent){
                    this.three1.push(this.type[i].name)
                }
                if(this.type[i].category_type===4){
                    this.four1.push(this.type[i].name)
                }
            }
            this.flag=true
        },
        close(){
            this.flag=false
        }
    },
    mounted() {
        this.getData()
    }
}
</script>
```

注意：关于同步网络请求和异步网络请求的问题，因为考虑到本书主要面对的读者群体是 Django 开发者，可能对于同步网络请求和异步网络请求的“挖坑”经验不足，如果大家将上面 methods 中的 getData 方法与给 this.one 和 this.two 赋值分开，就有可能掉到异步网络请求的“坑”里去，导致出现加载出来的数值为空的情况。

为什么 JavaScript 异步网络请求的“坑”这么多？因为早些年网速比较慢，浏览器端通过网址向后端服务器请求获取资源（代码、文字、图片、音频、视频等），如果等所有的资源都加载完成，用户才可以与网页做交互，那么网站将会毫无体验可言，于是有了 AJAX 异步网络请求。异步网络请求可以理解为，先把最重要的资源（大多时候是代码，但某些时候是图片或视频）接收到网页端，用户就可以操作网页了，与此同时，其他的资源也在慢慢地加载着。往往网页中所有的资源还没加载完，用户已经通过网页加载的部分资源，将想要做的事给办完啦，然后就可以关闭网页了。

这无疑是解决网页加载资源过慢问题的一个绝佳方案。但异步网络请求所带来的一个令人烦恼的问题就是，当想要通过网络请求获取一些数据，然后用这些数据对网页的某些变量做初始化时，网络请求还没来得及响应，这些变量就已经完成了初始化，当然，所有变量都初始化为 null。所以为了避免异步网络请求所带来的问题，除非开发者对 JavaScript 运用得比较熟练，不然最好不要将 this.one 和 this.two 的初始化与 getData 方法分离。

（2）运行前端 demo1 和后端 demo2，查看效果图，如图 3-32 所示。我们用四分之一的代码量，完成了一个更加强大的类别表。细心的读者可以发现，我们的类别表还有一些字段没有用上，不然功能还会更加强大，这些就交给读者去发现和体验吧。

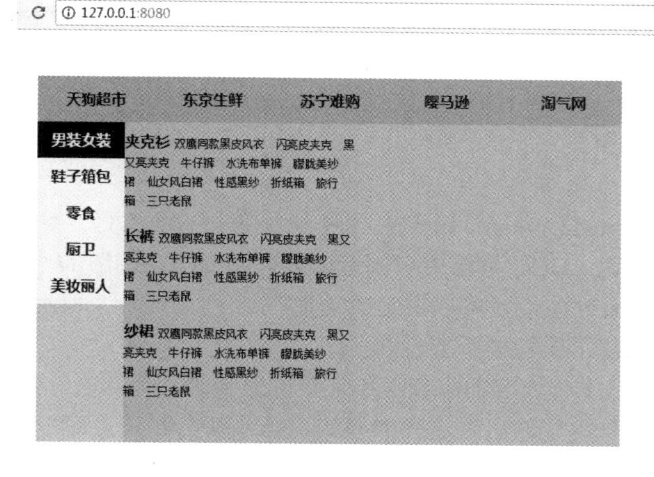

图 3-32　效果图

第 4 章　用 Django 实现百度开发者认证业务模型

在本章中，将会对网站的身份认证系统的开发进行分析。通过本章的学习，可以掌握如何搭建一套适合平台需求的身份认证系统。同时，在本章中，我们还会从产品角度对业界的几种运营模式的演变进行介绍，让读者可以更好地了解目前流行的身份认证系统的实现原理。

4.1　Web 2.0 时代，UGC 的时代

随着网速和终端设备性能的提升，“内容为王”这个概念逐渐成为互联网行业的一条“铁律”。一些网站用户群体庞杂，对于网站内容的需求量很大，也很杂，可谓众口难调。

这对于只做细分领域，只服务于某一种类的小众群体，并持续垂直深耕业务，不做横向扩展的网站而言，在内容方面似乎并不会对业务发展有太大的冲击。但是，对于用户群体是面向大众的互联网行业，就不得不想办法不停地产生大量的内容，来争取用户了。

于是就有了网站从雇佣更多员工生产内容的 OGC 模式，到聘请一些专业人士兼职生产内容的 PGC 模式，再到如今允许所有用户成为内容生产者的 UGC 模式这样的业务模式演变过程。在本节中，我们就来对这三种模式进行介绍。

4.1.1　什么是 UGC

UGC（User-generated Content，用户生产内容），也可称为 UCC（User-created Content）。因为从字面意思上来说，UCC 是指用户创造内容。而 UGC 是指用户生产内容，生产就包括了制造与质检，能通过质检才可以说是成功生产了一个产品。而创造则偏重于用户独立将产品造了出来，弱化了质检的重要性。

事实上，对于用户上传内容的审查这一环节非常重要，而且今后会越来越重要。所以，业界对于用户同时又是内容输出者这样的模式，已经确定称其为 UGC 模式，摒弃了 UCC 的叫法。与 UGC 模式类似的还有 PGC 模式和 OGC 模式。

- PGC（Professional-generated Content），由有专业知识的人所生产的内容。

- OGC（Occupationally-generated Content），职业生产内容者所生产的内容。

在比较早期的互联网界，因为网速很慢，想要实现如今的 UGC 模式根本不现实。当时的网站类似于电视，只是换了一个载体，互联网公司员工自己采编、整理、输出内容，是一个 OGC 大行其道的时期，而用户只能被动接受门户网站所推送的内容。

随着网速的提升，当 www 已经不是网民们所抱怨的那样“等，等，等”时，用户可以几秒钟切换并浏览十几个网页，互联网用户对于互联网的期待，正式从“电视的另外一个载体”，变成了“百科全书的另一个载体”，开始在互联网上寻找所遇问题的答案。

互联网公司为了能够为更多的用户解答问题，不得不扩大内容所涵盖的知识广度，邀请或者以兼职的形式，找各个领域的专家帮他们生产内容。那个时代，PGC 模式炙手可热，我们打开互联网，随处可以看到诸如“某健康专家说”“某养生专家说”等。

随着网速再次提升，互联网对于用户来说，从“答案之书”逐渐向“每个人的舞台”的身份转变，互联网用户的身份，也逐渐从“读者”转型为“作者”。UGC 模式成为了一个不可逆的趋势。

4.1.2　UGC、PGC 和 OGC 三种模式的关系演变

在 UGC 模式初期，UGC、PGC 和 OGC 三种模式的关系如图 4-1 所示。三者之间虽然互有交集，但是大多数情况下还是存在明显的差别。比如普通用户上传的内容，不会出现在网站首页的关键位置，出现在这些版面上的内容，几乎都是网站的官方运营团队所生产的内容，而网站中的许多专栏位置，只位置网站官方邀请的专业人士所发表的内容，普通用户基本只在评论区生产内容。

随着 UGC 模式的发展，现今，UGC、PGC 和 OGC 三种模式的关系如图 4-2 所示，所有的内容生产模式都是 UGC，至少都自称是 UGC。用户上传的内容，有可能存在于一个网站的任何版面上。像近些年比较火的一些短视频平台，打开首页，基本都是用户上传的内容。目前的互联网平台，很少存在为邀请入驻自己平台的明星或专家单独设立版面的情况，最多只是以推荐的方式，增加一些曝光度。

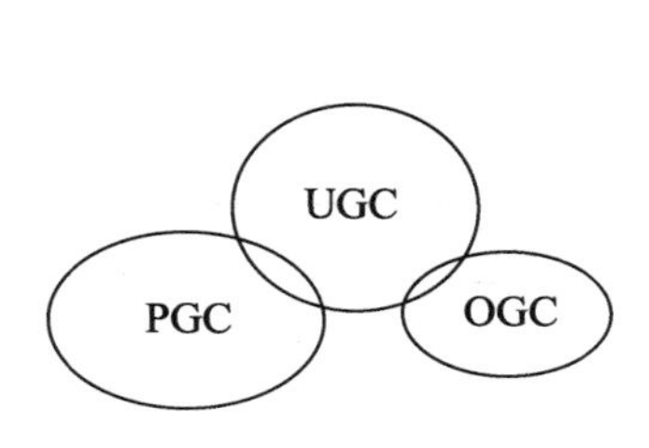

图 4-1　早期的三种模式关系

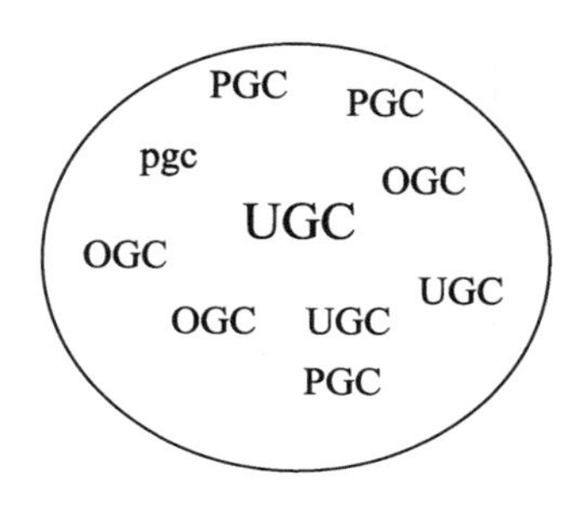

图 4-2　现今的三种模式关系

4.2 内容生产者认证业务模型是基础

本节主要介绍内容生产者认证业务模型的主要业务流程，让大家可以系统地梳理一下UGC 模式的构成。

4.2.1 内容生产者认证的原理

如图 4-3 所示，是用户从初次打开平台，到完成内容生产者认证的原理流程图。

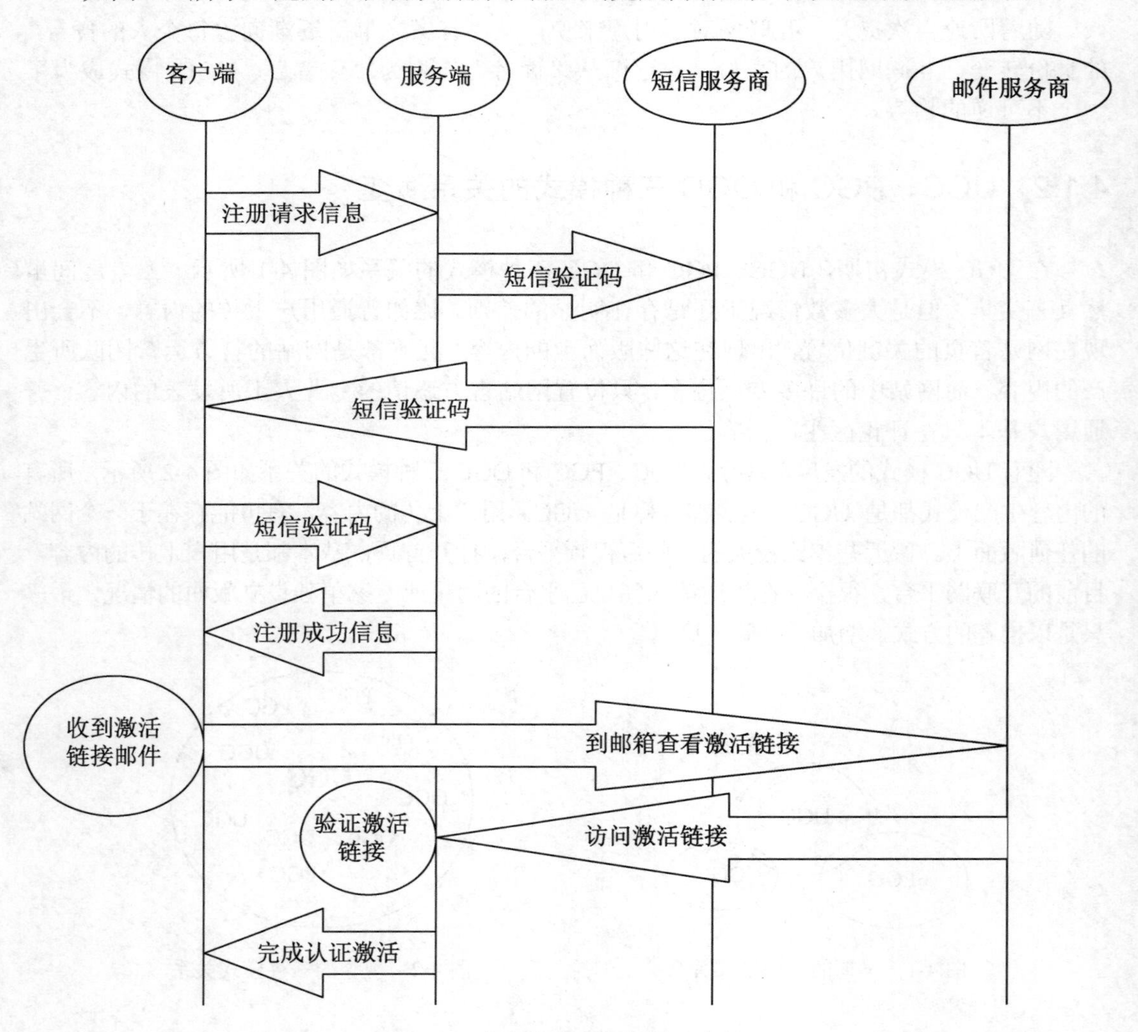

图 4-3 内容生产者认证原理流程

对图 4-3 所示的流程介绍如下：

（1）用户在客户端访问网站，开始注册，首先提交如用户名、密码、用户头像、性别、地址、喜好、年龄、手机号和邮箱等信息，然后将这些用户信息发送给服务器端。

注意：用户在注册成为网站的用户时，除了手机号之外的其他信息都可以设置为选填，但手机号是必须填写的。因为根据我国《网络安全法》的规定，每个用户，都必须完成实名制才可以在网上发言，而网站判断这个用户是否已完成实名制，只能通过手机号发送短信验证码来实现。现在，短信服务商发送验证码的市场价为 0.05 元/条（量大的话可以有一定的优惠），也就是说，如果有 1000 万个注册用户，公司至少要支付给短信服务商 50 万元人民币，其中还不包括有用户没收到短信，而选择重新获取验证码的情况。

（2）服务端生成一个验证码，连同用户上传的手机号码通过 API 发送给短信服务商。

（3）短信服务商会根据收到的验证码和手机号，将验证码加上开发者预设的短信模板，发送给对应手机号的用户。

（4）收到了短信验证码的用户，在客户端上输入收到的短信验证码，如果输入的验证码不正确或者已经过期，则重复第（1）至（3）步；如果输入的验证码正确，则服务器将用户信息存入用户表中，同时返回信息到客户端，提示用户已经注册成功。

（5）注册用户，想要认证成为内容上传者，还需要通过客户端向服务器端发送请求，服务器会向用户的电子邮箱发送一条激活链接，并且向客户端发送消息，提示用户去电子邮箱中查看激活链接。

（6）用户打开电子邮箱，找到邮件中的激活链接，通过单击激活链接，完成认证。

（7）用户完成激活认证后，服务器端会向客户端发送一条消息，告诉用户已完成认证。

4.2.2　业界主流的两种认证方式

互联网界，对于已经注册的用户进行进一步的权限认证时，大体上可分为两类，一类是如上一节所介绍的通过邮箱激活的方式进行认证，另一种则是通过向网站平台上传个人信息的方式进行认证。

本章中所介绍的注册和认证的步骤中，注册部分是目前互联网项目的注册流程，但是认证部分则是国内早期互联网的激活认证流程。虽然目前国际上许多国家和地区还是以类似的方式在做认证，但是国内根据相关的法律法规，做 UGC 的用户认证，仅仅通过邮件激活链接的形式显然是不被允许的。

众所周知，不论是在小说网站申请成为一名网文作者，还是在电子商务平台上申请成为一个网店卖家，甚至在像字节跳动或者快手这样的短视频内容平台上发布自己的短视频，都需要上传自己的身份证号码，同时上传身份证正、反面照片、本人手持身份证拍摄的照片、个人银行卡的账户，以及开户行的详细地址等信息，才可以完成认证。

从实现技术上来说，这反而比用邮箱激活链接的认证方式要简单一些，因为上传这些个人信息完成认证与注册时上传用户名等信息的实现原理是一样的，都是通过从客户端到服务器端的一次 post 请求。

为何本章中以邮件激活链接的方式来介绍认证呢？一是，以上传居民身份证等个人信息完成认证的方式，从技术角度来说比较简单；二是，在国外及国内的某些地区，还在使用以邮件激活链接的方式完成认证，所以我们有必要学习这些技术。

注意：由于权限认证的业务涉及的隐密信息很多，因此做好数据安全非常重要，请大家将权限认证配合后面与网络安全相关的章节内容一起使用。

4.3 初始化一个项目为功能演示做准备

本节将正式新建一个项目 demo 来为本章后面的功能开发演示做准备。本书面对的主要读者是具有一定全栈开发基础的程序员或爱好者，我们新建的项目依然是前后端分离的形式，前端使用 Vue.js，后端使用 Django。下面那么我们开始吧！

4.3.1 演示认证业务项目的前端逻辑

首先，搭建前端项目的开发环境。在 Windows 系统上安装和配置 Node.js 环境，并且为实例演示各种认证原理做准备，新建一个基于 Vue 的前端项目，并进行初始化。

（1）安装 Node.js：

Node.js 官网地址：http://nodejs.cn/，进入官网下载并安装 Node.js 即可。

（2）安装 cnpm：

```
npm install -g cnpm --registry=HTTPS://registry.npm.taobao.org
```

（3）安装 Vue.js 脚手架工具：

```
cnpm install --global vue-cli
```

注意：因为前 3 个步骤在第 3 章中有详细的介绍，所以在这里不再赘述，大家可以查看 3.1.2 节的介绍。

（4）新建 Vue.js 项目 demo3，如图 4-4 所示，打开 cmd，执行新建 demo3 命令：

```
vue init webpack-simple demo3
```

然后连续按 5 次回车。

（5）进入项目中，安装依赖。进入项目目录：

```
cd demo3
```

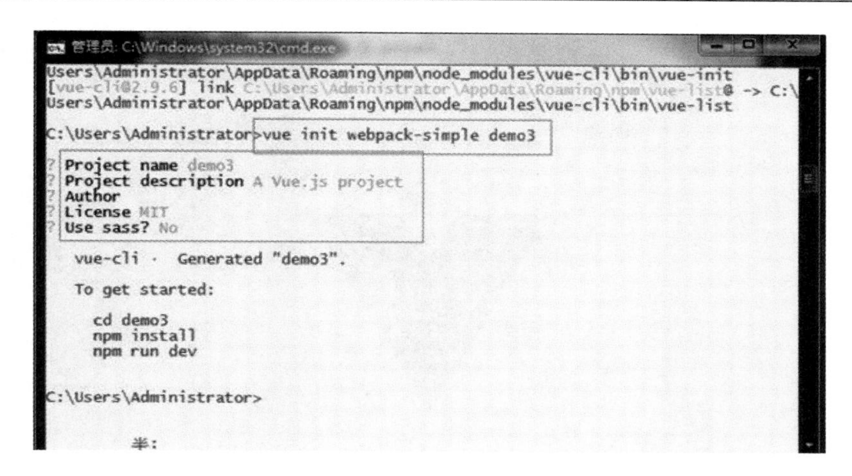

图 4-4　创建 demo3

使用 cnpm 安装依赖库，运行结果如图 4-5 所示。

```
cnpm install
```

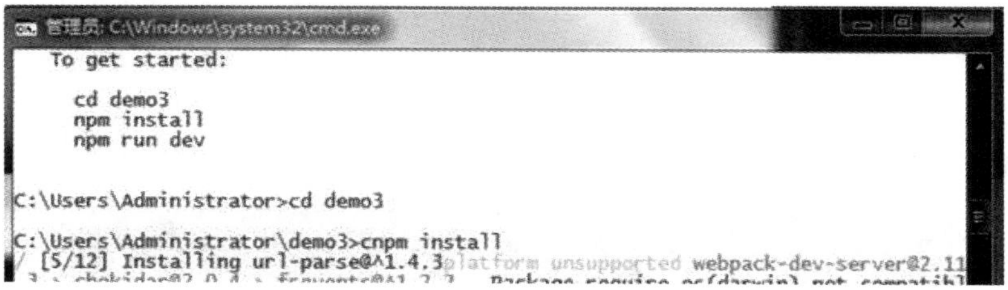

```
管理员: C:\Windows\system32\cmd.exe
  To get started:

    cd demo3
    npm install
    npm run dev

C:\Users\Administrator>cd demo3

C:\Users\Administrator\demo3>cnpm install
/ [5/12] Installing url-parse@^1.4.3platform unsupported webpack-dev-server@2.11
```

图 4-5　安装依赖库

（6）运行初始化项目，执行以下项目运行命令，结果如图 4-6 所示。

```
npm run dev
```

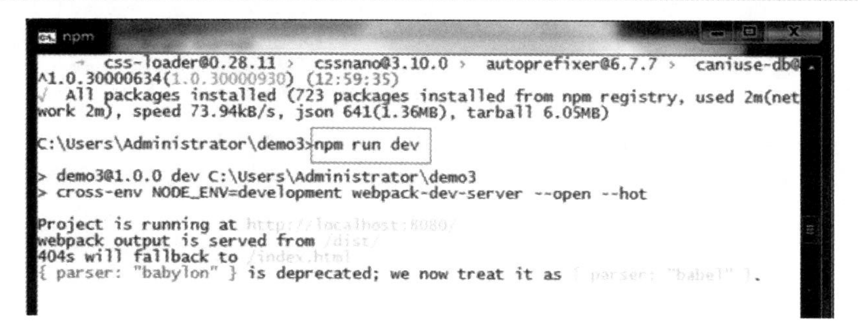

图 4-6　运行项目命令

通过浏览器访问 http://localhost:8080/，呈现出项目初始化的效果图，如图 4-7 所示。

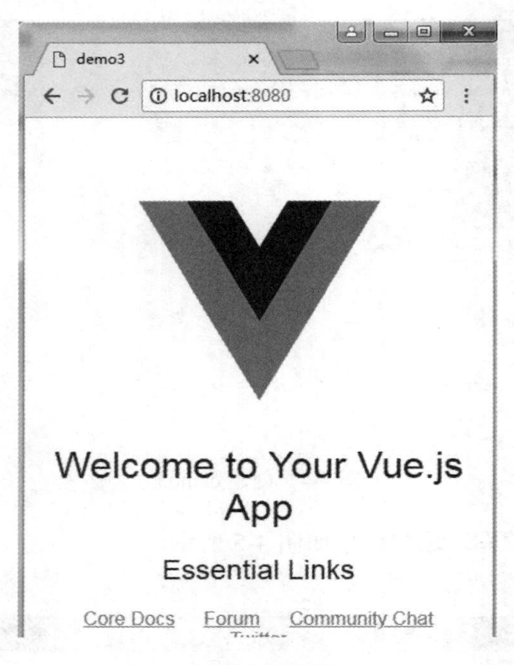

图 4-7　效果图

打开指定目录下的文件，如图 4-8 所示。

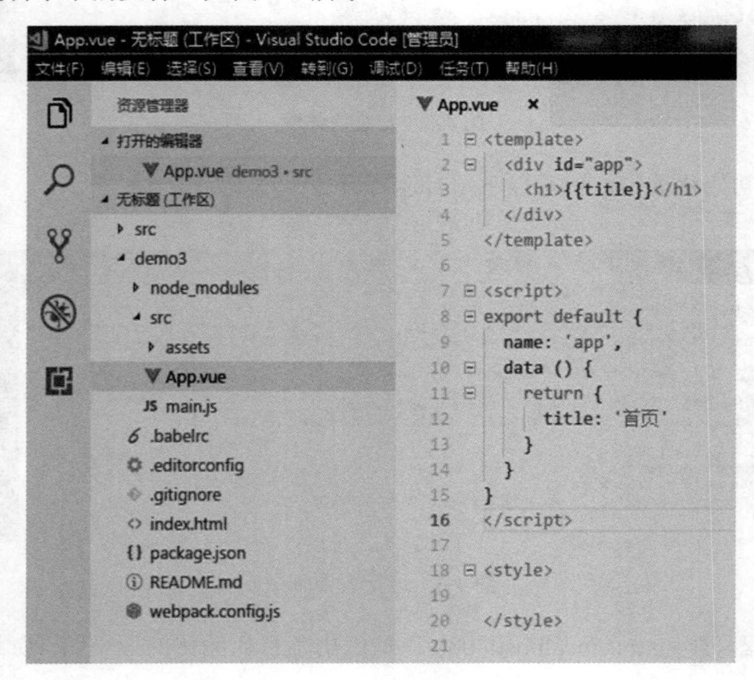

图 4-8　初始化代码

使用编辑器打开 demo3，将 demo3/src/App.vue 中的代码替换如下：

```
<template>
  <div id="app">
    <h1>{{title}}</h1>
  </div>
</template>
<script>
export default {
  name: 'app',
  data () {
    return {
      title: '首页'
    }
  }
}
</script>
<style>
</style>
```

在浏览器中再次访问 http://localhost:8080/，出现如图 4-9 所示的页面，说明初始化已完成。

图 4-9　效果图

4.3.2　演示认证业务项目的后端逻辑

我们使用 PyCharm 新建一个 Django 项目，并且做初始化配置，为下一节的实例演示做好准备。

（1）如图 4-10 所示，打开 PyCharm，选择 Create New Project 选项创建新项目。

（2）如图 4-11 所示，新建 Django 项目 demo4，同时新建 App，命名为 App01。

（3）安装相关依赖包，如图 4-12 所示。

```
pip install djangorestframework markdown Django-filter pillow Django-
guardian coreapi
```

（4）在 demo4\settings.py 中注册：

```
# Application definition
INSTALLED_APPS = [
    'Django.contrib.admin',
    'Django.contrib.auth',
    'Django.contrib.contenttypes',
```

```
        'Django.contrib.sessions',
        'Django.contrib.messages',
        'Django.contrib.staticfiles',
        'app01.apps.App01Config',
        'rest_framework'
    ]
```

图 4-10　创建新项目

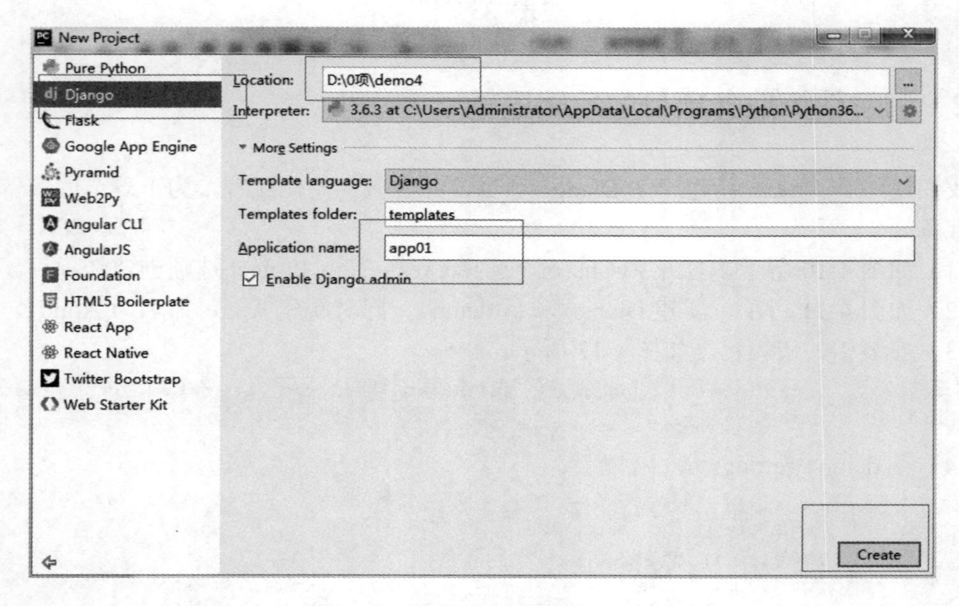

图 4-11　新建 Django 项目 demo4

```
Microsoft Windows [版本 6.1.7601]
版权所有 (c) 2009 Microsoft Corporation。保留所有权利。

D:\0项\demo4>pip install djangorestframework markdown django-filter pillow django-guardian coreapi
Requirement already satisfied: djangorestframework in c:\users\administrator\appdata\roaming\python\python
36\site-packages
Requirement already satisfied: markdown in c:\users\administrator\appdata\local\programs\python\python36\l
```

图 4-12　在 PyCharm 的终端安装依赖包

（5）在 app01\models.py 中重建用户表类，新建 key 值表类：

```
from datetime import datetime
from Django.db import models
from Django.contrib.auth.models import AbstractUser
# Create your models here.
class UserProfile(AbstractUser):
    """
    用户
    """
    is_auther=models.BooleanField(default=False,verbose_name='是否认证')
    phone=models.CharField(max_length=11,verbose_name='电话')
    email = models.CharField(max_length=100,null=True,blank=True,verbose_name='
    邮箱')
    add_time = models.DateTimeField(default=datetime.now, verbose_name='
    添加时间')
    class Meta:
        verbose_name='用户'
        verbose_name_plural = verbose_name
    def __str__(self):
        return self.username
class Key(models.Model):
    """
    key 表
    """
author=models.ForeignKey(UserProfile,verbose_name='开发者',
on_delete=models.CASCADE)
    app_name=models.CharField(max_length=10,verbose_name='应用名称')
    key=models.CharField(max_length=32,verbose_name='应用 key 值')
    add_time = models.DateTimeField(default=datetime.now, verbose_name='
    添加时间')
    class Meta:
        verbose_name='key 表'
        verbose_name_plural = verbose_name
    def __str__(self):
        return self.key
```

（6）在 demo4\settings.py 中加入重建用户表的配置代码，如图 4-13 所示。

```
AUTH_USER_MODEL='app01.UserProfile'
```

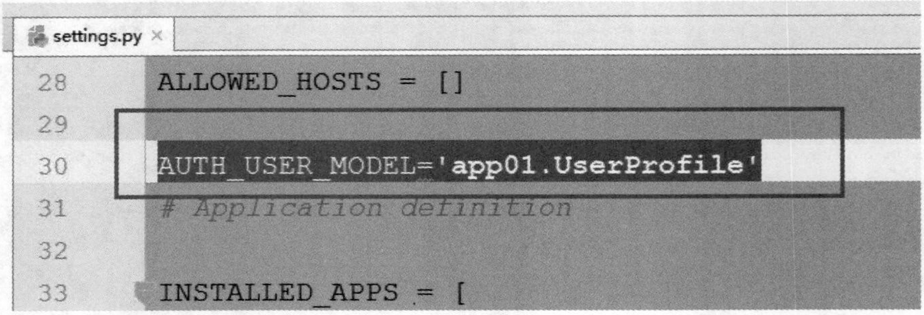

```
28    ALLOWED_HOSTS = []
29
30    AUTH_USER_MODEL='app01.UserProfile'
31    # Application definition
32
33    INSTALLED_APPS = [
```

图 4-13　配置代码

（7）执行数据更新命令：

```
Python manage.py makemigrations
Python manage.py migrate
```

4.4　Django 实现通过手机号注册功能

正如 4.2.1 节所介绍的那样，用户在认证之前，首先要完成注册。目前，在中国大陆地区，注册一个用户必须要绑定手机号码，并且平台方要为此而承担成本支出。在本节中，我们将开发一套使用 Django 实现的通过手机号注册的功能。

4.4.1　业务流程原理及需求分析

如图 4-14 所示为注册功能的业务逻辑。

图 4-14 中的注册功能的业务需求介绍如下：

（1）用户需要一个输入手机号的输入框和一个获取验证码的按钮（前端需求）。

（2）在客户端要对用户输入的手机号做格式上的合法验证（前端需求）。

（3）检验用户输入的手机号是否已经被注册过（后端需求）。

（4）如果用户输入的手机号已经被占用，则给用户提示（前端需求）。

（5）如果用户输入的手机号合法且没有被注册过，那么将手机号通过 API 发送给短信服务商（后端需求）。

（6）如果用户没有收到短信验证码，可重新获取验证码（前端需求）。

（7）如果用户收到了短信验证码，就发送到服务器端，服务器端判断其是否正确、是否超时，如果验证码错误或者验证码超时了，则返回错误信息；如果正确，则返回注册成功信息（后端需求）。

（8）如果用户提交的验证码超时或者错误，则提示用户进行重新操作（前端信息）。

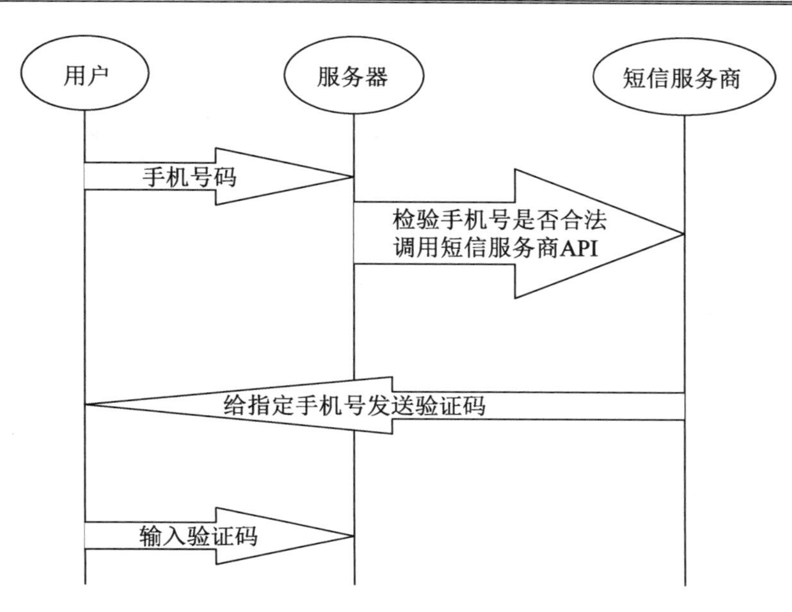

图 4-14　注册功能业务逻辑图

4.4.2　在 demo3 中开发注册用户的静态页面

在 demo3\src\App.vue 中编写代码如下：

```
<template>
  <div id="app">
    <h1>{{title}}</h1>
    <div class="registerwindow">
      <div class="title">用户注册</div>
      <div class="item">
        <div class="text">用户名:</div>
        <input type="text">
      </div>
      <div class="item">
        <div class="text">密码:</div>
        <input type="text">
      </div>
      <div class="item">
        <div class="text">手机号:</div>
        <input type="text">
        <button>获取验证码</button>
      </div>
      <div class="item">
        <div class="text">验证码:</div>
        <input type="text">
        <button>确认注册</button>
```

```
      </div>
    </div>

  </div>
</template>
<script>
export default {
  name: 'app',
  data () {
    return {
      title: '首页',
      codebtn:'获取验证码'
    }
  }
}
</script>
<style>
*{
 margin:0;
 padding: 0;
 box-sizing: border-box;
}
.registerwindow{
 margin: 0 auto;
 width: 350px;
 height: 200px;
 background: rgba(5, 55, 148, 0.5);
}
.title{
 margin: 0 auto;
 font-size: 30px;
 text-align: center
}
.item{
 margin-top:10px;
 display: flex;
 flex-direction: row;
}
.text{
 text-align: center;
 width: 80px;
}
input{
 width: 140px;
}
button{
 width: 80px;
 margin-left: 5px;
}
</style>
```

如图 4-15 所示，我们已经完成了 4.4.1 节介绍的第（1）个业务需求。

图 4-15　效果图

注意：本节中所编写的静态页面代码具有一定的普遍可复用性，可以方便大家在实际项目中使用，使大家将精力主要用于 Django 后端的学习上，前端知识相对薄弱的读者，可以直接拿到自己的项目中使用。

4.4.3　编写前端验证用户信息的逻辑代码

改写 demo3\src\App.vue 代码，添加信息验证代码如下：

```
<template>
  <div id="app">
    <h1>{{title}}</h1>
    <div class="registerwindow">
      <div class="title">用户注册</div>
      <div class="item">
        <div class="text">用户名:</div>
        <input type="text" v-model="username">
      </div>
      <div class="item">
        <div class="text">密码:</div>
        <input type="text" v-model="pwd">
      </div>
<div class="item">
        <div class="text">邮箱:</div>
        <input type="text" v-model="email">
      </div>
      <div class="item">
        <div class="text">手机号:</div>
        <input type="text" v-model="phone">
        <button :disabled="disabled" @click="authPhone">{{codebtn}}</button>
      </div>
```

```
      <div class="item">
        <div class="text">验证码:</div>
        <input type="text" v-model="code">
        <button @click="authUserinfo">确认注册</button>
      </div>
    </div>
  </div>
</template>
<script>
export default {
  name: 'app',
  data () {
    return {
      title: '首页',
      disabled:false,
      time:0,
      codebtn:'获取验证码',
      phone:'',
      username:'',
      pwd:'',
      code:'',
  email:''
    }
  },
  methods: {
    getCode(){
      //用来向后台发送请求，获取验证码
    },
    goRegister(){
      //提交完整的注册信息
    },
    authPhone(){
      var reg=11 && /^((13|14|15|17|18)[0-9]{1}\d{8})$/;
      if(this.phone==''){
          alert("请输入手机号码");
      }else if(!reg.test(this.phone)){
          alert("手机格式不正确");
      }else{
          this.time=60;
          this.disabled=true;
          this.timer();
          this.getCode();
      }
    },
    timer() {
      if (this.time > 0) {
            this.time--;
            this.codebtn=this.time+"s";
            setTimeout(this.timer, 1000);
      } else{
            this.time=0;
            this.codebtn="获取验证码";
            this.disabled=false;
      }
```

```
      },
      authUserinfo(){
        if(this.username==''){
          alert("用户名不能为空");
        }else if(this.pwd==''){
          alert("密码不能为空");
        }else if(this.phone==''){
          alert("手机号码不能为空");
        }else if(this.code==''){
          alert("验证码不能为空");
        }else{
          this.goRegister();
        }
      }
    }
  }
</script>
```

至此，实现了前端用户输入信息的验证，效果如图 4-16 所示。当用户获取到一条验证码后，限定用户一分钟之内不能再次获取（每条短信验证码的发送都是有成本的），防止有人不停地重新获取验证码。

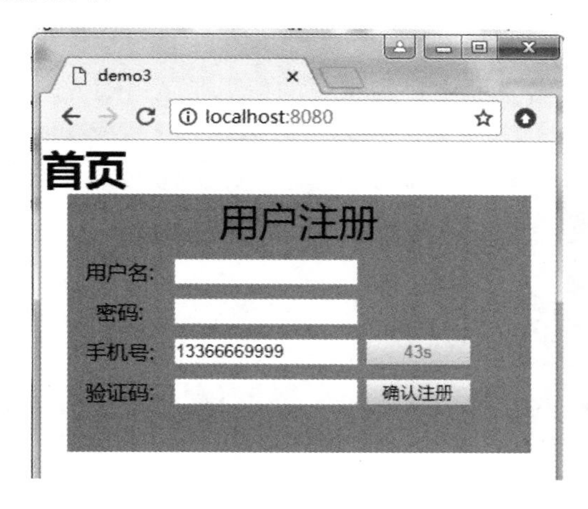

图 4-16　效果图

注意：前端对于获取验证码的频率限制，只能防止一些技术“小白”用户的“捣乱”，如果有一定技术的攻击者想要恶意重新获取验证码，前端的限制是没有意义的，需要在后端进行限制。

4.4.4　短信服务商的对接

虽然短信验证服务根据产品的性质，应该归类于云计算服务中的一项，但是短信服务的技术密集度，远不如云服务器的要求高。一般一些相对“小而专”的短信服务商所提供的短信服务，跟阿里云、腾讯云这些云计算服务提供的短信服务相比，服务质量并没有什么大的差别。但是从议价空间上，相对比较小的短信服务商，则可以根据所需短信服务的量级，给出更大的优惠。

所有的短信服务商的对接原理都是大同小异，这里以云片网为例来介绍对接的流程。

（1）注册云片网。在云片网首页（地址为 https://www.yunpian.com/）有一个视频教程可供用户参考，如图 4-17 所示。

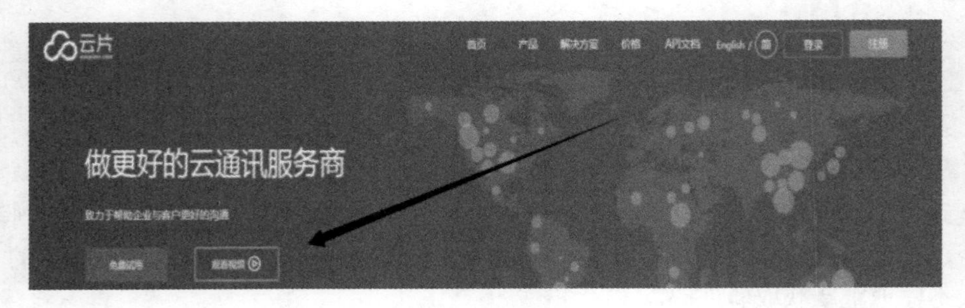

图 4-17　云片网首页

（2）在后台管理控制台页面中，最重要的信息是 APIKEY，如图 4-18 所示。

图 4-18　云片网后台管理页面

（3）如图 4-19 所示，打开“通讯云”选项卡下的“签名/模板设备”页面，在“签名管理”页面单击“新增签名”按钮，到这里会被提醒完善“开发者信息”。认证分为公司和个人两种方式，因为现在是开发测试阶段，可以选择“个人”，此处需要提交身份证的照片。等待认证完成的短信通知，然后按照后台的操作指引，在“签名管理”页面中新增签名，在“模板管理”页面中新增模板。完成以上步骤后等待云片网的审核，审核通过后会有短信通知。

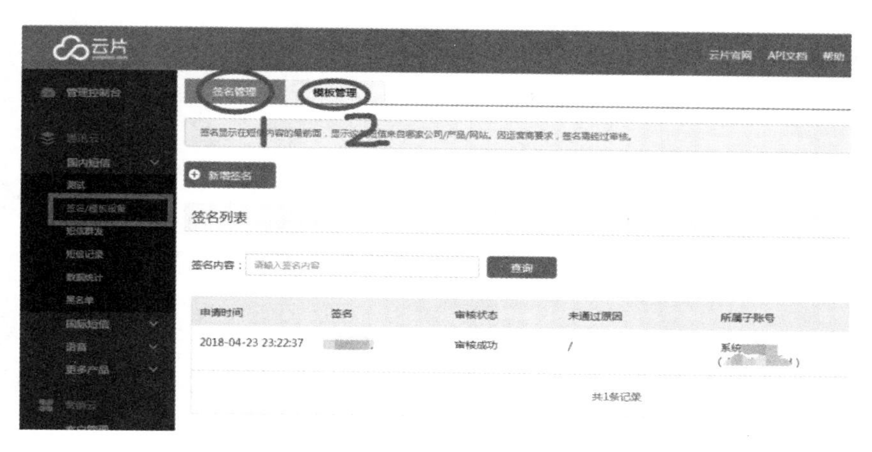

图 4-19　新增模板页面

（4）如图 4-20 所示，在云片网后台设置 IP 白名单，将外网 IP 加入白名单中。这个 IP 白名单的意义也是一种安全机制，假设你的云片网的身份信息被网络黑客窃取了，但如果他没办法获取你的服务器的管理员权限，依然没有意义。

图 4-20　设置白名单页面

如图 4-21 所示，获取本机外网 IP 最简单的方法，就是百度搜索 IP。

图 4-21　通过百度搜索获取 IP

注意：出于保护隐私，笔者将本机 IP 地址做了一些模糊处理。

（5）在后端项目 demo4 中写发送短信的脚本。在项目目录下新建 utils 目录，新建 yunpian.py：

```
import requests
class YunPian(object):
    def __init__(self,api_key):
        self.api_key=api_key
        self.single_send_url='HTTPS://sms.yunpian.com/v2/sms/single_send.
        json'
    def send_sms(self,code,mobile):
        parmas={
            'apikey':self.api_key,
            'mobile':mobile,
            'text':'“**网”您的验证码是{code}。如非本人操作，请忽略本短信'.format
            (code=code)
        }
        #text 必须要跟云片后台的模板内容保持一致，不然发送不出去！
        r=requests.post(self.single_send_url,data=parmas)
        print(r)
if __name__=='__main__':
    yun_pian=YunPian('*************** （你的 apikey）')
    yun_pian.send_sms('***（验证码）','*******（手机号）')
```

4.4.5　在后端 demo4 中编写验证码相关逻辑

下面开发验证码的相关逻辑中的后端部分。新建相关数据表，在视图类内编写对接发送和验证短信验证码的逻辑代码。

（1）在 app01/models.py 中新建验证码的表类：

```
class Code(models.Model):
    """
    验证码
    """
    phone=models.CharField(max_length=11,verbose_name='手机号')
    code=models.CharField(max_length=4,verbose_name='验证码')
    add_time = models.DateTimeField(default=datetime.now, verbose_name='
    添加时间')
    end_time = models.DateTimeField(default=datetime.now, verbose_name='
    过期时间')
    class Meta:
        verbose_name='验证码表'
        verbose_name_plural = verbose_name
    def __str__(self):
        return self.phone
```

（2）在终端执行数据更新命令：

```
Python manage.py makemigrations
Python manage.py migrate
```

（3）在 settings.py 中添加代码：

```
#云片网 apikey
APIKEY='你云片网的 apikey'
```

（4）在 app01/views.py 内写入发送验证码的逻辑类：

```
from Django.shortcuts import render,HttpResponse
import json
import re
import datetime
import random
from demo4.settings import APIKEY
#引入用户表和验证码表
from .models import Code,UserProfile
#引入对接云片网模块
from utils.yunpian import YunPian
#引入 drf 功能模块
from rest_framework.views import APIView
from rest_framework.response import Response
from rest_framework.renderers import JSONRenderer, BrowsableAPIRenderer
class SendCodeView(APIView):
    """
    获取手机验证码
    """
    def get(self,request):
        phone=request.GET.get('phone')
        if phone:
            #验证是否为有效手机号
            mobile_pat = re.compile('^(13\d|14[5|7]|15\d|166|17\d|18\d)\d{8}$')
            res = re.search(mobile_pat, phone)
```

```
            if res:
                #如果手机号合法，查看手机号是否被注册过
                had_register=UserProfile.objects.filter(phone=phone)
                if had_register:
                    msg = '手机号已被注册！'
                    result = {"status": "402", "data": {'msg': msg}}
                    return HttpResponse(json.dumps(result, ensure_ascii=False),
                    content_type="application/json,charset=utf-8")
                else:
                    #检测是否发送过验证码，如果没发送过则发送验证码，如果发送过则另做处理
                    had_send=Code.objects.filter(phone=phone).last()
                    if had_send:
                        #如果这个号码发送过验证码，查看距离上次发送时间间隔是否达到一分钟
                        if had_send.add_time.replace(tzinfo=None)>
    (datetime.datetime.now()-datetime.timedelta(minutes=1)):
                            msg = '距离上次发送验证码不足 1 分钟！'
                            result = {"status": "403", "data": {'msg': msg}}
                            return HttpResponse(json.dumps(result,ensure_ascii=
                            False), content_type="application/json,charset=
                            utf-8")
                        else:
                            # 发送验证码
                            code = Code()
                            code.phone = phone
                            # 生成验证码
                            c = random.randint(1000, 9999)
                            code.code = str(c)
                            # 设定验证码的过期时间为 20 分钟以后
                            code.end_time =
    datetime.datetime.now() + datetime.timedelta(minutes=20)
                            code.save()
                            # 调用发送模块
                            code = Code.objects.filter(phone=phone).last().code
                            yunpian = YunPian(APIKEY)
                            sms_status = yunpian.send_sms(code=code, mobile=phone)
                            msg = sms_status
                            return HttpResponse(msg)
                    else:
                        #发送验证码
                        code = Code()
                        code.phone = phone
                        #生成验证码
                        c = random.randint(1000, 9999)
                        code.code = str(c)
                        #设定验证码的过期时间为 20 分钟以后
                        code.end_time=datetime.datetime.now()+datetime.
                        timedelta(minutes=20)
                        code.save()
                        #调用发送模块
                        code = Code.objects.filter(phone=phone).last().code
                        yunpian = YunPian(APIKEY)
                        sms_status = yunpian.send_sms(code=code, mobile=phone)
                        msg = sms_status
```

```
                    # print(msg)
                    return HttpResponse(msg)
            else:
                msg = '手机号不合法！'
                result = {"status": "403", "data": {'msg': msg}}
                return HttpResponse(json.dumps(result, ensure_ascii=False),
                content_type="application/json,charset=utf-8")
        else:
            msg = '手机号为空！'
            result = {"status": "404", "data": {'msg': msg}}
            return HttpResponse(json.dumps(result, ensure_ascii=False),
            content_type="application/json,charset=utf-8")
```

注意： 正如上面的代码所示，我们假设通过 API 向短信服务商进行数据请求之后，都是成功的，没有把短信服务商方发生错误的情况考虑在内。这是因为短信服务商的服务比较专业，如果发生错误，可能是开发方在短信服务商那里的余额不足了。

在以上代码中，我们比较了两个时间，使用了 replace(tzinfo=None)方法，将两个时间类型设置为相同的类型，如果直接进行比较，将会报错：

```
TypeError: can't compare offset-naive and offset-aware datetimes
```

（5）在 urls.py 中增加路由：

```
from Django.contrib import admin
from Django.urls import path
from app01.views import SendCodeView
urlpatterns = [
    path('admin/', admin.site.urls),
    path('sendcode/',SendCodeView.as_view(),name='sendcode')
]
```

（6）简单地解决一下跨域问题：

```
pip install Django-cors-headers
```

在 settings.py 中：

```
INSTALLED_APPS = [
#……
    'app01.apps.App01Config',
    'rest_framework',
    'corsheaders'
]
#......
MIDDLEWARE = [
    'corsheaders.middleware.CorsMiddleware',            #放到中间件顶部
    'Django.middleware.security.SecurityMiddleware',
#……
]
#......
CORS_ORIGIN_ALLOW_ALL = True
```

4.4.6 编写发送验证码的前端逻辑代码

安装发送数据请求的依赖 axios，在前端编写向后端发送数据的逻辑代码。

（1）在 demo3 中，按 Shift 键并右击，在弹出的快捷菜单中，选择“在此处打开命令窗口”命令，打开 cmd 操作界面，安装 axios，如图 4-22 所示。

```
cnpm install axios --save
```

```
管理员: C:\Windows\system32\cmd.exe

C:\Users\Administrator\demo3>cnpm install axios --save
√  Installed 1 packages
√  Linked 2 latest versions
√  Run 0 scripts
√  All packages installed (1 packages installed from npm registry, used 3s(netwo
rk 3s), speed 3.09kB/s, json 3(8.68kB), tarball 0B)

C:\Users\Administrator\demo3>_
```

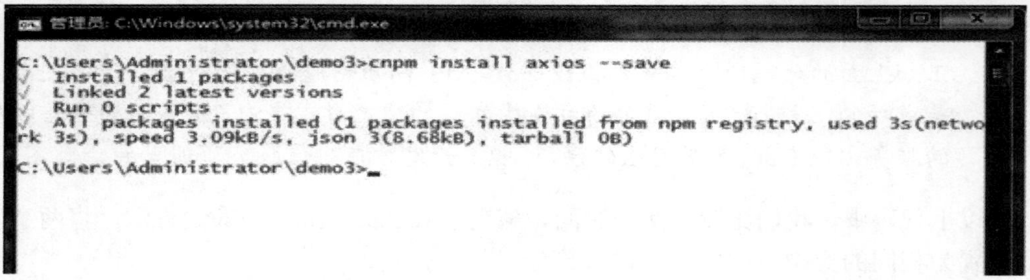

图 4-22 安装 axios

（2）在 demo3/src/App.vue 中引入 axios 并完善 getCode()方法：

```
<script>
import Axios from 'axios';
export default {
//......
methods: {
    getCode(){
      //用来向后台发送请求，获取验证码
      var api='http://127.0.0.1:8000/sendcode/';
      Axios.get(api,{
          params:{
            phone:this.phone
          }
        }
      )
      .then((Response)=>{
        console.log(Response.data)
        // 根据返回的信息，做出响应的提示
      })
      .catch((error)=>{
        console.log(error)
      })
},
//......
```

注意： 因篇幅所限，这里只给出了关键代码，我们可以根据从后端返回的状态码，在前端做进一步的业务提示代码。

4.4.7　完成确认注册功能

本节我们把注册功能进行完善。我们完成了注册新用户功能的视图类的编写，然后在前端进行注册功能的方法逻辑开发。

（1）在后端 demo4/app01/views.py 内写入注册新用户类：

```
class RegisterView(APIView):
    """
    注册类
    """
    def get(self,request):
        username=request.GET.get('username')
        pwd=request.GET.get('pwd')
        phone=request.GET.get('phone')
        email=request.GET.get('email')
        code=request.GET.get('code')
        if username:
            pass
        else:
            msg = '用户名不能为空！'
            result = {"status": "404", "data": {'msg': msg}}
            return HttpResponse(json.dumps(result, ensure_ascii=False),
            content_type="application/json,charset=utf-8")
        if pwd:
            pass
        else:
            msg = '密码不能为空！'
            result = {"status": "404", "data": {'msg': msg}}
            return HttpResponse(json.dumps(result, ensure_ascii=False),
            content_type="application/json,charset=utf-8")
        if phone:
            pass
        else:
            msg = '手机号不能为空！'
            result = {"status": "404", "data": {'msg': msg}}
            return HttpResponse(json.dumps(result, ensure_ascii=False),
            content_type="application/json,charset=utf-8")
        if email:
            pass
        else:
            msg = '邮箱不能为空！'
            result = {"status": "404", "data": {'msg': msg}}
            return HttpResponse(json.dumps(result, ensure_ascii=False),
            content_type="application/json,charset=utf-8")
        if code:
            pass
        else:
            msg = '验证码不能为空！'
            result = {"status": "404", "data": {'msg': msg}}
            return HttpResponse(json.dumps(result, ensure_ascii=False),
            content_type="application/json,charset=utf-8")
```

```
        #查找对比验证码
        code1=Code.objects.filter(phone=phone).last()
        if code==code1:
            #验证验证码是否已经过期
            end_time=code1.end_time
            end_time=end_time.replace(tzinfo=None)
            if end_time > datetime.datetime.now():
                user = UserProfile()
                user.username = username
                user.password = pwd
                user.phone = phone
                user.email=email
                user.save()
                msg = '注册成功！'
                result = {"status": "200", "data": {'msg': msg}}
                return HttpResponse(json.dumps(result, ensure_ascii=False),
                content_type="application/json,charset=utf-8")
            else:
                msg = '验证码已过期！'
                result = {"status": "403", "data": {'msg': msg}}
                return HttpResponse(json.dumps(result, ensure_ascii=False),
                content_type="application/json,charset=utf-8")
        else:
            msg = '验证码错误！'
            result = {"status": "403", "data": {'msg': msg}}
            return HttpResponse(json.dumps(result, ensure_ascii=False),
            content_type="application/json,charset=utf-8")
```

（2）在 urls.py 中配置路由代码：

```
from Django.contrib import admin
from Django.urls import path
from app01.views import SendCodeView,RegisterView
urlpatterns = [
    path('admin/', admin.site.urls),
    path('sendcode/',SendCodeView.as_view(),name='sendcode'),
    path('register/',RegisterView.as_view(),name='register')
]
```

（3）在 demo3/src/App.vue 中的 methods 里编写注册方法 goRegister()：

```
    goRegister(){
      //提交完整的注册信息
      var api='http://127.0.0.1:8000/register/';
      Axios.get(api,{
          params:{
            phone:this.phone,
            username:this.username,
            pwd:this.pwd,
            code:this.code,
            email:this.email
          }
        }
      )
      .then((Response)=>{
        console.log(Response.data)
```

```
        // 根据返回的信息，做出响应的提示
      })
      .catch((error)=>{
        console.log(error)
      })
    },
```

4.5　Django 实现邮箱激活功能

在上一节中，我们完成了用手机号注册新用户的功能。本章的标题是“用 Django 实现百度开发者认证业务模型”，在真实的百度开发者认证业务中，认证这一步，是通过向百度提供更多的资质信息，然后发送一次短信验证来完成认证的，从技术实现上来说，这与注册功能是一样的。

当然，正如前文所介绍的那样，目前更多的网站是以邮箱激活的方式对用户进行权限认证的，所以在本节中，我们来介绍一下邮箱激活功能是如何开发的。

4.5.1　什么是 POP3、SMTP 和 IMAP

说到邮件服务，总是绕不开 POP3、SMTP 和 IMAP 这些概念。对于平时几乎所有的时间都在学习基于 HTTP/HTTPS 协议相关知识的开发者来说，短时间内掌握与 HTTP/HTTPS 协议属于并列关系的其他应用层协议的确有些困难。关键是没必要掌握这些知识，学会开车就行了，没有必要让每一个司机都能徒手造车。对于 POP3、SMTP 和 IMAP，我们只要简单地了解它们的基本含义和存在意义就可以了。

（1）POP3（Post Office Protocol - Version 3，邮局协议版本 3），它可以做的是，让用户将邮件服务器上的邮件下载到本地客户端，然后邮件服务器中的邮件并不保存，随之删除，就好像现实中的邮局将信件送到了用户的手里，这封信也不再存在于邮局中一样。

注意：虽然 POP3 协议中，在用户将邮件从邮件服务器中下载到本地客户端以后，邮件同时从邮件服务器中被删除了，但是这并不代表我们现实生活中提供电子邮件服务的平台真的会这样做。常见的电子邮箱服务平台，虽然都支持 POP3 协议，但都是改进版，也就是说，相当于你从邮局取回别人邮寄给你的信件的同时，邮局会将你的信件复制一份保存在邮局。

根据我国相关规定，网络服务提供者必须要记录网民的上网时间、地点、域名和信息记录等信息，保存至少 60 天。虽然许多社交软件上都有“阅后即焚”的功能，但是根据我国相关规定，并不允许真正的“阅后即焚”，如果你的朋友通过 QQ 使用“阅后即焚”功能发送隐私文件给你，那么你要做好心理准备，这个文件也许你只能看 5 秒钟，但是却会在腾讯的服务器中存在很长很长的时间，至于会不会被其他人看到，就不得而知了。当然，这一切都是为了互联网的安全，我们要做的是知法、懂法并守法，文明上网。

（2）IMAP（Internet Mail Access Protocol，Internet 邮件访问协议），以前称做交互邮件访问协议（Interactive Mail Access Protocol）。IMAP 是斯坦福大学在 1986 年开发的一种邮件获取协议。这个协议与 POP3 有很多相似的地方，其区别在于，可以不用将邮件下载到本地，就可以直接通过客户端对存储在服务器中的邮件进行操作。

对于 POP3 与 IMAP 的关系，我们可以用 HTTP/HTTPS 协议知识体系下一个非常形象的例子来阐释，POP3 就相当于传统的软件，需要将软件下载到本地，安装之后才可以使用软件的功能；而 IMAP 相当于 SAAS 模式，就是可以将软件安装到服务器端，用户可以直接通过浏览器在线使用，免下载和安装，可以直接操作。

（3）SMTP（Simple Mail Transfer Protocol，简单邮件传输协议），其作用很关键，只有开通了 SMTP 的邮箱，我们才可以同时向多个邮箱发送简单的邮件。

4.5.2　开启新浪邮箱的 SMTP 服务

开启新浪邮箱的 SMTP 服务非常简单，分为以下 5 个步骤：

（1）注册一个新浪邮箱并登录。

（2）打开设置区。

（3）选择客户端 pop/imp/smtp。

（4）将 Pop3/SMTP 服务的服务状态设置为开启。

（5）保存。

4.5.3　编写邮箱激活功能的前端逻辑代码

邮箱激活功能，与手机验证码功能类似，只不过它是通过邮箱代替短信服务商。邮箱激活功能的开发流程和手机验证码的流程相似，步骤介绍如下：

（1）在 demo4/settings.py 中增加邮箱配置代码：

```
EMAIL_HOST='smtp.sina.cn'
EMAIL_PORT=25
EMAIL_HOST_USER='xxxxxxxx@sina.cn'        #你的邮箱
EMAIL_HOST_PASSWORD='********'
EMAIL_USE_TLS=False
EMAIL_FROM='xxxxxxx1@sina.cn'             #同样是你的邮箱，和上面的邮箱一样，都是
                                          发信者的邮箱
#此处笔者使用的是新浪的邮箱，读者可自由选择
```

（2）在 app01/models.py 中创建邮箱激活码表类：

```
class EmailVerifyRecord(models.Model):
    """
```

```
    邮箱激活码
    """
    code = models.CharField(max_length=20, verbose_name='激活码')
    email=models.EmailField(max_length=50,verbose_name='邮箱')
    send_time=models.DateTimeField(verbose_name='发送时间',default=datetime.now)
    class Meta:
        verbose_name='邮箱验证码'
        verbose_name_plural=verbose_name
    def __str__(self):
        return '{0}({1})'.format(self.code,self.email)
```

（3）打开终端，执行数据更新命令：

```
Python manage.py makemigrations
Python manage.py migrate
```

（4）在 utils 目录下新建发送邮件脚本 email_send.py:

```
from random import Random
from app01.models import EmailVerifyRecord
from Django.core.mail import send_mail
from demo4.settings import EMAIL_FROM
def random_str(randomlength=8):
    str=''

chars='AaBbCcDdEeFfGgHhIiJjKkLlMmNnOoPpQqRrSsTtUuVvWwXxYyZz0123456789'
    length=len(chars)-1
    random=Random()
    for i in range(randomlength):
        str+=chars[random.randint(0,length)]
    return str
def send_register_email(email):
    email_record=EmailVerifyRecord()
    code=random_str(16)
    email_record.code=code
    email_record.email=email
    email_record.save()
    email_title='**网注册激活链接'
    email_body='请单击下面的链接激活你的账号：http://127.0.0.1:8000/active/{0}'.
    format(code)
    send_mail(email_title,email_body,EMAIL_FROM,[email])
```

（5）在 app01/views.py 中新增代码：

```
from utils import email_send
class SendActiveCodeView(APIView):
    """
    发送激活链接类
    """
    def get(self,request):
        email=request.GET.get('email')
        if email:
            email_send.send_register_email(email)
            msg = '激活链接已发送都您的邮箱，请前往邮箱完成激活！'
            result = {"status": "200", "data": {'msg': msg}}
            return HttpResponse(json.dumps(result, ensure_ascii=False),
```

```
            content_type="application/json,charset=utf-8")
        else:
            msg = '未收到邮箱！'
            result = {"status": "404", "data": {'msg': msg}}
            return HttpResponse(json.dumps(result, ensure_ascii=False),
            content_type="application/json,charset=utf-8")
from .models import EmailVerifyRecord
class ActiveView(APIView):
    """
    激活认证用户类
    """
    def get(self,request,code):
        item=EmailVerifyRecord.objects.filter(code=code).last()
        if item:
            email=item.email
            user=UserProfile.objects.filter(email=email).first()
            user.is_auther=True
            user.save()
            msg='已认证为开发者，可以创建应用啦。'
            result = {"status": "200", "data": {'msg': msg}}
            return HttpResponse(json.dumps(result, ensure_ascii=False),
            content_type="application/json,charset=utf-8")
        else:
            msg = '认证失败'
            result = {"status": "403", "data": {'msg': msg}}
            return HttpResponse(json.dumps(result, ensure_ascii=False),
            content_type="application/json,charset=utf-8")
```

注意： 在激活类 ActiveView 中，默认是不会出现在短时间之内，不同的用户恰好生成并发送了相同激活码的情况。这种情况发生的可能性非常小，但是也并非完全不存在这种可能。想要解决这个问题，需要用到下一章关于登录的知识，等我们学完下一章的内容，再来完善这个类的代码逻辑。当然，大家不妨开动脑筋思考一下，不涉及登录的知识，是否可以通过其他的方式修改代码，以达到消除这种错误呢？

（6）在 urls.py 中增加路由代码：

```
from Django.contrib import admin
from Django.urls import path
from app01.views import SendCodeView,RegisterView
from app01.views import SendActiveCodeView,ActiveView
urlpatterns = [
    path('admin/', admin.site.urls),
    path('sendcode/',SendCodeView.as_view(),name='sendcode'),
    path('register/',RegisterView.as_view(),name='register'),
    path('sendactivecode/',SendActiveCodeView.as_view(),name='sendactivecode'),
    path('active/<str:code>',ActiveView.as_view(),name='active')
]
```

4.5.4　在前端 demo3 中增加认证激活代码

在前端项目中，需要新建完成激活功能的组件，并且要通过组件之间的传值，来完成认证激活功能中前端部分的开发，步骤如下：

（1）在 demo3/src 目录下新建目录 components，新建 Active.vue 组件。

（2）父子组件传值，在 App.vue 中将用户的电子邮箱传到子组件 Active.vue 中。

```
<template>
  <div id="app">
      <!--…… -->
    <v-active :email='email'></v-active>
  </div>
</template>
<script>
import Axios from 'axios';
import Active from './components/Active.vue';
export default {
  name: 'app',
  data () {
    return {
      title: '首页',
      disabled:false,
      time:0,
      codebtn:'获取验证码',
      phone:'',
      username:'',
      pwd:'',
      code:'',
      email:''
    }
  },
  components:{
    'v-active':Active
  },
//......
}
</script>
```

（3）在激活认证的组件 Active.vue 中编写代码：

```
<template>
    <div>
        <h1>{{title}}</h1>
        <button @click="sendcode">认证激活</button>
    </div>
</template>
<script>
import Axios from 'axios';
export default {
    data () {
    return {
```

```
        title: '认证激活组件',
      }
    },
    props:['email'],
    methods: {
        sendcode(){
          //   alert(this.email)
               var api='http://127.0.0.1:8000/sendactivecode/';
            Axios.get(api,{
                params:{
                    email:this.email
                    }
                }
            )
            .then((Response)=>{
                console.log(Response.data)
                // 根据返回的信息，做出响应的提示
            })
            .catch((error)=>{
                console.log(error)
            })
        }
    },
}
</script>
<style>
</style>
```

4.5.5 小结及进一步的设计思路

在本节中，我们完成了通过邮件激活的方式对用户是否为开发者进行了认证。但是功能并不完善。因篇幅所限，我们没有开发注册成功和认证成功以后的前端响应代码，这一部分的工作，就交给各位读者来完善。

对开发者的身份验证功能开发完毕后，想要进一步完善功能，可以参考百度开发者认证平台，在新建一个应用项目的同时，自动生成一个字符串格式的 Key 值。我们在刚开始建立 demo4 的时候，在 app01/models.py 中建立了一张 Key 值表，可以用这张表，记录已经通过认证的开发者所新建的应用项目和与之对应的 Key 值。

这个 Key 值非常关键，开发者每一次通过 API 向平台请求服务时，Key 值都要随着数据请求被提交到平台的服务端。

这个非常关键的 Key 值，就是下一章将要重点介绍的一个概念：Token。

第 5 章　区块链时代与 Token 登录

本章将详细介绍 Django 的登录知识。通过本章的学习，读者将会了解如何通过 Django 实现目前业界比较流行的几种登录模式。此外，本章还会对 Django 自带的登录模式进行剖析。在多端分离的开发模式中，最常使用的是 Token 模式，以及基于 Token 模式延伸出来的被广泛使用的 JWT 模式，这两种模式会在本章中做重点介绍。

5.1　Cookie/Session 在前后端分离项目中的局限性

关于登录，大家最容易想到的也许就是 Cookie 这个概念，可以说自从有了 Cookie 机制以后，网站才算真正意义上进入了会员机制时代。在这一节中，将详细介绍 Cookie 机制。

5.1.1　什么是 Cookie 机制

Cookie，直接翻译为中文，为“小甜饼”。可以不夸张地说，Cookie/Session 机制，是当今应用最广泛的登录机制。

那么 Cookie 是什么呢？首先，我们要知道 HTTP/HTTPS 是一种无状态协议。也就是说，客户端与服务端的数据交互，像是发短信的模式，而非打电话，每一次发一条短信以后，两端之间将没有任何的联系了，并不存在“保持通话状态”这么回事儿。那么，当我们输入用户名和密码登录网站后，再次访问网站的其他网页时，会通过浏览器在客户端向服务端发送了不止一次的数据请求，为什么我们没有被要求在每一次发送数据请求之前，再一次输入用户名和密码呢？这就是因为 Cookie 的存在。

为了解决 HTTP/HTTPS 协议是无状态的这一短板，Cookie 应运而生。其工作原理如图 5-1 所示。

图 5-1 所示的 Cookie 工作原理介绍如下：

（1）用户从客户端通过浏览器输入用户名和密码，登录网站。

（2）网站的服务端返回登录成功信息的同时，在协议头返回一些键值对，这些键值中包含用户的用户名和密码等相关身份信息，这些信息被保存在浏览器的缓存中，这一步叫做 set-Cookie。

（3）当完成登录操作的用户，再次访问网站的其他网页时，每一次从客户端浏览器发送给服务器的数据请求，协议头中都会带上之前的 Cookie 键值对，服务器端通过对这些 Cookie 数据的检验判断用户已经登录，并返回已经登录的用户才能访问的数据内容。

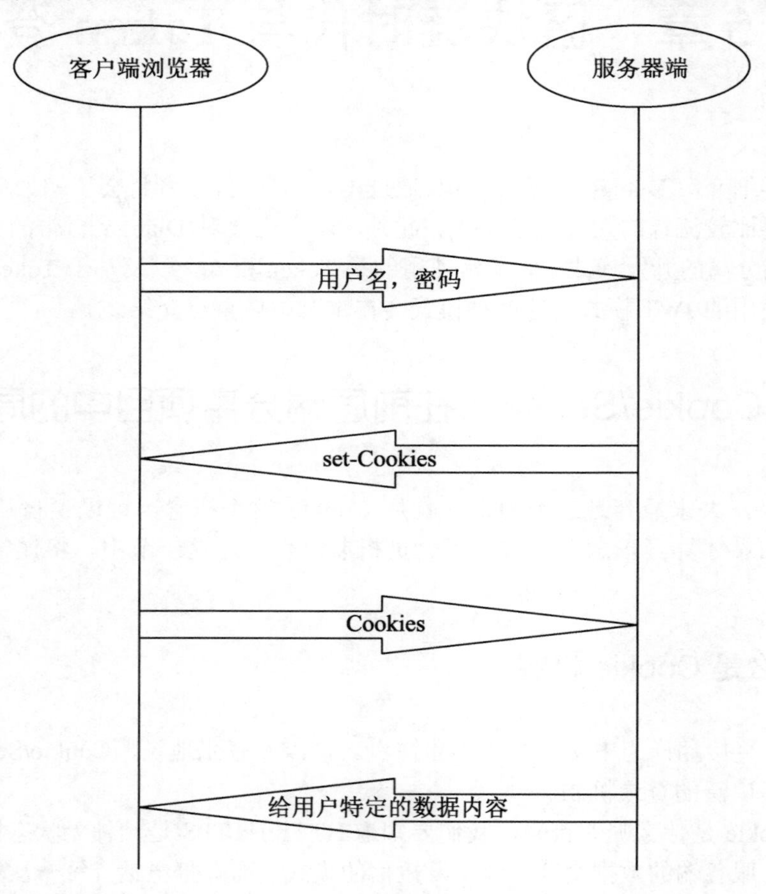

图 5-1　Cookie 工作原理

Cookie 的特点：

- 保存在用户的浏览器中。
- 可以主动清除。
- 可以被伪造。
- 不可以跨站共享 Cookie。

根据 Cookie 的原理和 Cookie 的特点可以看出，Cookie 是一种非常方便、高效的解决 HTTP/HTTPS 协议无状态问题的方案，但也暴露出了很多 Cookie 潜在的安全隐患。我们将在下面的章节中新建一个 Django 项目，并且在项目实战中使用 Cookie 来详细的阐述 Cookie 机制。

🔔注意：Cookie 机制在网页技术领域里经历了很多次的完善，如今得到了广泛的使用。Cookie 机制能做的事情及涵盖的知识点非常多，本章对于 Cookie 的介绍，相对而言比较基础，旨在帮助大家理解 Cookie 机制。大家如果对 Cookie 机制有兴趣，可以自行查阅相关资料进行研究。

5.1.2　Django 中使用 Cookie

接下来我们搭建一个 Django 项目，包含数据表、视图逻辑、前端页面和路由配置，构成一个能够完整演示 Cookie 工作原理的实例。

（1）如图 5-2 所示，新建 Django 项目 demo5，并且新建 app01。

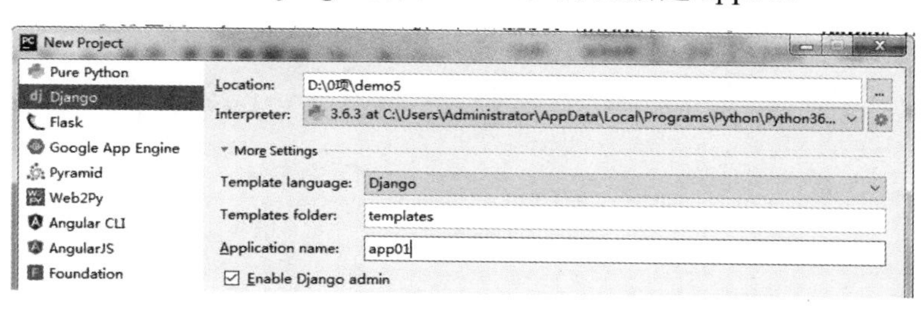

图 5-2　新建 demo5

（2）在 app01/models.py 中建一个简单的管理员表类：

```
from Django.db import models
# Create your models here.
class Administrator(models.Model):
    username = models.CharField(max_length=32)
    password = models.CharField(max_length=32)
```

（3）执行数据更新命令：

```
Python manage.py makemigrations
Python manage.py migrate
```

🔔注意：为了演示方便，我们新建一个管理员表来充当用户表，而没有使用 Django 自带的用户表。

（4）通过 PyCharm 的 Database 手动在管理员表内添加一条记录，如图 5-3 所示。

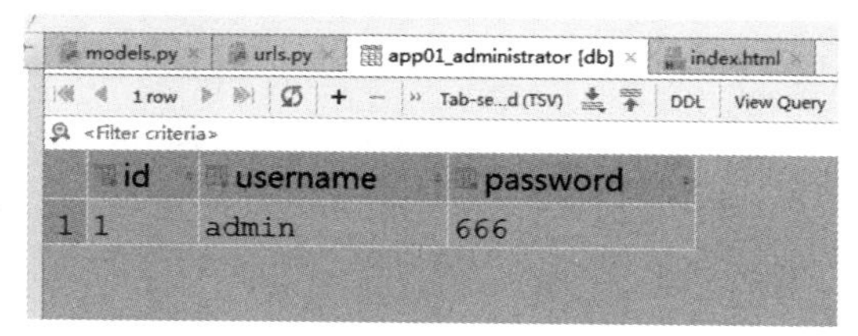

图 5-3　数据表

（5）在 templates 目录下新建 login.html：

```
<!DOCTYPE html>
<html lang="en">
<head>
    <meta charset="UTF-8">
    <title>Title</title>
    <style>
        label{
            width: 80px;
            text-align: right;
            display: inline-block;
        }
    </style>
</head>
<body>
    <form action="login.html" method="post">
        <div>
            <label for="user">用户名：</label>
            <input id="user" type="text" name="user" />
        </div>
        <div>
            <label for="pwd">密码：</label>
            <input id="pwd" type="password" name="pwd" />
        </div>
        <div>
            <label> </label>
            <input type="submit" value="登录" />
            <span style="color: red;">{{ msg }}</span>
        </div>
    </form>
</body>
</html>
```

（6）在 templates 目录下新建 index.html：

```
<!DOCTYPE html>
<html lang="en">
<head>
    <meta charset="UTF-8">
    <title>Title</title>
</head>
<body>
    <h1>Hello {{ username }}</h1>
</body>
</html>
```

（7）在 settings.py 中的 TEMPLATES 配置里添加路径设置代码：

```
TEMPLATES = [
    {
        'BACKEND': 'Django.template.backends.Django.DjangoTemplates',
        'DIRS': [os.path.join(BASE_DIR, 'templates')],
        'APP_DIRS': True,
        'OPTIONS': {
            'context_processors': [
```

```
                'Django.template.context_processors.debug',
                'Django.template.context_processors.request',
                'Django.contrib.auth.context_processors.auth',
                'Django.contrib.messages.context_processors.messages',
            ],
        },
    },
]
```

（8）在 settings.py 中注释掉 csrf 的验证中间件：

```
MIDDLEWARE = [
    'Django.middleware.security.SecurityMiddleware',
    'Django.contrib.sessions.middleware.SessionMiddleware',
    'Django.middleware.common.CommonMiddleware',
    # 'Django.middleware.csrf.CsrfViewMiddleware',
    'Django.contrib.auth.middleware.AuthenticationMiddleware',
    'Django.contrib.messages.middleware.MessageMiddleware',
    'Django.middleware.clickjacking.XFrameOptionsMiddleware',
]
```

（9）在 app01/views.py 编写登录视图函数和访问首页的视图函数：

```
from Django.shortcuts import render,redirect,HttpResponse
from .models import Administrator
# Create your views here.
#自定义登录函数视图
def login(request):
    message = ""
    if request.method == "POST":
        user = request.POST.get('user')
        pwd = request.POST.get('pwd')
        c = Administrator.objects.filter(username=user, password=pwd).count()
        if c:
            rep = redirect('index.html')
            rep.set_cookie('username', user)
            rep.set_cookie('password', pwd)
            return rep
        else:
            message = "用户名或密码错误"
    return render(request,'login.html', {'msg': message})
#访问首页视图函数
def index(request):
    # 如果用户已经登录，获取当前登录的用户名
    # 否则，返回登录页面
    username = request.COOKIES.get('username')
    password = request.COOKIES.get('password')
    c = Administrator.objects.filter(username=username, password=password).count()
    if c:
        return render(request, 'index.html', {'username': username})
    else:
        return redirect('/login.html')
```

（10）在 urls.py 中添加路由代码：

```
from Django.contrib import admin
from Django.urls import path
from app01.views import login,index
urlpatterns = [
    path('admin/', admin.site.urls),
    path('login.html', login),
    path('index.html', index),
]
```

（11）运行 demo5 项目，然后在浏览器中访问 http://127.0.0.1:8000/login.html，可以看到首页的效果图，如图 5-4 所示。

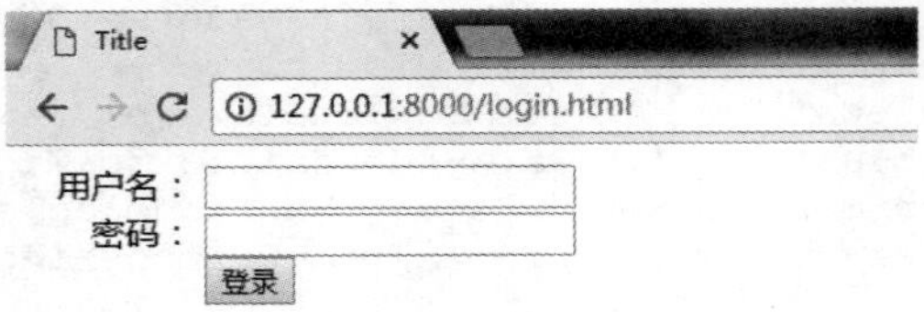

图 5-4　效果图

（12）当我们通过浏览器访问首页 127.0.0.1:8000/index.html 的时候，发现浏览器又访问到了登录页面。按 F12 键，打开开发者模式，查看 Network 检测，我们可以看到一个 302 状态码，代表站内重定向，表示访问 index 页面的请求被重定向回了登录页面，如图 5-5 所示。

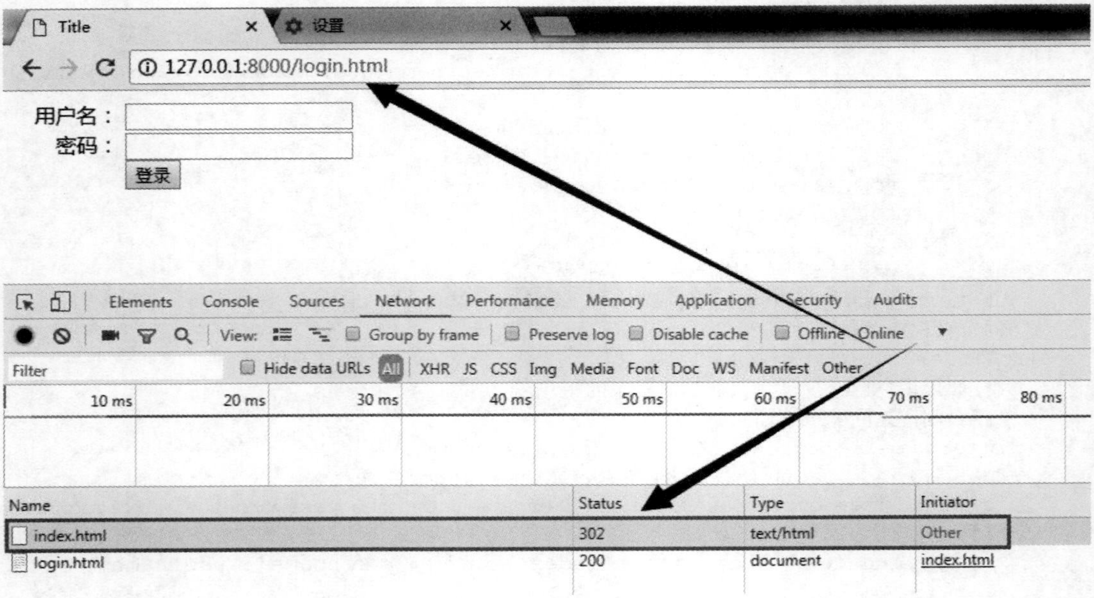

图 5-5　跳转到登录页面

（13）如果我们在登录页面输入一个错误的用户名和密码，就会提示错误，同时提交的输入框也被清空了，如图 5-6 所示。

（14）如果我们输入正确的用户名和密码，就会跳转到首页，并提示欢迎信息，如图 5-7 所示。

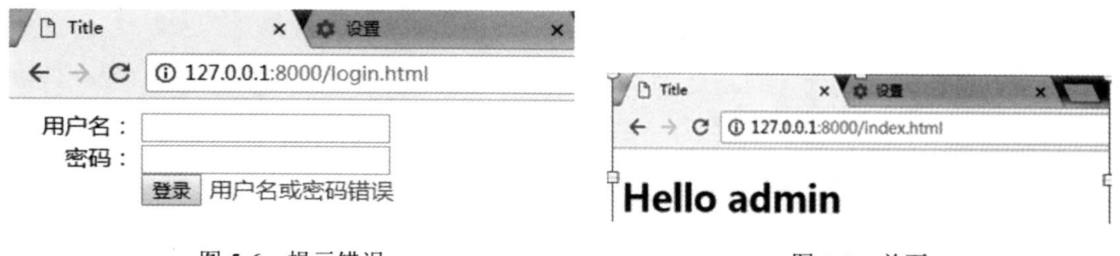

图 5-6　提示错误

图 5-7　首页

（15）当我们清空了浏览器的 Cookie，再访问首页的时候，发现再一次被跳转到了登录页面。清空浏览器 Cookie 的方法如图 5-8 所示。打开浏览器的设置界面，找到清空浏览数据选项，选择清空 Cookie 数据缓存即可，如图 5-9 所示。

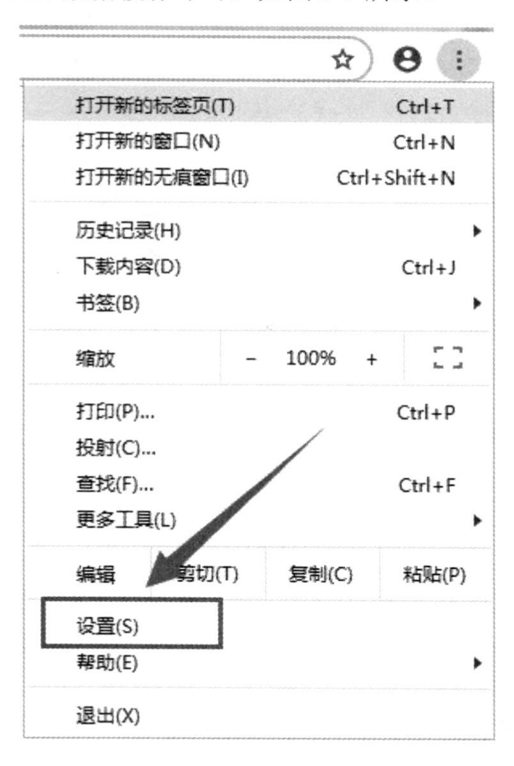

图 5-8　通过浏览器“设置”选项清除空 Cookie

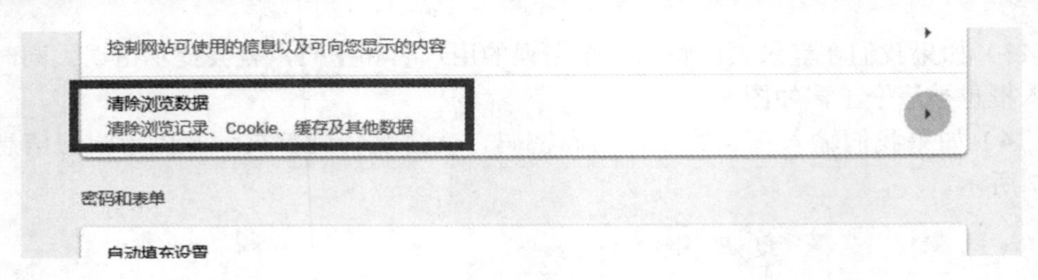

图 5-9　清除浏览数据

5.1.3　Cookie 机制的危险与防护

从上一节中我们可以看出，Cookie 机制非常方便地解决了 HTTP/HTTPS 协议无状态链接的问题，通过缓存在浏览器中的少量数据，就可以让用户保留在网站中的登录状态。但是这样虽然方便，同时也存在安全隐患。

在用户通过 Cookie 机制成功登录网站以后，只要通过按 F12 键，打开浏览器的开发者模式，刷新网页即可找到缓存在浏览器中的 Cookie 信息，而用户的用户名和密码就出现在这里，如图 5-10 所示。

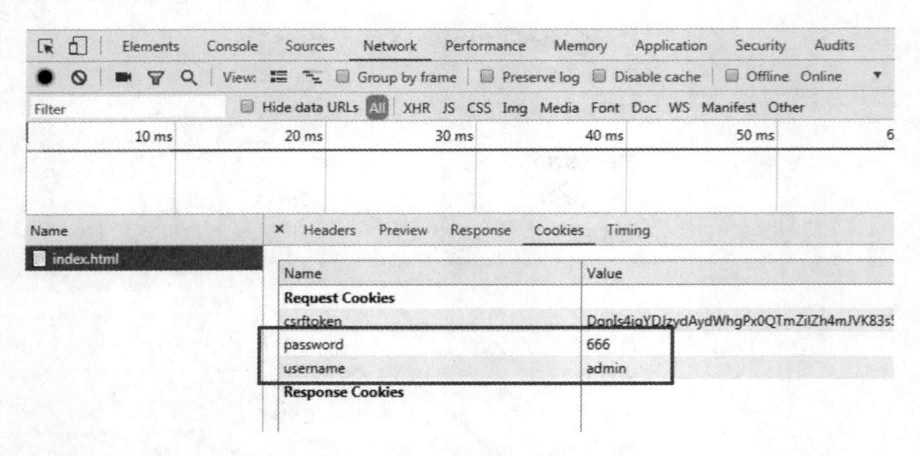

图 5-10　浏览器端查看 Cookie

要知道，浏览器的缓存区从来就不是一个“保险柜”，只要你开着计算机，“有心人”，可以很容易地将你浏览器中的 Cookie 偷走，而当其发现你所登录的网站是将用户名和密码以明文的形式缓存于 Cookie 之中时，那么后果真是不堪设想。

那么，如何降低 Cookie 机制导致的用户敏感信息泄露的风险呢？可以对 Cookie 加密，如图 5-11 所示。其原理为将 Cookie 中的键值在用户完成登录的阶段，在服务器中进行特定的加密处理，然后通过 set-Cookies 返回给客户端的浏览器，当已经完成登录的用户，再一次访问网站的其他页面时，所有的数据请求都会带着 Cookie 信息，服务器在接收到

Cookie 数据后，对数据进行解密，然后将其与数据库内的身份数据进行比较和判断，并且将判断结果返回给客户端。

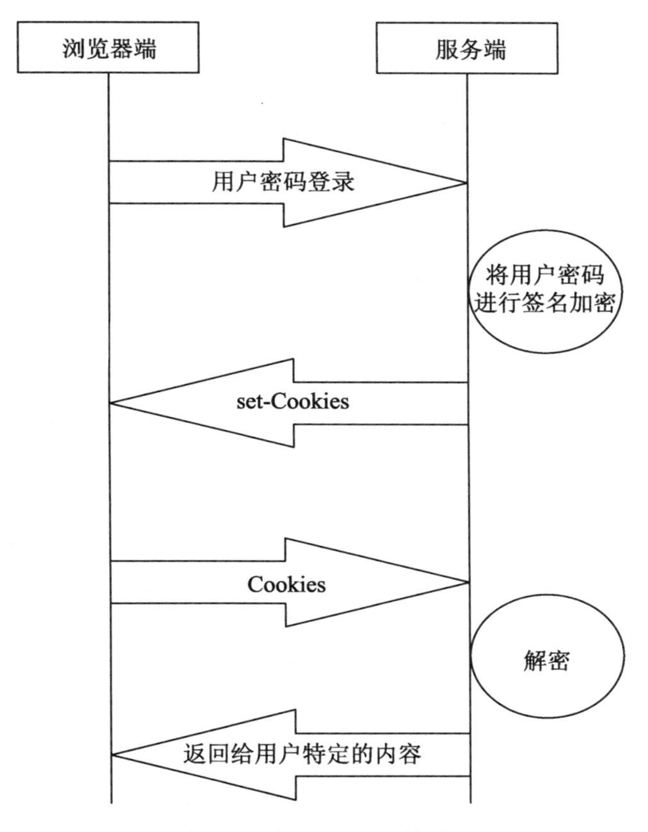

图 5-11　加密 Cookie 的原理

将 views.py 中的相关代码改写为加密的登录逻辑：

```
def login(request):
    message = ""
    if request.method == "POST":
        user = request.POST.get('user')
        pwd = request.POST.get('pwd')
        c = Administrator.objects.filter(username=user, password=pwd).count()
        if c:
            #加密
            rep = redirect('index.html')
            rep.set_signed_cookie('username', user)
            rep.set_signed_cookie('password', pwd)
            return rep
        else:
            message = "用户名或密码错误"
    return render(request,'login.html', {'msg': message})
def index(request):
```

```
    # 如果用户已经登录，获取当前登录的用户名
    # 否则，返回登录页面
    username = request.get_signed_cookie('username')
    password = request.get_signed_cookie('password')
    c = Administrator.objects.filter(username=username, password=password).count()
    if c:
        return render(request, 'index.html', {'username': username})
    else:
        return redirect('/login.html')
```

将代码改写以后，再次运行项目，然后通过 Chrome 浏览器进行登录后访问主页 http://127.0.0.1:8000/index.html。

如图 5-12 所示，通过这种将 Cookie 内的信息加密的方式，将原本的明文账号和密码形成密文。

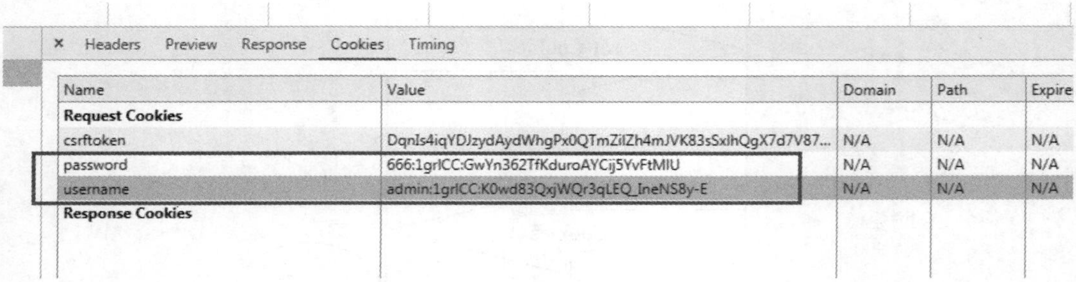

× Headers Preview Response Cookies Timing

Name	Value	Domain	Path	Expire
Request Cookies				
csrftoken	DqnIs4iqYDJzydAydWhgPx0QTmZilZh4mJVK83sSxlhQgX7d7V87...	N/A	N/A	N/A
password	666:1grICC:GwYn362TfKduroAYCij5YvFtMIU	N/A	N/A	N/A
username	admin:1grICC:K0wd83QxjWQr3qLEQ_IneNS8y-E	N/A	N/A	N/A
Response Cookies				

图 5-12　加密后的 Cookie

注意：如图 5-12 所示，虽然 Cookie 的键值在服务端被签名加密，但是在浏览器端已经被自动解密了，这是因为 Django 自带的 Cookie 签名加密算法比较原始，我们在使用这种方式的时候，可以自定义加密算法，就可以避免这种情况了。

5.1.4　什么是 Session 机制

Session 机制的原理如图 5-13 所示。

Session 机制的工作原理与 Cookie 的签名加密机制的原理相似。区别在于，Cookie 机制是将用户的信息存储在客户端浏览器里，而 Session 机制是将用户的信息存储于服务端的一个散列表里，返回给用户一个 Session_id，让用户在登录成功后的每一次数据请求都带上 Session_id，服务端根据 Session_id 来创建和更新 Session 表中的数据，并返回给用户特定的数据。

相比于 Cookie 被翻译为“小甜饼”，Session 的翻译“会议”似乎更加方便人们理解其含义。Session 是基于 Cookie 的一种机制，属于 Cookie 机制的一种改进。

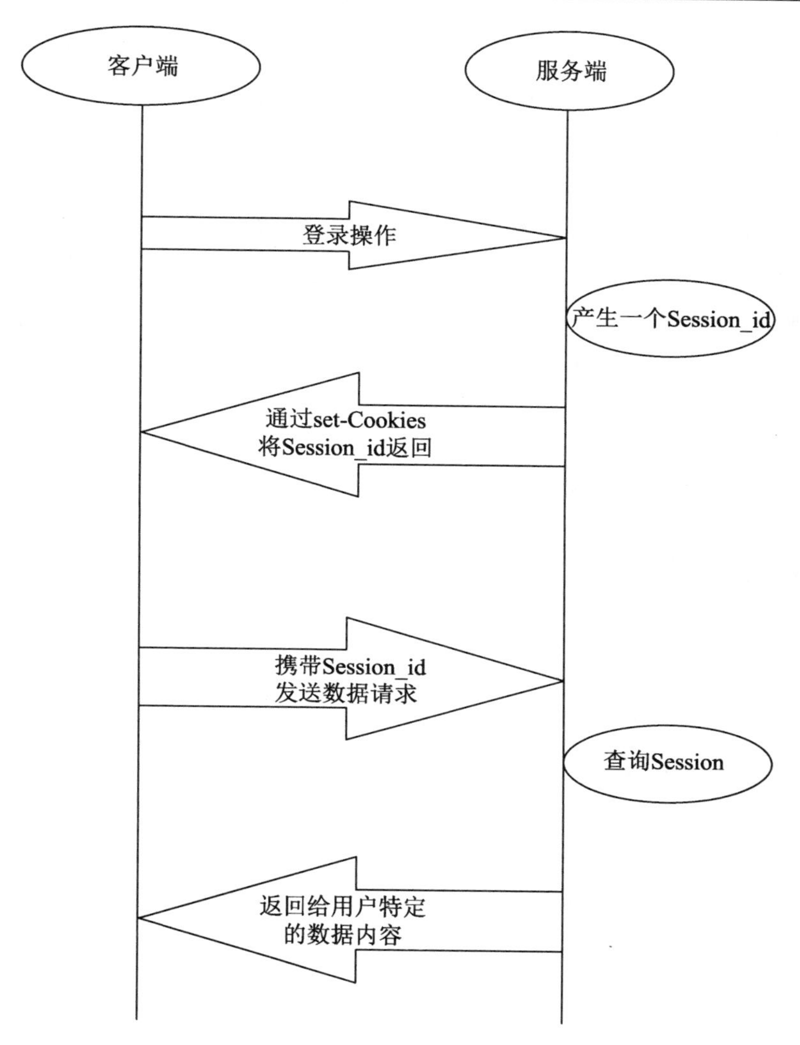

图 5-13　Session 机制的工作原理

那么为什么会有 Session 机制呢？

（1）Session 机制比 Cookie 机制更安全，比如用户名和密码等敏感信息不用返回给浏览器。有的读者可能会困惑，Cookie 签名加密的机制和 Session 机制在原理上是相似的，为什么 Session 机制比 Cookie 机制安全呢？Cookie 的签名加密存在 Cookie 被反解的风险，Session 机制的 Session_id 就不会被反解吗？

答案是：是的，Session 机制无法被反解。能做到这一点，归根结底是因为 Session 机制是将用户的登录信息存储在服务器端，而非存储在客户端浏览器中。

Session 数据表模型，如表 5-1 所示，当用户通过用户名和密码登录了一个网站，假如这个网站是以 Session 机制进行用户登录认证的，那么 set-Cookie 的内容可能是：

```
k1:666
```

表 5-1 Session数据表模型

ID	登录时间	过期时间	用户 IP	用户名	……
666	....	....	....	....	....

假如这个网站是以 Cookie 机制进行用户登录认证的，那么 set-Cookie 的内容可能是：

```
k1: a1433ce101447324de1a694a6d7dbe7c
k2: a1433ce101447324de1a694a6d7dbe7c
k3: a1433ce101447324de1a694a6d7dbe7c
```

（2）Session 机制更适合存储用户的状态信息，比如用户的搜索记录、用户观看视频的进度等。

5.1.5 Django 中使用 Session

因为 Session 是将数据存储在服务器上的，所以跟 Cookie 机制有所不同的是，要在服务端配置一些代码。

（1）在 settings.py 中增加代码：

```
SESSION_ENGINE = 'django.contrib.sessions.backends.db'  # 引擎（默认）
SESSION_COOKIE_NAME="sessionid" # Session 的 Cookie 保存在浏览器上时的 key
SESSION_COOKIE_PATH="/"          # Session 的 Cookie 保存的路径（默认）
SESSION_COOKIE_DOMAIN = None     # Session 的 Cookie 保存的域名（默认）
SESSION_COOKIE_SECURE = False    # 是否 HTTPS 传输 Cookie（默认）
SESSION_COOKIE_HTTPONLY = True   # 是否 Session 的 Cookie 只支持 HTTP 传输（默认）
SESSION_COOKIE_AGE = 1209600     # Session 的 Cookie 失效日期（2 周）（默认）
SESSION_EXPIRE_AT_BROWSER_CLOSE = False # 是否关闭浏览器使得 Session 过期(默认)
SESSION_SAVE_EVERY_REQUEST = False  # 是否每次请求都保存 Session，默认修改后才
                                      保存
```

其中，SESSION_ENGINE 配置项有必要说明一下，不同的 Session 引擎，代表了将 Session 数据储存在服务器的不同地方。

Django 中支持 Session，其中内部提供了 5 种类型的 Session 供开发者使用，分别是数据库（默认）、缓存、文件、缓存+数据库、加密 Cookie。存储在数据库中：

```
SESSION_ENGINE = 'django.contrib.sessions.backends.db' （引擎（默认））
```

储存在缓存中：

```
SESSION_ENGINE = 'django.contrib.sessions.backends.cache'（引擎）
SESSION_CACHE_ALIAS= 'default'  #使用的缓存别名（默认内存缓存，也可以是 memcache），
此处别名依赖缓存的设置
```

储存在文件中：

```
SESSION_ENGINE = 'django.contrib.sessions.backends.file' （引擎）
SESSION_FILE_PATH=None   #缓存文件路径，如果为 None，则使用 tempfile 模块获取一个
                          临时地址 tempfile.gettempdir()
```

储存在缓存+数据库中：

```
SESSION_ENGINE='django.contrib.sessions.backends.cached_db'（引擎）
```

在这个项目中，是采用的默认存储在数据库中，所以当运行项目以后，通过 PyCharm 的 Database 界面就可以看到一个 Session 表了，如图 5-14 所示。

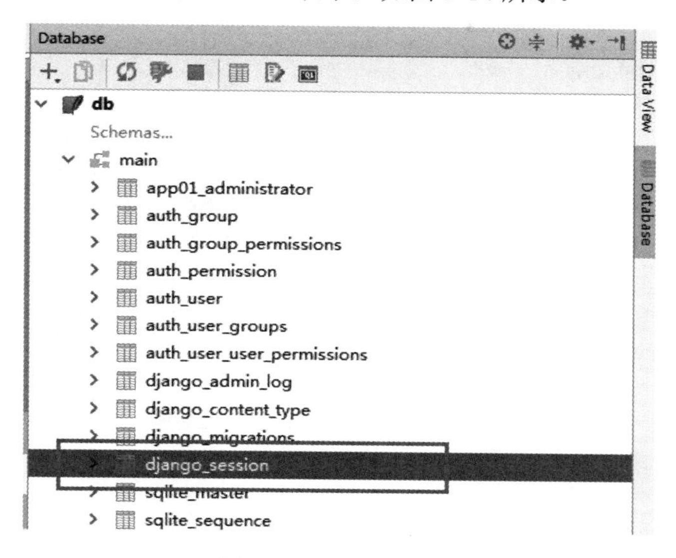

图 5-14　Database 面板

（2）改造 app01/views.py 代码：

```
from Django.shortcuts import render,redirect,HttpResponse
from .models import Administrator
# Create your views here.
def login(request):
    message = ""
    if request.method == "POST":
        request.session['is_login'] = True
        user = request.POST.get('user')
        pwd = request.POST.get('pwd')
        c = Administrator.objects.filter(username=user, password=pwd).count()
        if c:
            request.session['is_login'] = True
            request.session['username'] = user
            rep = redirect('/index.html')
            return rep
        else:
            message = "用户名或密码错误"
    return render(request,'login.html', {'msg': message})
def auth(func):
    def inner(request, *args, **kwargs):
        is_login = request.session.get('is_login')
```

```
        if is_login:
            return func(request, *args, **kwargs)
        else:
            return redirect('/login.html')
    return inner
@auth
def index(request):
    # 如果用户已经登录，获取当前登录的用户名
    # 否则，返回登录页面
    print(666)
    username = request.session.get('username')
    c = Administrator.objects.filter(username=username).count()
    if c:
        return render(request, 'index.html', {'username': username})
    else:
        return redirect('/login.html')
def logout(request):
    request.Session.clear()
    return redirect('/login.html')
```

注意：为了更加完整地介绍 Session 机制的功能，在 views 中，我们加入了一个登出的函数，用来完成用户退出登录功能。

（3）在 urls.py 中配置路由：

```
from Django.contrib import admin
from Django.urls import path
from app01.views import login,index,logout
urlpatterns = [
    path('admin/', admin.site.urls),
    path('login.html', login),
    path('index.html', index),
    path('logout.html', logout),
]
```

（4）改造 index.html 代码：

```
<!DOCTYPE html>
<html lang="en">
<head>
    <meta charset="UTF-8">
    <title>Title</title>
</head>
<body>
    <h1>Hello {{ username }}</h1>
    <a href="/logout.html">注销</a>
</body>
</html>
```

（5）运行项目，通过浏览器访问 http://127.0.0.1:8000/login.html，输入 admin 和密码 666，然后单击“登录”按钮，即可看到如图 5-15 所示的欢迎页面。

Hello admin

注销

图 5-15　首页

这时，在数据库的 Session 表中，自动产生了如图 5-16 所示的数据记录。

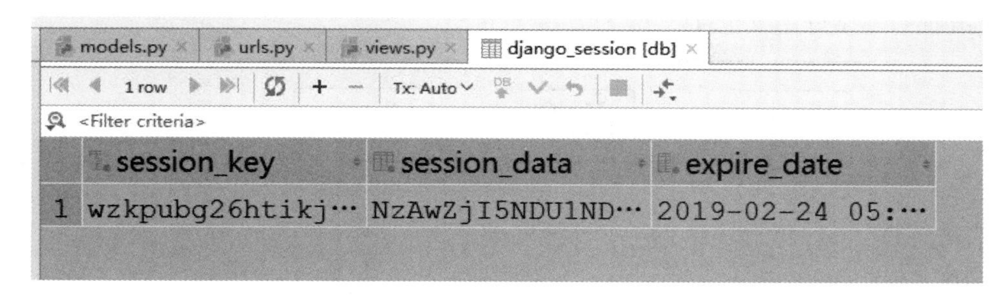

图 5-16　Session 表

5.1.6　小结：Cookie/Session 的局限性

在本节中，我们了解到了 Cookie 机制和 Session 机制，以及这两种机制在 Django 中的使用。其实 Django 根据 Session 原理是内建有一套登录方法的，原理跟 Session 机制是一样的，但因为集成度太高，只能指向 Django 项目默认的用户表，并不适合于分析。

为什么 Cookie 机制和 Session 机制不适合在多端分离的项目中使用？

首先 Cookie 和 Session 都将数据存储于浏览器的 Cookie 中，如果在没有浏览器的智能硬件上完成登录，就无法实现登录功能。

由于同源策略的局限性，Cookie 不能跨站，但是随着大数据时代的普及，越来越多的平台之间的数据共享成为了企业间的主要合作模式，Cookie/Session 的局限性会给这样的合作创造很多麻烦。

5.2　为什么是 Token

Cookie/Session 机制的局限性，对于 Token 机制而言并不存在。因为 Token 信息除了可以存储在 Cookie 中，也可以储存在 Local Storage 中，而且 Token 机制还有很多优点，我们将在本节中向大家介绍。相信当大家学习完本节内容后，再将 Token 与传统的 Cookie/Session 登录机制进行对比，一定会发现 Token 机制的很多优势。

5.2.1　什么是 Token

如图 5-17 所示，从各个终端与服务端进行数据交互的身份验证的字符串，就是 Token。Token 被翻译为“令牌”，顾名思义，其作用就是给每一次需要身份验证的从客户端向服务端发送的数据请求一张代表了权限的“令牌”。不过这几年随着区块链概念的火热，Token

甚至被翻译为“代币”，一方面可见人们对于迅速积累财富的热切渴望，另一方面也体现了 Token 拥有非常好的安全性。

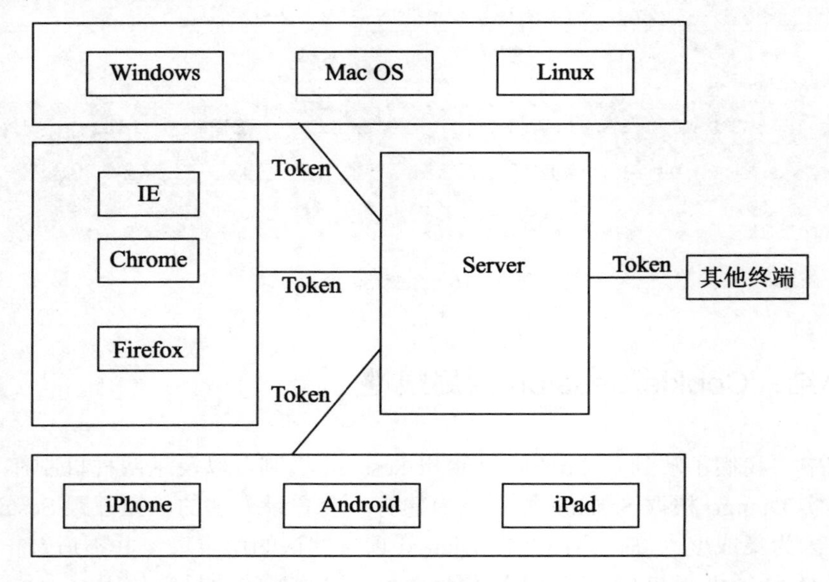

图 5-17　Token 被使用的形式

如今一提到 Token，人们就会联想到区块链技术，因为 Token 是区块链技术中最重要的概念之一。区块链的安全性是基于密码学，除非在量子计算机领域实现技术爆炸，否则区块链技术不存在被破解的可能性。笔者认为区块链技术如果得到正确的应用，势必会产生巨大的价值。

为避免误解，在本书中，笔者对于 Token 的定义是“令牌”，而不是“代币”。

5.2.2　基于区块链技术发展中 Token 的技术展望

区块链技术是什么？可以通过一个例子来理解。有一道题，要求你根据条件 A，计算出结果 B，而这道题的特点是，由 A 向 B 计算，最后得到 B 的过程，需要大量的计算工作，而一旦计算得出了 B，通过 B 来印证 A 的正确性，则只需要少量的计算即可。将题目所有的条件与结果进行连接，这样任何一个节点上有改变，都会造成后面所有节点的改变，从而达到没有办法弄虚作假的效果。关于 Token 的技术展望有三点：

（1）消灭假货。基于区块链技术，每一个品牌的每一件商品，都可以有全世界唯一的商品标识，而且还可以非常低的成本验证这些商品的信息。

目前市面上的二维码认证很容易伪造，一些不良的商家，只要复制一件正品的二维码，即可造出无数贴有正品二维码标识的假货。

（2）消灭注册。当网络实名制彻底普及以后，完全可以通过区块链技术，让每个人都可以使用同一个账号登录任何一个网站，不需要像现在这样，每下载一个新的应用程序，都要通过手机号注册一个账号，如果长时间不使用，还容易将账号和密码忘记。人脸识别技术和区块链技术的配合，说不定可以使“登录密码”这种验证方式成为历史。

（3）消灭盗版。目前所有打击盗版的成本，都由支持正版的人在承担，这显然并不合理。区块链技术可以帮助那些支持正版的人分享利润，同时区块链技术也有利于打击盗版。

5.3　Django 实现 Token 登录的业务模式

在本节中，我们将介绍 Django REST framework 的 Token 登录原理，Json Web Token 的原理，以及 Json Web Token 在 Django 中的应用。

5.3.1　Django REST framework 的 Token 生成

通过安装和配置 Django REST framework 及其依赖包，改造项目 demo5，实现将 demo5 的登录机制换成 Token 模式。生成 Token 的步骤如下：

（1）在 demo5 中安装 Django REST framework 及其依赖包 markdown 和 django-filter。

```
pip install djangorestframework markdown Django-filter
```

（2）在 settings.py 中添加注册代码：

```
INSTALLED_APPS = [
    'Django.contrib.admin',
    'Django.contrib.auth',
    'Django.contrib.contenttypes',
    'Django.contrib.sessions',
    'Django.contrib.messages',
    'Django.contrib.staticfiles',
    'app01.apps.App01Config',
    'rest_framework',
    'rest_framework.authtoken'
]
```

（3）打开终端，执行数据更新命令：

```
Python manage.py makemigrations
Python manage.py migrate
```

执行数据更新命令，数据库中会自动生成一张 authtoken_token 表，如图 5-18 所示。

（4）打开终端运行创建超级用户命令：

```
Python manage.py createsuperuser
```

然后输入用户名 root，邮箱 1@1.com，密码 aaaa1111。在 demo5 的用户表 auth_user 中，生成了一条记录，password 被自动加密了，如图 5-19 所示。

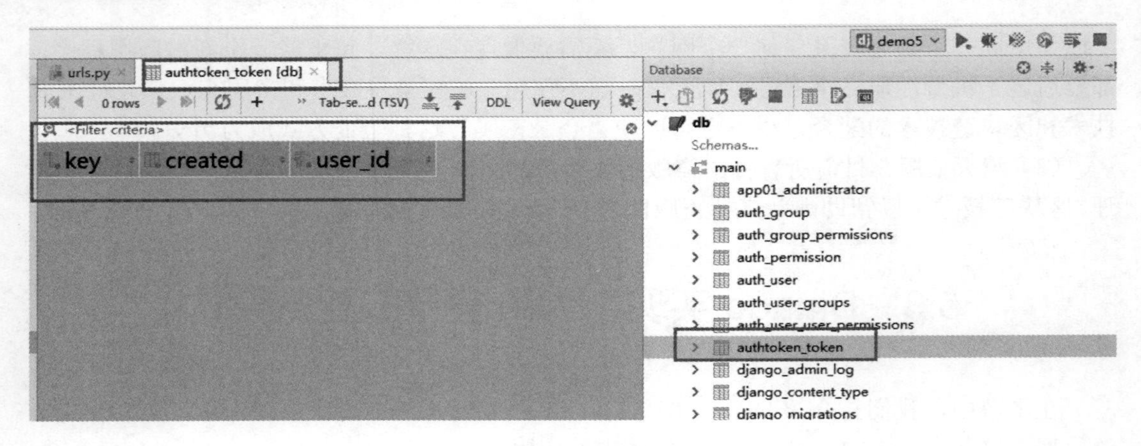

图 5-18　Database 管理面板

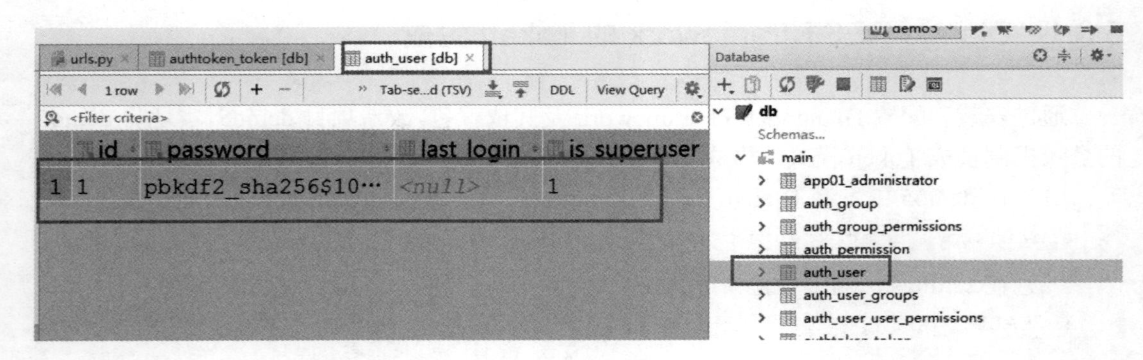

图 5-19　用户表

注意： 如图 5-19 所示的用户表才是 Django 项目在建立时自动生成的用户表，这张表包含很多字段，而且对密码字段也有加密处理，可以说是一张功能相对比较强大的表。

（5）在 urls.py 中配置 Token 登录的路由：

```
from rest_framework.authtoken import views
urlpatterns = [
    #……
#drf 自带的 Token 认证模式
    path('api-token-auth/', views.obtain_auth_token),
]
```

（6）运行项目，然后使用 Postman 模拟网络请求，采用 post 的方式，向 http://127.0.0.1:8000/api-token-auth/提交用户名和密码，将会返回 Token 信息：

```
{
  "token": "a8c033e6facb3acce67ab26d341b8b3240619715"
}
```

运行效果如图 5-20 所示。

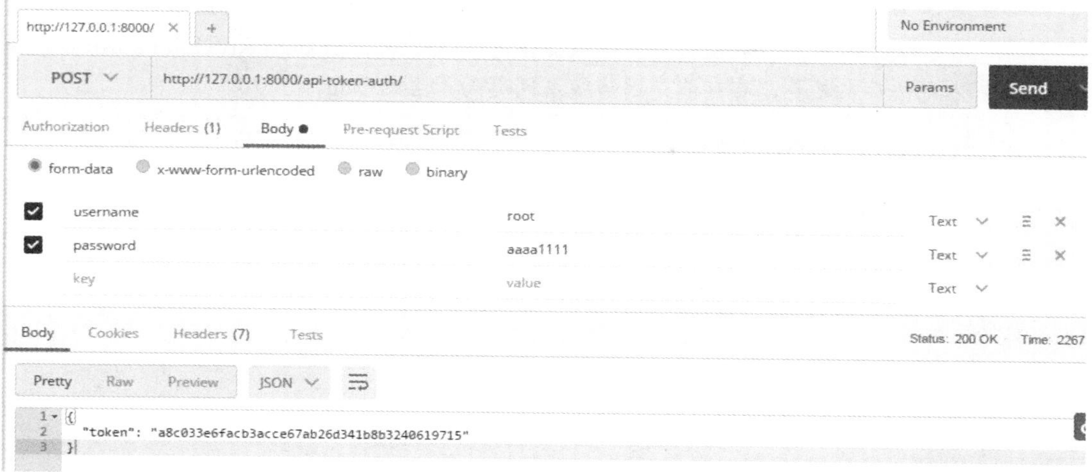

图 5-20　获取到 Token

当我们刷新 Database 中的 authtoken_token 表，可以看到生成的 Token 记录已经存在，如图 5-21 所示。

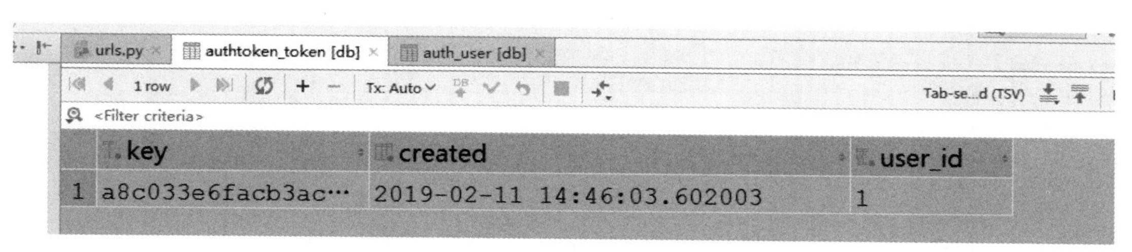

图 5-21　Token 表

5.3.2　Django REST framework 的 Token 认证

上一节我们已经通过对 demo5 的改造，成功生成并且获取到了 Token，接下来开发 Token 认证的功能，步骤如下：

（1）在 settings.py 中添加配置代码：

```
REST_FRAMEWORK = {
    'DEFAULT_PERMISSION_CLASSES': (
        'rest_framework.permissions.IsAuthenticated',              #必须有
    ),
    'DEFAULT_AUTHENTICATION_CLASSES': (
        'rest_framework.authentication.TokenAuthentication',
    )
}
```

注意：上述代码中，在 settings 中不但要加入认证的配置代码，还要加入权限的配置代码，如果不加入权限的配置代码，那么认证代码将无法阻止未认证用户获取到本应该只有已认证的用户才可以获取到的数据信息，这一点与 Django REST framework 的官方文档存在差异，有可能是因为版本问题而产生的 Bug。

（2）将 app01/views.py 中的代码重写为：

```
from Django.shortcuts import render,redirect,HttpResponse
from rest_framework.views import APIView
# Create your views here.
class IndexView(APIView):
    """
    首页
    """
    # authentication_classes = []
    # permission_classes = []
    def get(self,request):
        # print(request)
        return HttpResponse('首页')
```

（3）将 urls.py 中的代码重写为：

```
from Django.contrib import admin
from Django.urls import path
from rest_framework.authtoken import views
from app01.views import IndexView
urlpatterns = [
    path('admin/', admin.site.urls),
#drf 自带的 token 认证模式
    path('api-token-auth/', views.obtain_auth_token),
    path('index/',IndexView.as_view(),name='index'),
]
```

（4）运行项目 demo5，然后使用 Postman 在协议头中加入键值对：

```
{
"Authorization":" Token a8c033e6facb3acce67ab26d341b8b3240619715"
}
```

注意：Token 与字符串之间有一个空格。

运行效果如图 5-22 所示。

（5）如果 Token 信息不正确，则会返回以下内容，如图 5-23 所示。

```
{
  "detail": "Authentication credentials were not provided."
}
```

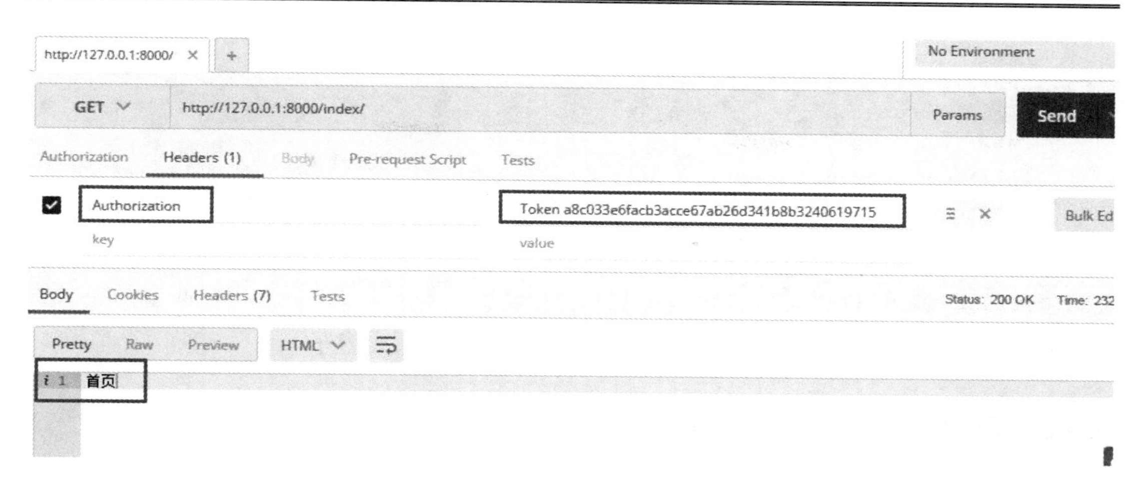

图 5-22　提交 Token 通过认证

图 5-23　提交 Token 未通过认证

（6）取消认证限制。

综上可知，由 Django REST framework 所完成的 Token 认证流程，是作用于整个项目全局的，也就是说，任何一个数据请求，都会被要求携带 Token。但是获取 Token 需要进行数据请求，在没有登录之前，用户根本无法获得 Token，所以我们至少要让已登录的数据请求不受 Token 的认证限制。要完成这个需求非常简单，在 views.py 中编写代码如下：

```
from Django.shortcuts import render,redirect,HttpResponse
from rest_framework.views import APIView
# Create your views here.
```

```
class IndexView(APIView):
    """
    首页
    """
    authentication_classes = []
    permission_classes = []
    def get(self,request):
        # print(request)
        return HttpResponse('首页')
```

这时，再启动项目，即使没有 Token，也可以获取首页内容了。

5.3.3 Django REST framework 的 Token 的局限性

我们再来看一下 Django REST framework 所自建的 Token 表，可以发现这个表格只有三个字段（不算 ID 字段）：记录 Token 内容的 key 字段，记录生成 Token 时间的 created 字段，以及外键 user_id 字段，如图 5-24 所示。

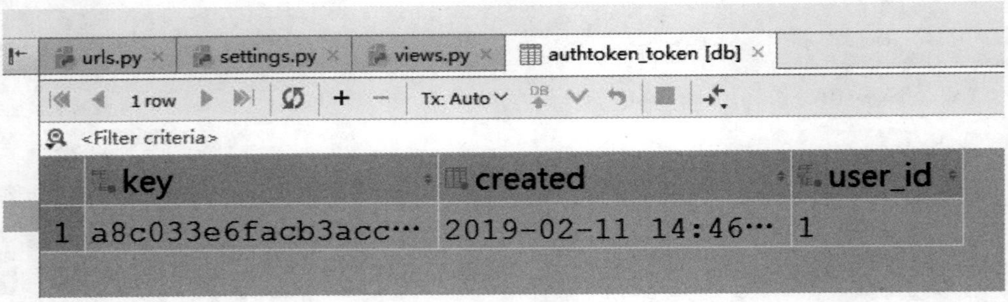

	key	created	user_id
1	a8c033e6facb3acc…	2019-02-11 14:46…	1

图 5-24　实验数据

很显然，缺少了一个 Token 的有效期时间字段。从原理上来说，有效期时间字段并没有存在的必要，但是从网络安全的角度上来看，这个字段却是必不可少的。试想，如果一个 Token 字符串没有有效期限制，只要网络请求被抓包，被黑客获取了一条 Token，那么与获取到用户的账号和密码是没有区别的。所以，Django REST framework 的 Token，第一个局限性就是其自建的 Token 表缺少记录有效期时间的字段。

第二个局限性表现在不利于分布式部署或多个系统使用一套验证，Token 表只能放在一台服务器上，如果每一次数据请求都要查询一次数据库的整个用户表，那么对于服务器来说将是很大的消耗。试想一下，假如一个平台有四五亿用户，用户任何一次点赞的操作，都要在四五亿数量级的数据表中完成一次查询，那将是一件多么麻烦的事情啊！

那么，首先我们必须要使用 Token 机制。Django REST framework 的 Token 机制又存在很大的局限性（当然，如果网站用户的数量不大，这些局限性也并不严重），我们要怎样解决呢？使用 Json Web Token 机制，便可以解决这些问题。

5.3.4 Json Web Token 的原理

Json Web Token，简称 JWT，在如今的技术圈内，算是鼎鼎大名了。可以说所有的前后端分离项目中，不论是使用 Python、Java、PHP 还是 C#开发的网站，大部分都是使用 JWT 进行登录验证的。

JWT 的生命周期分为以下 5 步，如图 5-25 所示。

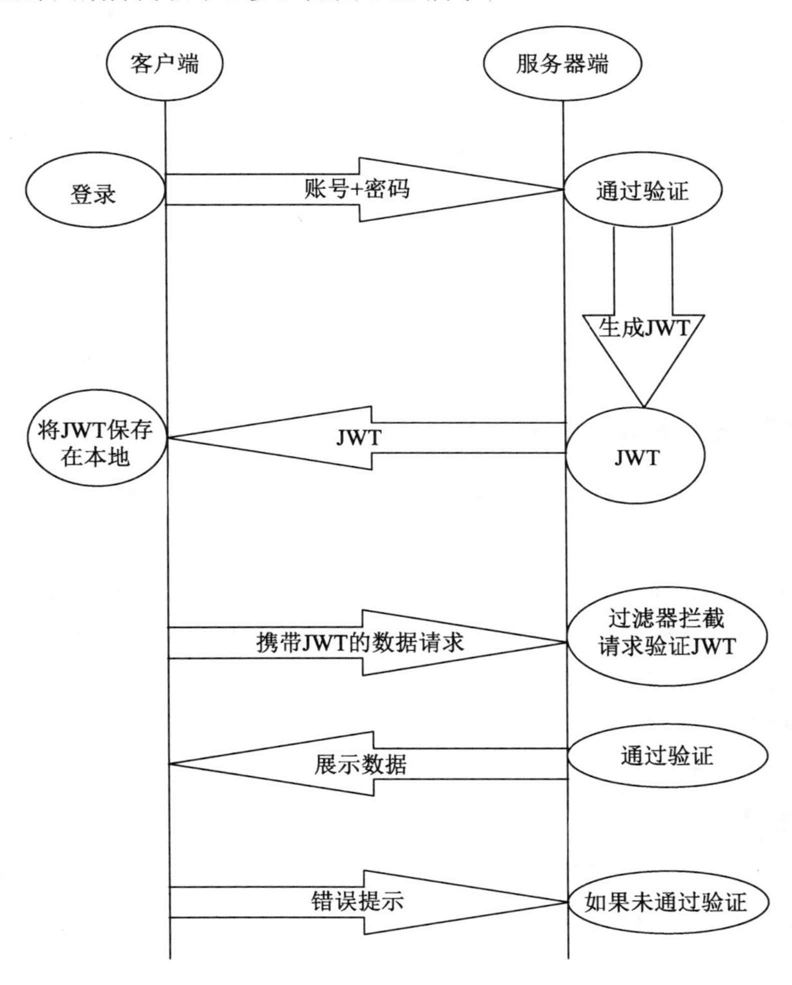

图 5-25 JWT 的生命周期

（1）用户在前端通过账号和密码进行登录操作，将身份信息发送到后端服务器进行身份验证。

（2）如果后端服务器通过了身份验证，则会将一部分身份信息通过非对称加密生成

JWT，返回给前端。

（3）前端获取到 JWT 之后，将 JWT 保存在本地。

（4）从前端向后端发送数据请求，都携带 JWT。

（5）后端验证 JWT，如果通过验证，就返回请求的数据；如果没通过，则返回错误提示。

JWT 的数据结构是很长的一段字符串，使用.将其分为 3 个部分，依次如下：

```
Header（头部）
Payload（负载）
Signature（签名）
```

写成一行，如图 5-26 所示。

图 5-26　JWT 密文

虽然 JWT 会因为字符串很长而导致自动折行，但是 JWT 本身就是一行。

5.3.5　JWT 在 Django 中的应用

本节我们新建一个项目用来演示 JWT 在 Django 项目中的应用，包括生成 JWT 及认证 JWT 两个部分，步骤如下：

（1）新建 Django 项目，命名为 demo5_jwt，新建 App 命名为 app01，如图 5-27 所示。

（2）安装 Django REST framework 及其依赖包 markdown 和 Django-filter：

```
pip install djangorestframework markdown Django-filter
```

（3）在 settings.py 中加入注册代码：

```
INSTALLED_APPS = [
    'django.contrib.admin',
    'django.contrib.auth',
    'django.contrib.contenttypes',
    'django.contrib.sessions',
    'django.contrib.messages',
    'django.contrib.staticfiles',
    'app01.apps.App01Config',
    'rest_framework'
]
```

（4）安装 JWT 依赖包：

```
pip install djangorestframework-jwt
```

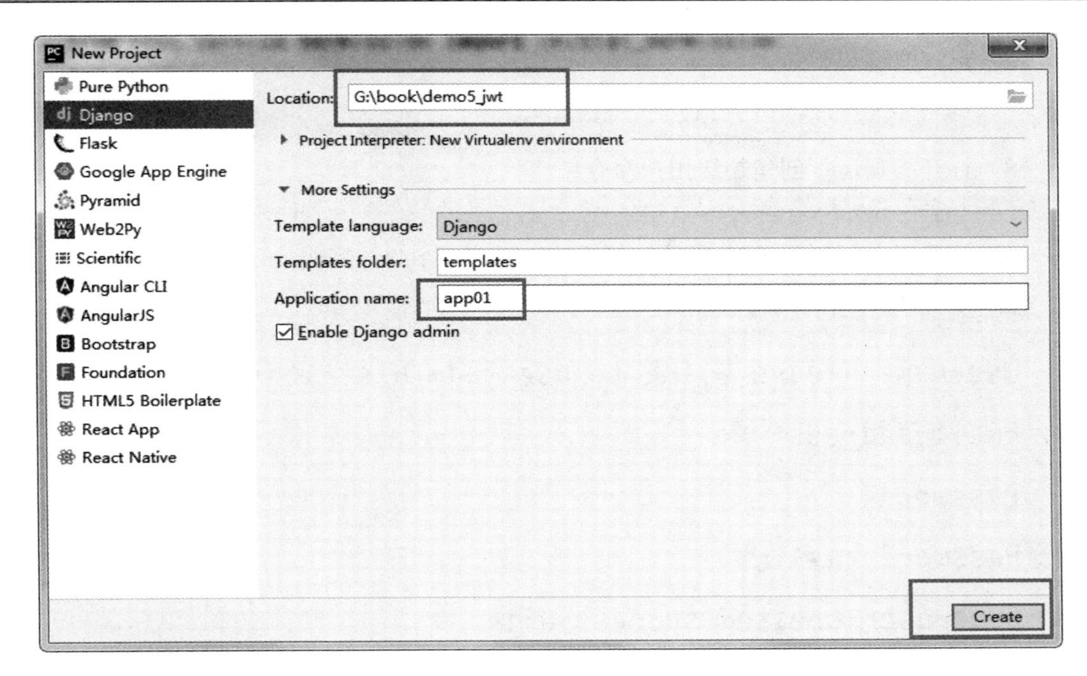

图 5-27　新建 demo5_jwt

（5）在 settings.py 中追加配置相关代码：

```
REST_FRAMEWORK = {
    'DEFAULT_PERMISSION_CLASSES': (
        'rest_framework.permissions.IsAuthenticated',           #必须有
    ),
    'DEFAULT_AUTHENTICATION_CLASSES': (
        'rest_framework_jwt.authentication.JSONWebTokenAuthentication',
    )
}
import datetime
JWT_AUTH = {
 # 指明 Token 的有效期
 'JWT_EXPIRATION_DELTA': datetime.timedelta(days=1),
}
```

（6）在 urls.py 中配置 JWT 的路由代码：

```
from Django.contrib import admin
from Django.urls import path
from rest_framework_jwt.views import obtain_jwt_token
urlpatterns = [
    path('admin/', admin.site.urls),
#JWT 的认证接口
    path('jwt-token-auth/', obtain_jwt_token),
]
```

（7）执行数据更新命令：

```
Python manage.py makemigrations
Python manage.py migrate
```

（8）打开终端运行创建超级用户命令：

```
Python manage.py createsuperuser
```

生成超级用户，如图 5-28 所示。然后输入用户名 root，密码 root2222。

```
Terminal: Local × +
Username (leave blank to use 'administrator'): root
Email address:
Password:
Password (again):
Superuser created successfully.
```

图 5-28　生成超级用户

（9）运行项目，使用 Postman 以 post 的方式，向

```
http://127.0.0.1:8000/jwt-token-auth/
```

提交

```
{
  "username":"root",
  "password":"root2222"
}
```

返回 JWT：

```
{
 "token":
"eyJ0eXAiOiJKV1QiLCJhbGciOiJIUzI1NiJ9.eyJ1c2VyX2lkIjoxLCJ1c2VybmFtZSI6
 InJvb3QiLCJleHAiOjE1NTE0NzM2NTEsImVtYWlsIjoiIn0.JnembMzg5M3fL4SmwWii5h1
 qjnG-pVj_ldcQ_kVF0rg"
}
```

结果如图 5-29 所示。

（10）JWT 的身份验证。在 app01/views.py 中编写身份认证视图类：

```
from Django.shortcuts import render,redirect,HttpResponse
from rest_framework.views import APIView
# Create your views here.
class IndexView(APIView):
```

```
    """
    首页
    """
    # authentication_classes = []
    # permission_classes = []
    def get(self,request):
        print(request)
        return HttpResponse('首页')
```

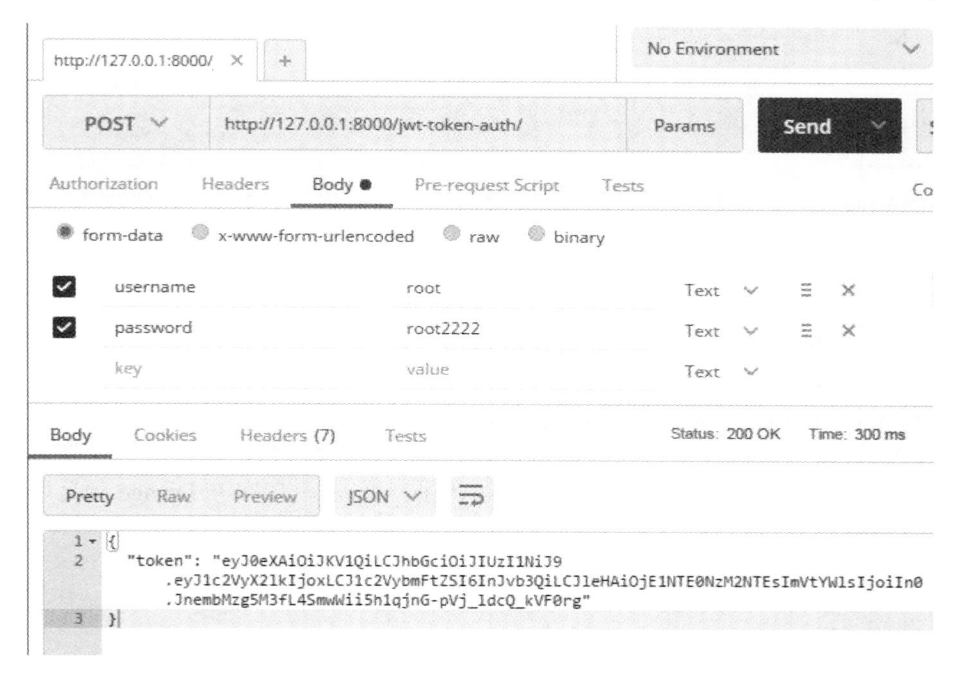

图 5-29　获取到 JWT

在 urls.py 中增加路由代码：

```
from Django.contrib import admin
from Django.urls import path
from rest_framework_jwt.views import obtain_jwt_token
from app01.views import IndexView
urlpatterns = [
    path('admin/', admin.site.urls),
#JWT 的认证接口
    path('jwt-token-auth/', obtain_jwt_token),
    path('index/',IndexView.as_view(),name='index')
]
```

然后运行项目，如图 5-30 所示，使用 Postman 以 get 的方式，在头文件内添加键值对：

```
{
  "Authorization":" JWT eyJ0eXAiOiJKV1QiLCJhbGciOiJIUzI1NiJ9.eyJ1c2VyX21
 kIjoxLCJ1c2VybmFtZSI6InJvb3QiLCJleHAiOjE1NTE0NzYwNTcsImVtYWlsIjoiIn0.xSx
```

```
    BU438PBYEx-jyv-lLi5DBrLQRzF-vxn1biBwg6aM"
}
```

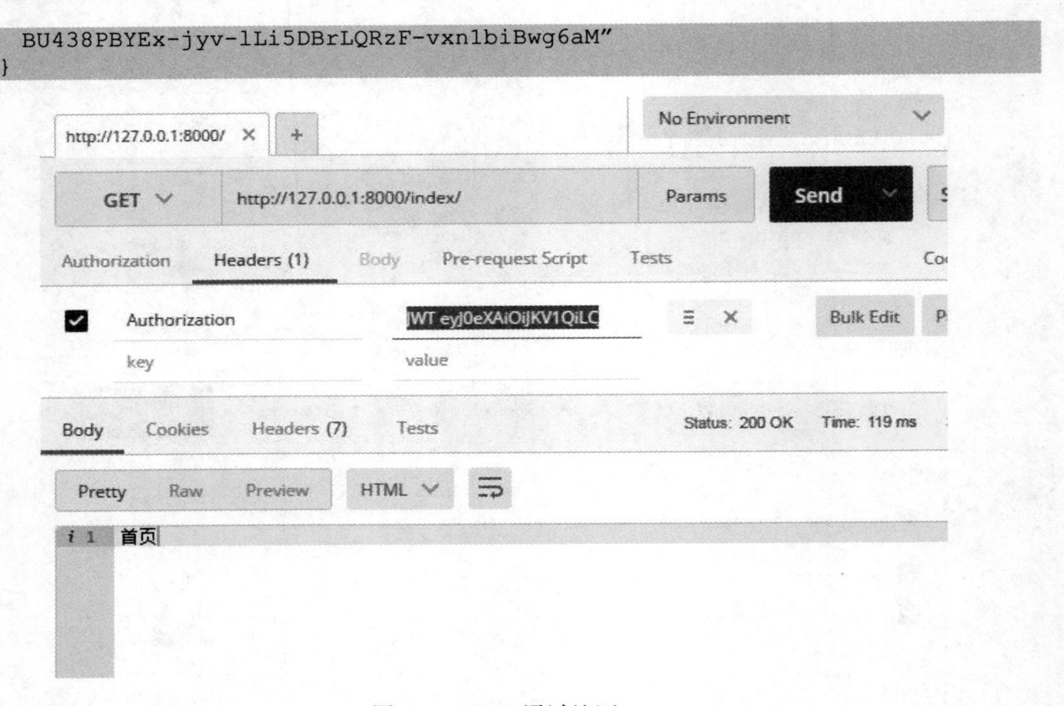

图 5-30　JWT 通过认证

身份验证已通过，获取到了“首页”数据。至此，完成了 JWT 在 Django 项目里的应用。

第 6 章　实现优酷和爱奇艺会员的 VIP 模式

在本章中，我们来详细地分析一下 Django 的权限管理。首先从技术和产品角度分析权限管理在目前的互联网市场中的重要程度；然后新建一个 Django 项目实例，通过实例将权限管理细致入微地为大家讲解；最后使用 Django REST framework 的权限管理组件，介绍前后端分离的项目中如何使用权限管理。

6.1　为内容付费是趋势

本书是一本技术类图书，所以笔者只从技术和产品角度来对“内容为王”相关内容进行分析。目前，内容付费市场如烈火烹油一般的繁荣，与各大互联网企业布局内容产业，并投入大量资本有关。

6.1.1　网速提升对产品设计的影响

随着通信技术的发展，短短几年，网络从 2G 到 3G，再到 4G，就连每秒传输数据量级在 GB 级别的 5G 时代的叩门声都已清晰可闻。随着网速的飞速提升，用户因网速慢，下载应用程序占用太长时间而放弃下载的情况，已经越来越少了。

要知道，曾几何时，一款应用程序，不论是在手机端还是在 PC 端，其下载的时长往往是毁灭新用户兴趣的最主要的原因之一。当然，除了下载的时长，应用程序对手机内存占用空间的大小也是吸引不了新用户的重要原因。不过，随着网速越来越快，云计算技术的应用越来越深入，SAAS 模式时代的到来已经是一种必然。

当用户听说某款应用程序，只要在自己的终端设备上单击一下即可打开并使用，而无需下载和安装，所见即所得，使用所有的应用程序都像打开网页一样简单。到了那个时候，设计一款应用程序所秉持的理念、思路将更加聚焦，从“流量为王”向“内容为王”转变，如开发两款同类型应用 A 和 B，在功能没有巨大差距的前提下，A 应用大小为 30MB，B 应用大小为 300MB，B 应用就会被 A 应用碾压，这样的论点将一去不复返。开发人员可以将他们的聪明才智从思考怎样把自己的应用程序写得更小，转移到怎样创造更多独具匠心的细节，让用户可以会心一笑上。

6.1.2 内容付费模式介绍

什么是内容付费？内容付费是指向用户有偿提供其所需的数据服务。随着网速的提升和技术的发展，内容付费模式，也经历了很多迭代变化，从付费的电影到付费的培训课程，从文字、视频内容，到软件服务、运营服务，内容付费早已不再拘泥于为知识和娱乐付费了。

如图 6-1 所示，最早的内容付费，主要以电子书、电影、电视剧这些娱乐内容为主，而且平台的收费模式，也是简单地将线下卖光盘和图书的收费模式进行数字化。比如电子书，以 0.05 元/千字的价格进行收费，再比如通过购买电影券的方式观看视频平台上的收费电影。显然，这种模式是一种零用户粘度的收费模式，其在市场中的主流位置很快就被新的收费模式取代了，这种新的收费模式就是目前最主流的 VIP 会员收费制度。

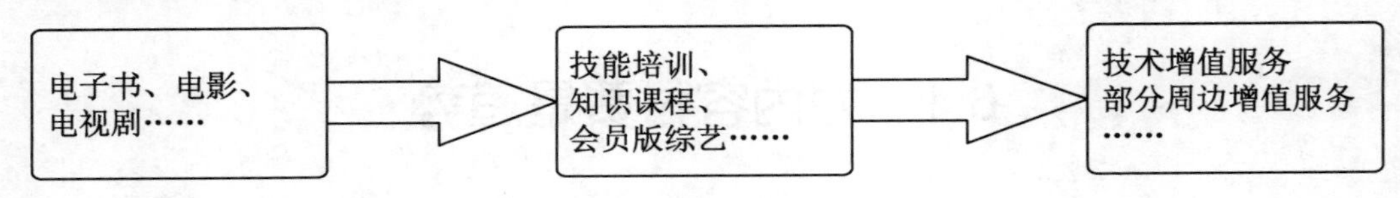

图 6-1 内容增值服务演变

VIP 会员收费模式，是目前经过市场检验相对成功的一种内容收费模式。假如用户在一个视频网站追看一部电视剧，购买了一个月 VIP 会员，那么很有可能他追的电视剧在半个月内就完结了；剩下的半个月 VIP 会员时长，用户为了自己的利益最大化，就有可能追一部新的电视剧，而这部新的电视剧半个月之内没有播完，这时，用户为了追这部新的电视剧会继续购买一个月的 VIP 会员。

目前，互联网企业一直在尝试与探索比 VIP 会员收费模式更加容易让用户埋单的模式，其中比较著名的例子就有目前已经风光不再的乐视网所提出的“生态化反”，当然，以目前的实践结果来看，“生态化反”模式是失败的。

所以，本章中，我们选择以 VIP 会员的模式为例进行分析权限管理的实现。

6.2 Django 权限管理的实现

权限管理是一个网站最重要的功能之一。在本节中，我们选择了在业界应用非常广泛的 RBAC 模式来完成权限管理开发。RBAC 模式与第 5 章中所介绍的 JWT 模式一样，都属于几大网站框架通用的一种权限管理设计模式，属于业界的经典模式之一。我们在这一节中，就来详细地介绍，如何使用 Django 基于 RBAC 模式搭建权限管理功能。

6.2.1　什么是权限

说到权限管理，首先要了解，在网站中权限到底是什么？如图 6-2 所示，这是一个简单的网站后端访问的生命周期。

用户通过 URL 地址，进入网站的后端逻辑，从而对网站的数据库进行操作管理（增、删、改、查）。如果想要让拥有操作管理权限的用户来完成这个生命周期，而没有权限的用户无法完成这个生命周期,应该在哪一步进行设置呢？很显然,这一步应该在进入 Views 之前完成，也就是说，权限管理与 Views 和 Models 阶段无关。

我们可以得出一个结论，权限管理发生在用户请求进入 Views 之前，那么我们判断用户是否有某种权限，只能通过 URL 来判断了。我们可以理解为，所谓网站的权限，就是指用户是否能访问特定的 URL。

注意： 这里所说的 URL，包括 URL 中传递的参数，以及访问 URL 的方式（method）。

如图 6-3 所示，为验证权限的流程图。从图中我们可以直观的看出一个权限管理的前提，那就是用户的登录。可以说没有登录成功，就不存在所谓的权限管理。

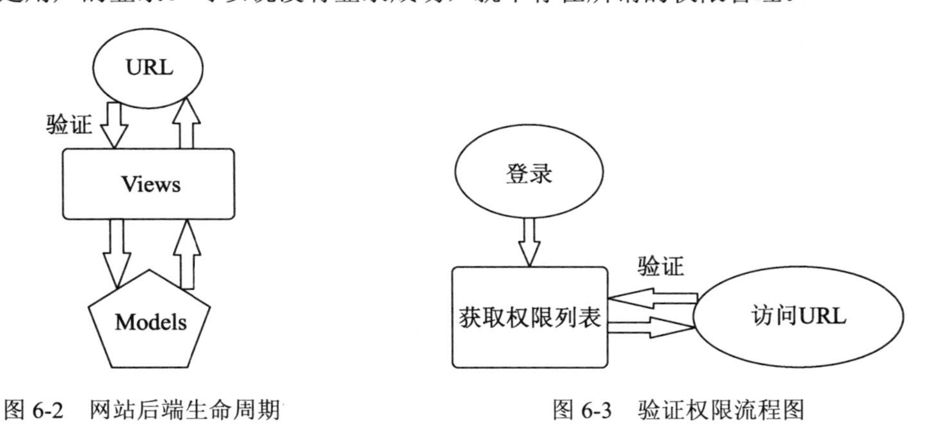

图 6-2　网站后端生命周期　　图 6-3　验证权限流程图

6.2.2　新建项目来完成权限管理雏形演示

建立项目 demo6，新建用户表和权限表备用，以及手动插入一些用来演示权限验证的数据，步骤如下所述。

（1）如图 6-4 所示，新建 Django 项目 demo6，同时新建 App 并命名为 app01。

（2）在 app01/models.py 中建立权限表和用户表类：

```
from Django.db import models
#Create your models here.
class Permission(models.Model):
```

```
    """
    权限表
    """
    url=models.CharField(max_length=64)
    title=models.CharField(max_length=10)
    class Meta:
        verbose_name='权限表'
        verbose_name_plural = verbose_name
    def __str__(self):
        return self.title
class Userinfor(models.Model):
    """
    用户表
    """
    name = models.CharField(max_length=32)
    pwd = models.CharField(max_length=32)
    permission = models.ManyToManyField(Permission ,null=True,blank=True)
    class Meta:
        verbose_name = '用户表'
        verbose_name_plural = verbose_name
    def __str__(self):
        return self.name
```

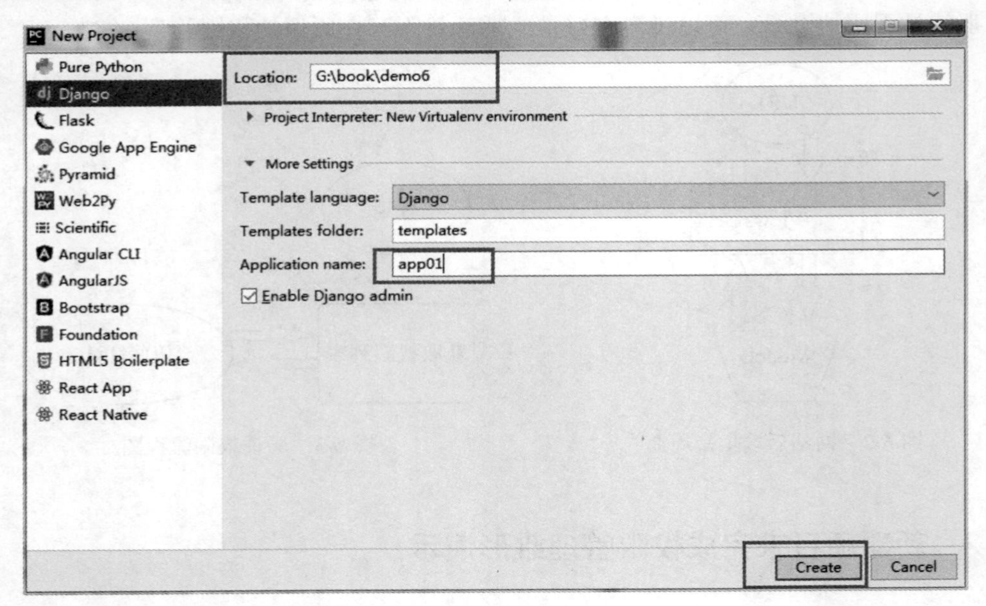

图 6-4　新建 demo6

（3）执行数据更新命令：

```
Python manage.py makemigrations
Python manage.py migrate
```

注意： 这里为了演示的简单，新建立了一个用户表，而不是使用 Django 自带的用户表。

（4）如图 6-5 所示，执行新建超级用户的命令，新建超级用户 root，密码设置为 root1234。

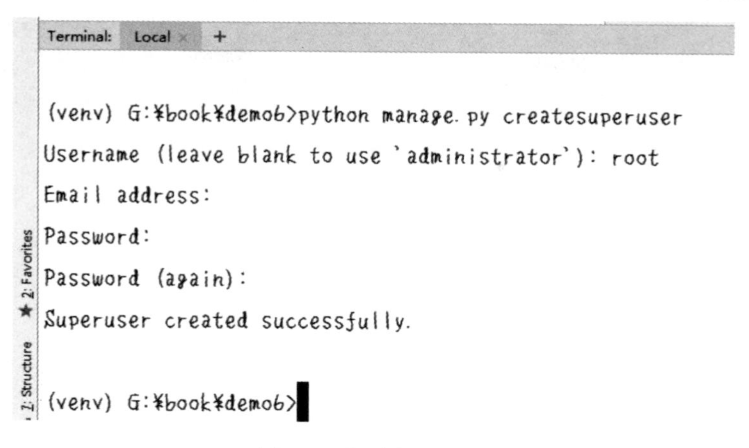

图 6-5　新建超级用户

（5）在 app01/admin.py 中注册这两个表，Permission 和 Userinfor：

```
from Django.contrib import admin
from .models import Permission,Userinfor
# Register your models here.
admin.site.register(Permission)
admin.site.register(Userinfor)
```

（6）运行 demo6 项目，然后访问 http://127.0.0.1:8000/admin，如图 6-6 所示，我们使用刚注册的账号 root，登录 Django 自带的 admin 后台。

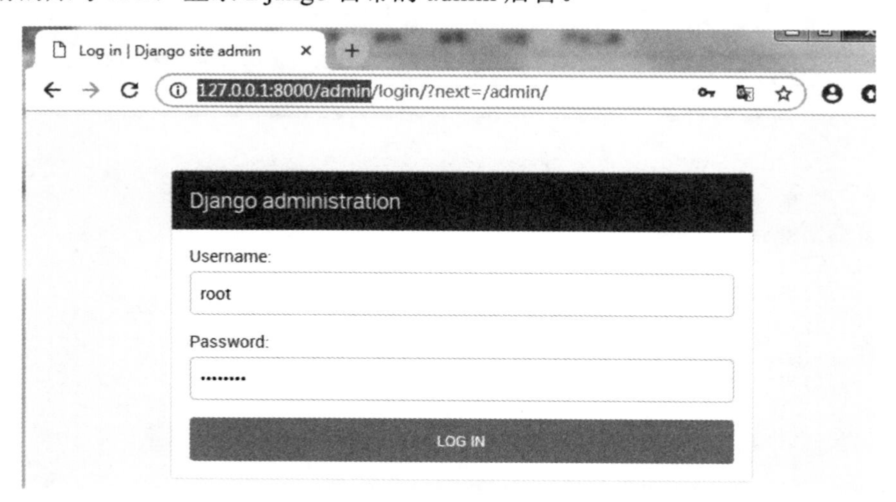

图 6-6　自带的后台界面

注意：登录界面的 URL 并不是我们开始访问的/admin，而是进行了一次重定向。

（7）如图 6-7 所示，增加权限记录：

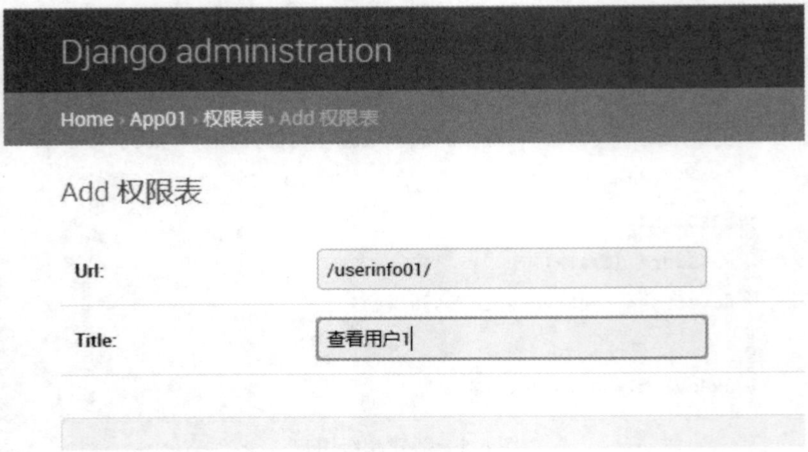

图 6-7　增加权限记录

Url 字段添加/userinfo01/，Title 字段添加“查看用户 1”。因为只做演示用，所以在权限表中，我们暂时只添加这一条记录。在实际的项目生产中，权限表中的记录一般有很多条，大家要对权限记录的数量级别做好一个心理准备。

（8）如图 6-8 和图 6-9 所示，在用户表中新建两个用户记录 user1 和 user2，其中给 user1 绑定查看用户 1 的权限，user2 不绑定任何权限。

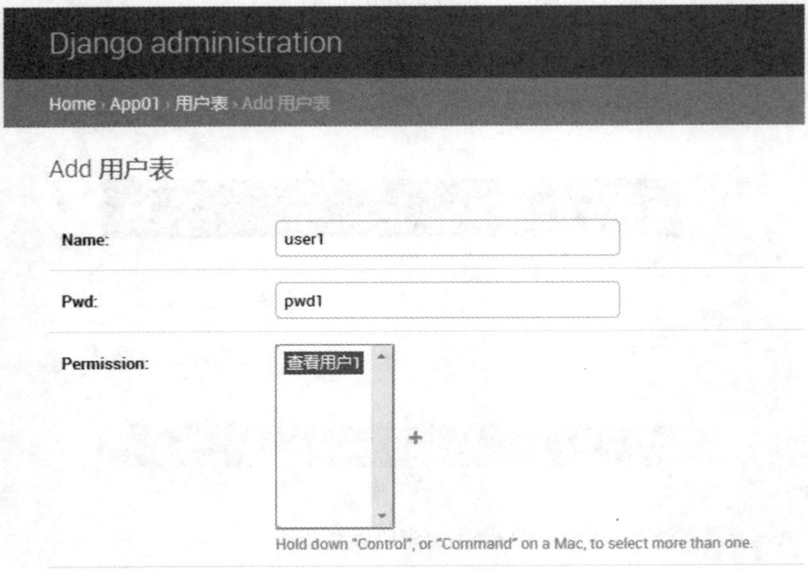

图 6-8　增加用户 user1

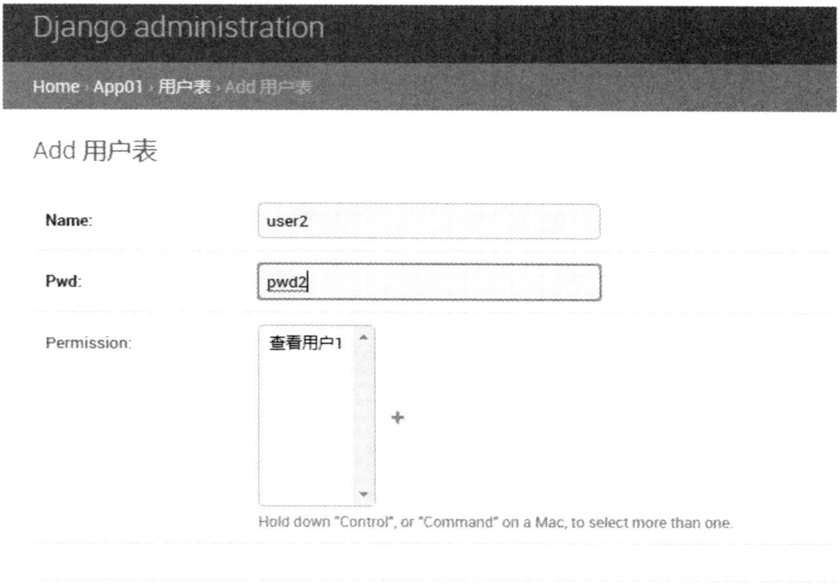

图 6-9　增加用户 user2

（9）在 app01/views.py 内编写登录逻辑和访问、查看用户逻辑：

```
from Django.shortcuts import render,HttpResponse,redirect
from .models import Userinfor,Permission
# Create your views here.
def login(request):
    if request.method == "POST":
        username=request.POST.get('username')
        pwd=request.POST.get('pwd')
        user=Userinfor.objects.filter(name=username,pwd=pwd).first()
        if user:
            #验证身份
            request.session["user_id"]=user.pk
            return HttpResponse('登录成功')
    return render(request, "login.html")
def userinfo(request):
    #首先进行身份验证
    pk=request.session.get('user_id')
    if not pk:
        return redirect("/login/")
    #然后进行权限验证
    user=Userinfor.objects.filter(id=pk).first()
    p_list = []
    p_queryset = user.permission.all()
    #获取用户的权限列表
    for p in p_queryset:
        p_list.append(p.url)
    #去重
    p_list=list(set(p_list))
```

```
    # print(p_list)
    # 获取 URL
    c = request.path_info
    if c in p_list:
        u_queryset=Userinfor.objects.all()
        return render(request,"userinfo.html",{ "u_queryset":u_queryset})
    else:
        return HttpResponse('没有权限访问该页面')
```

（10）在 demo6/urls.py 内配置路由代码：

```
from Django.contrib import admin
from Django.urls import path
from app01.views import login,userinfo
urlpatterns = [
    path('admin/', admin.site.urls),
    path('login/', login),
    path('userinfo01/', userinfo),
]
```

（11）在 templates 目录下新建 html 文件 login.html：

```
<!DOCTYPE html>
<html lang="en">
<head>
    <meta charset="UTF-8">
    <title>Title</title>
</head>
<body>
<h4>用户登录</h4>
<form action="/login/" method="post">
    {% csrf_token %}
    用户名：<input type="text" name="username">
    密码：<input type="password" name="pwd">
    <input type="submit">
</form>
</body>
</html>
```

运行 demo6，访问：http://127.0.0.1:8000/login/，如图 6-10 所示。

输入用户名：user1，密码：pwd1 进 行登录。如图 6-11 所示，返回“登录成功”提示信息。

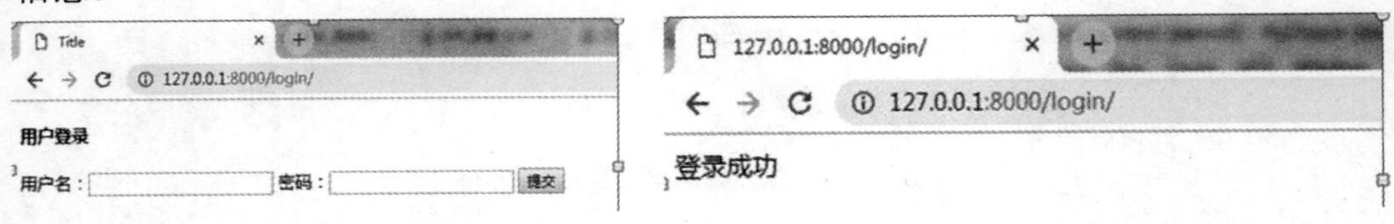

图 6-10　登录页面　　　　图 6-11　登录成功

（12）在 templates 目录下新建 Html 文件 userinfo.html：

```
<!DOCTYPE html>
<html lang="en">
```

```
    <head>
        <meta charset="UTF-8">
        <title>Title</title>
    </head>
    <body>
    <h4>用户</h4>
    <ul>
       {% for user in u_queryset %}
        <li>{{ user.name }}</li>
        {% endfor %}
    </ul>
    </#body>
    </html>
```

第（8）步在新建 user1 时，给 user1 访问“查看用户 1”的权限，所以，当重启 demo6 以后，再访问 http://127.0.0.1:8000/userinfo01/，可以获得如图 6-12 所示的结果。

（13）user1 可以成功访问/userinfo01/路由，这还不能完全证明我们的权限管理项目设计成功了，这只证明了有权限的用户可以通过权限验证，还没有证明没有权限的用户无法通过权限验证。

如图 6-13，我们再次访问 http://127.0.0.1:8000/login/，然后输入用户名 user2，密码 pwd2 进行登录。

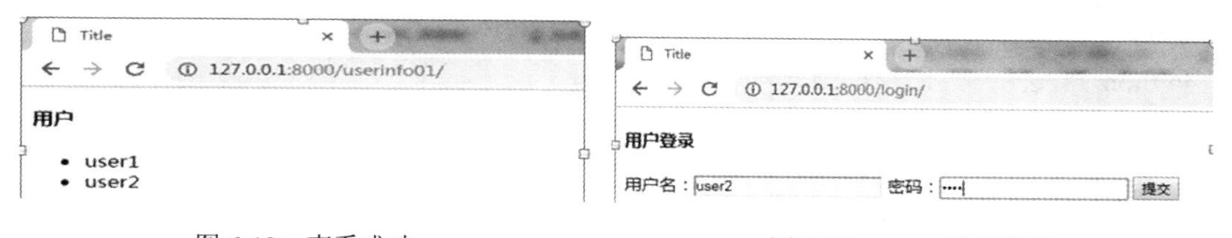

图 6-12　查看成功　　　　图 6-13　user2 进行登录

如图 6-14 所示，user2 也登录成功了。那么接下来，以 user2 的身份来访问 http://127.0.0.1:8000/userinfo01/，会怎样呢？

因为在建立 user2 之时并没有给 user2 访问/userinfo01/的权限，所以 user2 没有登录成功，只收到了“没有权限访问该页面”的提示，如图 6-15 所示。

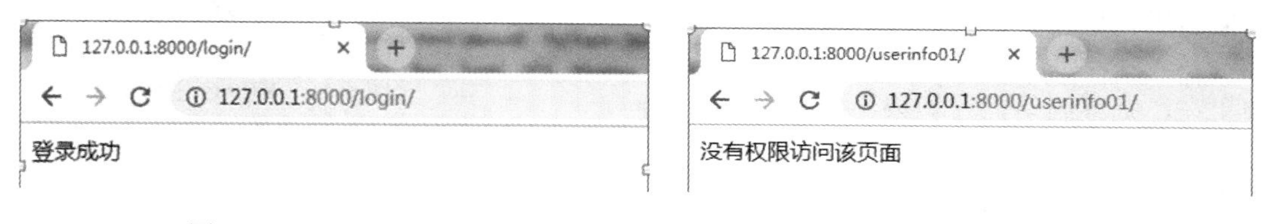

图 6-14　user2 登录成功　　　　图 6-15　查看失败

至此，我们根据权限管理的原理，建立了 demo6，不论有多少种权限管理方案，都是基于这个原理设计的。

6.2.3 什么是 RBAC

在上一节中，我们开发了一套权限管理系统。如果从代码角度上来讲，我们的 demo6 除了耦合性有点高以外，不论是从代码的可读性还是代码量的精简程度上来说，都是无可挑剔的，完成了项目需求。但是很遗憾，demo6 目前并不是一套合格的权限管理系统。

作为一个 Python 全栈工程师，在项目设计时，不但要从技术的角度思考怎样用最简单易读的代码实现项目需求，更重要的是从产品角度考虑用户体验。

设想一下，假如我们开发的权限系统给某家公司使用，一个新入职的员工，即使是比较基础的销售岗位，那么 HR 也需要给这个员工开放部门组织架构和员工通讯录的获取、业绩表的获取，以及对业务报表的增、删、改等权限，如果在招聘季入职一大批新员工，那 HR 仅在给每一个新员工开放权限就增加了很大的工作量，关键是这些操作具有很高的重复性，属于效率很低的机械化劳动。

所以，权限管理的操作优化是势在必行的。

其实在互联网行业中，解决权限管理的方案有一个很有名的模式叫 RBAC。RBAC 模式之于权限管理就如同 JWT 之于登录验证，无论是使用 Java、PHP、C#还是 Python 开发网站，RBAC 模式都被广泛应用。

RBAC（Role-Based Access Control，基于角色的访问控制），如图 6-16 所示，与我们在 6.2.2 节中所介绍的权限管理的生命周期不同，在 RBAC 模式的生命周期中，增加了“角色”这个概念。

RBAC 生命周期介绍如下：

（1）用户登录验证。

（2）根据用户身份验证信息，获取用户的角色。

（3）通过用户所绑定的角色（有可能不止一个），获取这个角色绑定的所有权限，并去重。

（4）查询用户所访问的 URL 是否在角色的权限内，如果在，则继续访问，如果不在，则拒绝访问。

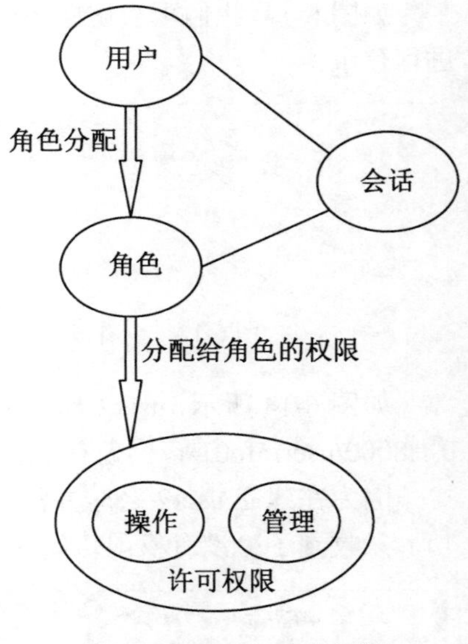

图 6-16 RBAC 生命周期

6.2.4 Django 项目中使用 RBAC

在这一节中对 demo6 进行改造，给 demo6 增加 RBAC 的功能，实现角色权限管理的业务需求，具体步骤如下所述。

（1）如图 6-17 所示，在 demo6 中执行新建 App 命令，将其命名为 rbac：

```
python manage.py startapp rbac
```

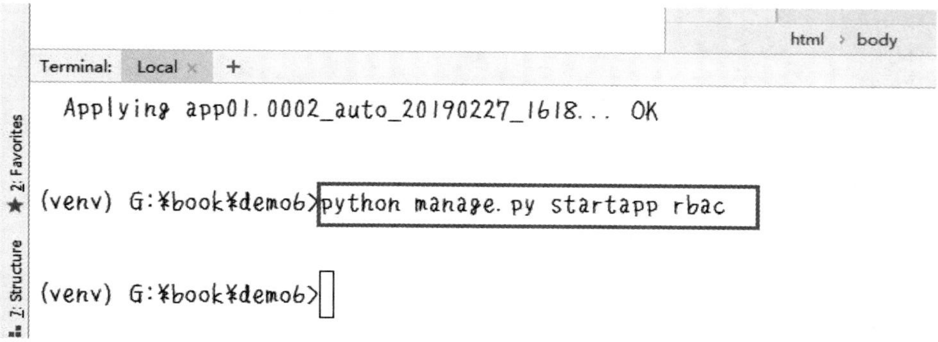

```
Applying app01.0002_auto_20190227_1618... OK

(venv) G:¥book¥demo6>python manage.py startapp rbac

(venv) G:¥book¥demo6>
```

图 6-17　新建 app 取名 rbac

（2）如图 6-18 所示，在 settings.py 中添加 RBAC 的注册代码：

```
'RBAC.apps.RBACConfig'
```

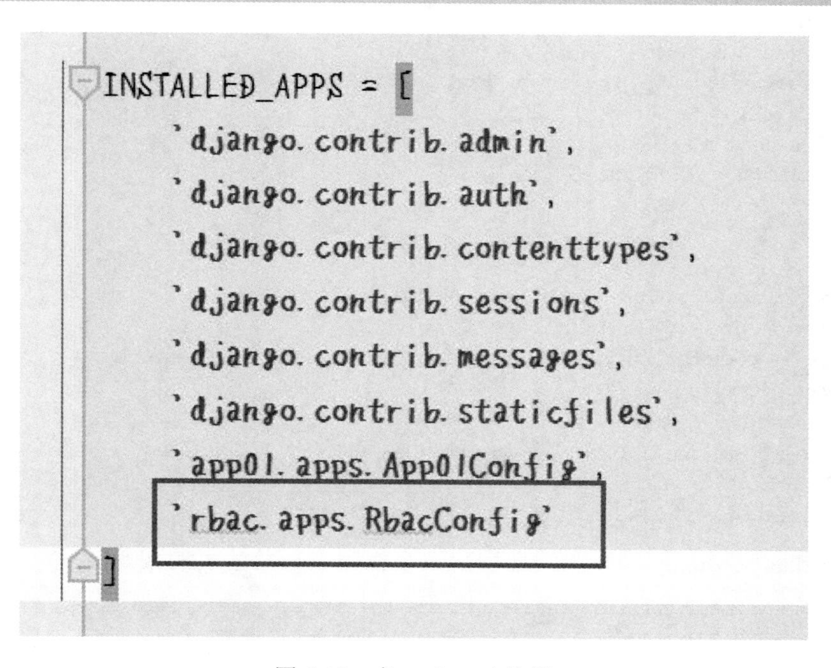

图 6-18　在 settings 中注册

注意： 如果不在 settings.py 中注册新建的 App，新建的 App 数据将无法更新。

（3）在 rbac/model.py 中新建权限管理所需的表类：

```
from django.db import models
#Create your models here.
class Permission(models.Model):
```

```
    """
    权限表
    """
    url=models.CharField(max_length=64)
    title=models.CharField(max_length=10)
    class Meta:
        verbose_name='权限表'
        verbose_name_plural = verbose_name
    def __str__(self):
        return self.title
class Role(models.Model):
    """
    角色表
    """
    title=models.CharField(max_length=10)
    permission=models.ManyToManyField(Permission,null=True,blank=True)
    class Meta:
        verbose_name='角色表'
        verbose_name_plural = verbose_name
    def __str__(self):
        return self.title
class User(models.Model):
    """
    用户表
    """
    name = models.CharField(max_length=32)
    pwd = models.CharField(max_length=32)
    role = models.ManyToManyField(Role,null=True,blank=True)
    class Meta:
        verbose_name = '用户表'
        verbose_name_plural = verbose_name
    def __str__(self):
        return self.name
```

（4）在 rbac/admin.py 中写入注册用户表、权限表、角色表的代码：

```
from django.contrib import admin
from .models import User,Role,Permission
# Register your models here.
admin.site.register(Permission)
admin.site.register(Role)
admin.site.register(User)
```

（5）执行数据更新命令：

```
Python manage.py makemigrations
Python manage.py migrate
```

如图 6-19 所示，更新完数据，生成了 5 张表。

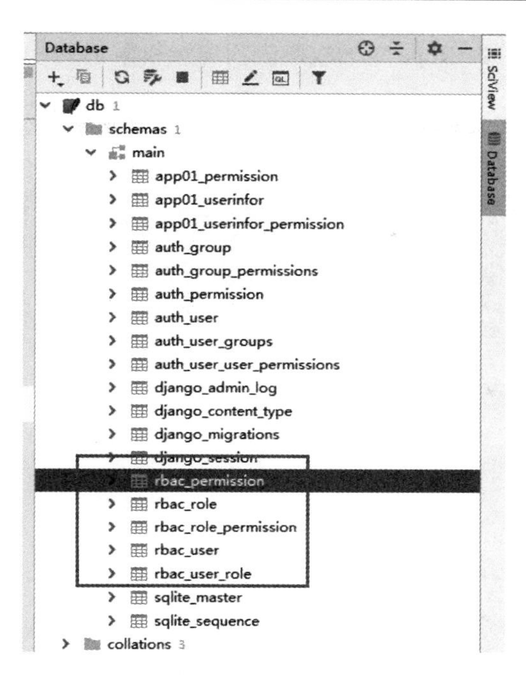

图 6-19　Database 面板

（6）运行 demo6 项目，访问：http://127.0.0.1:8000/admin/，如图 6-20 所示，在 Django 自带的 admin 后台，已经可以查看到 RBAC 下的 3 个表。

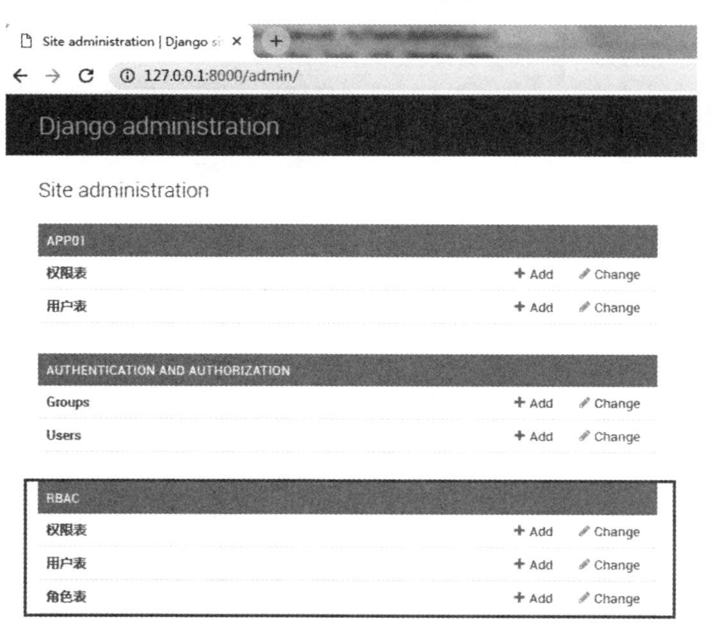

图 6-20　admin 后台

（7）如图 6-21 所示，在 Rbac 下的权限表内增加权限记录。

图 6-21　增加权限记录

注意：这里所操作的表，都是在 rbac 下的表，与 6.2.2 节中介绍的 app01 下的表无关。

（8）如图 6-22 所示，在 Rbac 下的角色表里增加一条角色记录，角色：人力资源总监，权限：查看用户 2。

图 6-22　为角色赋权

（9）如图 6-23 和图 6-24 所示，在 Rbac 下的用户表里新增两条记录，user11 给角色设定为“人力资源总监”，user22 不设定任何角色。

图 6-23　为用户 user11 赋予角色

图 6-24　用户 user22 不赋予任何角色

（10）重写登录验证逻辑：将 demo6/urls.py 中与 userinfo 相关的路由配置代码删除。

```
from django.contrib import admin
from django.urls import path
from app01.views import login
urlpatterns = [
    path('admin/', admin.site.urls),
    path('login/', login),
]
```

然后重写 app01/views.py 中的 login 函数，login 函数在“查询角色所对应的权限”环节，有两种写法。

写法 1：

```
from django.shortcuts import render,HttpResponse,redirect
from RBAC.models import User,Permission,Role
#Create your views here.
def login(request):
    if request.method == "POST":
        username=request.POST.get('username')
        pwd=request.POST.get('pwd')
        user=User.objects.filter(name=username,pwd=pwd).first()
        if user:
            #验证身份
            request.session["user_id"]=user.pk
            #查询角色
            ret=user.role.all()
            print(ret)#<QuerySet [<Role: 人力资源总监>]>
            #查询角色所对应的权限
            re=user.role.all().values('permission__url')
            print(re)#<QuerySet [{'permission__url': '/users/'}]>
            permission_list=[]
            for item in re:
                permission_list.append(item["permission__url"])
            print(permission_list)#['/users/']
            request.session["permission_list"] = permission_list
            return HttpResponse('登录成功')
    return render(request, "login.html")
```

写法 2：

```
def login(request):
    if request.method == "POST":
        username=request.POST.get('username')
        pwd=request.POST.get('pwd')
        user=User.objects.filter(name=username,pwd=pwd).first()
        if user:
            #验证身份
            request.session["user_id"]=user.pk
            #查询角色
            ret=user.role.all()
            #print(ret)#<QuerySet [<Role: 人力资源总监>]>
            #查询角色所对应的权限
            permission_list = []
```

```
            for item1 in ret:
                #多对多连表查询
                rep =Permission.objects.filter(role__title=item1)
                for item2 in rep:
                    #print(item2.url)#/users/
                    permission_list.append(item2.url)
            print(permission_list)
            request.session["permission_list"] = permission_list

    return HttpResponse('登录成功')
     return render(request, "login.html")
```

注意：以上两种写法都可以实现我们所需要的功能。但是第一种写法使用了更少的代码量，而第二种写法的代码易读性比较强。毕竟，第一种写法并不是经常使用，程序员长时间不使用，容易遗忘相关的知识点。所以，第一种写法偏“炫技”，第二种写法比较朴实。笔者的编程哲学：“代码写成什么样机器都看得懂，最重要的是代码也要能让人看得懂”，所以推荐使用第二种写法。

（11）权限验证：在 app01/views.py 中，编写查看用户函数，内含权限验证代码。

```
import re
def user(request):
    #获取 session 键值，如果不存在不报错，返回 None
    permission_list=request.session.get('permission_list',[])
    #print(permission_list)
    path=request.path_info
    #print(path)
    flag=False
    for permission in permission_list:
        permission="^%s$"%permission
        ret=re.match(permission,path)
        if ret:
            flag=True
            break
    #print(flag)
    if not flag:
        return HttpResponse('无访问权限！')
    return HttpResponse('查看用户')
```

在 urls.py 内配置路径：

```
from Django.contrib import admin
from Django.urls import path
from app01.views import login,user
urlpatterns = [
    path('admin/', admin.site.urls),
    path('login/', login),
    path('users/', user),
]
```

（12）验证 user11 可以通过权限验证。如图 6-25 和图 6-26 所示，访问 http://127.0.0.1:8000/login/，然后登录 user11，用户名：user11，密码：pwd11。

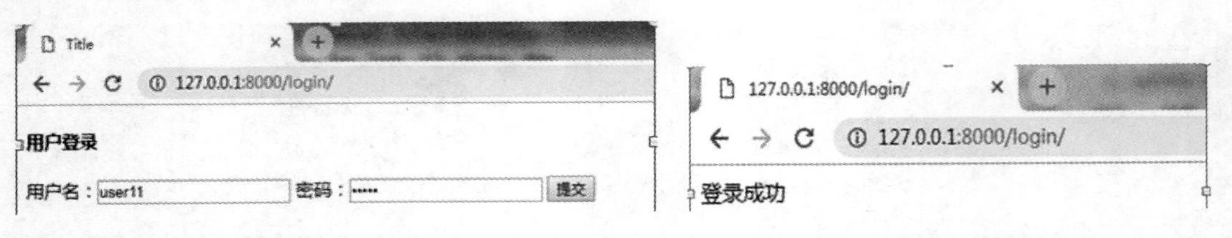

图 6-25　user11 登录　　　　图 6-26　user11 登录成功

然后访问：http://127.0.0.1:8000/users/，如图 6-27 所示，user11 通过了权限验证，获取到了“查看用户”权限。

（13）验证 user22 不能通过权限验证。如图 6-28 和图 6-29 所示，访问 http://127.0.0.1:8000/login/，然后登录 user22，用户名：user22，密码：pwd22。

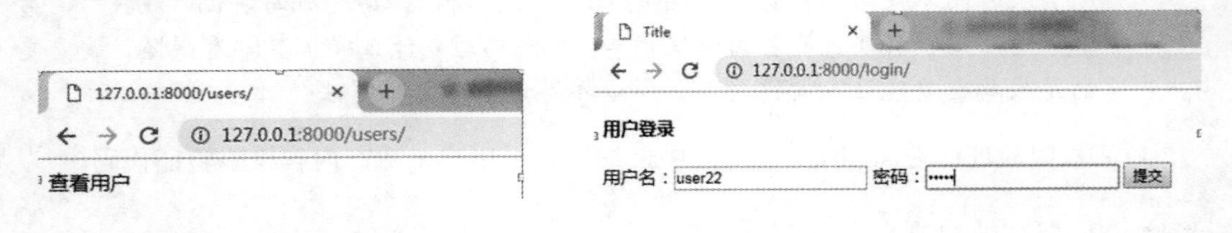

图 6-27　user11 通过了权限验证　　　　图 6-28　user22 登录

然后访问：http://127.0.0.1:8000/users/，如图 6-30 所示，user22 没能通过权限验证，获取“无访问权限！”的提示。

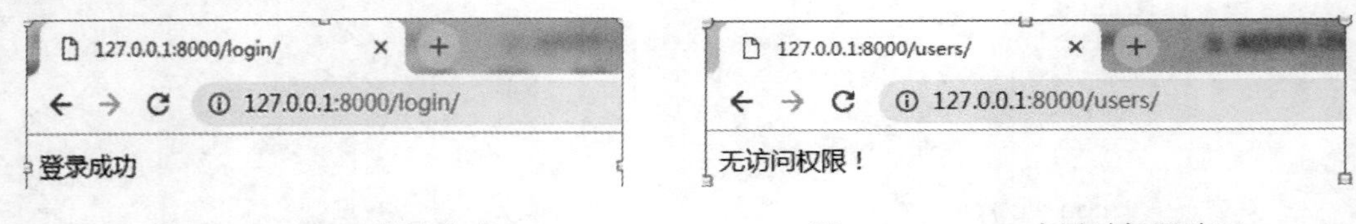

图 6-29　user22 登录成功　　　　图 6-30　user22 未通过权限验证

6.2.5　Django 基于中间件的权限验证

权限验证几乎是每个用户的数据请求都需要经历的过程。如果给每一个视图函数都加一遍权限验证代码，或者写一个装饰器的封装权限验证逻辑，然后给每一个视图函数添加装饰器，都会大大地增加工作量，而将权限验证设置为中间件，就可以在权限验证这个业务下一劳永逸啦！

（1）如图 6-31 所示，在 rbac 目录下新建包 service，然后在 service 目录下新建 rbac.py 模块文件。

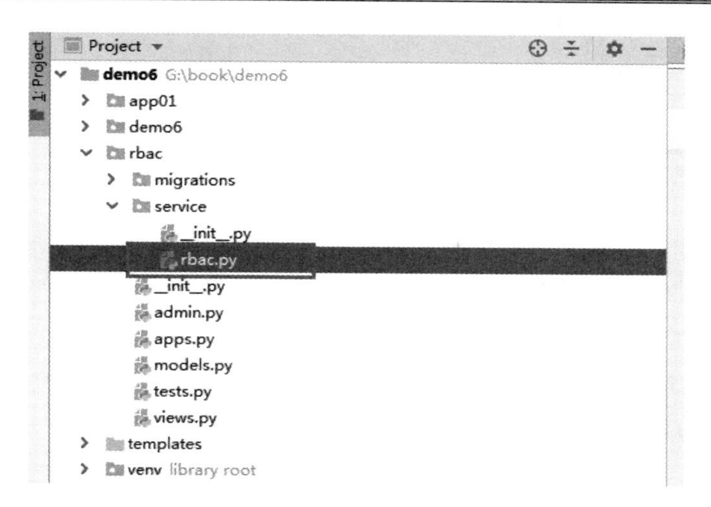

图 6-31　项目新目录

在 rbac.py 中编写权限验证中间件代码：

```
import re
from django.shortcuts import HttpResponse
from django.utils.deprecation import MiddlewareMixin
class ValidPermission(MiddlewareMixin):
    """
    权限验证中间件类
    """
    def process_request(self,request):
        ######################中间件内容 start##############
        # 获取 session 键值，如果不存在，不报错，返回[]
        permission_list = request.session.get('permission_list', [])
        # print(permission_list)
        path = request.path_info
        # print(path)
        flag = False
        for permission in permission_list:
            permission = "^%s$" % permission
            ret = re.match(permission, path)
            if ret:
                flag = True
                break
        # print(flag)
        if not flag:
            return HttpResponse('无访问权限！')
        ##################中间件内容 end##################
        return None
```

（2）在 settings.py 内配置中间件：

```
MIDDLEWARE = [
    'django.middleware.security.SecurityMiddleware',
    'django.contrib.sessions.middleware.SessionMiddleware',
    'django.middleware.common.CommonMiddleware',
```

```
    'django.middleware.csrf.CsrfViewMiddleware',
    'django.contrib.auth.middleware.AuthenticationMiddleware',
    'django.contrib.messages.middleware.MessageMiddleware',
    'django.middleware.clickjacking.XFrameOptionsMiddleware',
    'RBAC.service.RBAC.ValidPermission'
]
```

注意： 新建的中间件应该加在编写中间件所使用的中间件的后面。比如我们编写的权限验证中间件中使用到了 Session，那么新建的中间件应该加在 Session 中间件的后面，这样可以确保不会出现错误。

（3）设置白名单。当我们想要换一个用户名登录时，访问：http://127.0.0.1:8000/login/，会发现在登录之前被要求权限验证，如图 6-32 所示。

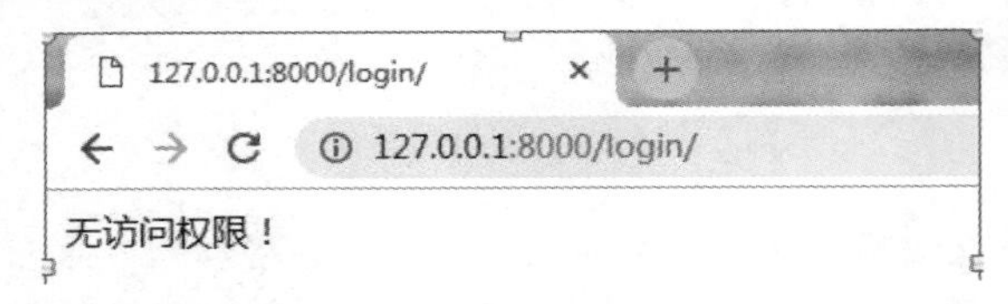

图 6-32　未通过权限验证

从逻辑上来说，应该先进行身份验证，再进行权限验证，如果没有身份验证，权限验证将无从谈起。所以，所有与身份验证相关的权限（URL），都不应该受到权限验证中间件的影响。我们将中间件代码加以优化，将登录、注册、后台管理相关的 URL 都加入白名单中。将 rbac/service/rbac.py 中的代码改写为：

```
import re
from django.shortcuts import HttpResponse
from django.utils.deprecation import MiddlewareMixin
class ValidPermission(MiddlewareMixin):
    """
    权限验证中间件类
    """
    def process_request(self,request):
        ######################中间件内容 start###############
        path = request.path_info
        #print(path)
        #查看是否属于白名单
        #valid_url_list=['/login/','/register/','/admin/.*']
        #for valid_url in valid_url_list:
        #    ret=re.match(valid_url,path)
        #    if ret:
        #        return None
        # 获取 session 键值，如果不存在，不报错，返回 None
        permission_list = request.session.get('permission_list', [])
        #print(permission_list)
        flag = False
        for permission in permission_list:
            permission = "^%s$" % permission
```

```
            ret = re.match(permission, path)
            if ret:
                flag = True
                break
        #print(flag)
        if not flag:
            return HttpResponse('无访问权限！')
        ##################中间件内容 end###################
        return None
```

（4）解耦。我们再回来看 app01/views.py 中的 login 函数：

```
def login(request):
#登录函数
    if request.method == "POST":
        username=request.POST.get('username')
        pwd=request.POST.get('pwd')
        user=User.objects.filter(name=username,pwd=pwd).first()
        if user:
            #验证身份
            request.session["user_id"]=user.pk
            #查询角色
            ret=user.role.all()
            #print(ret)#<QuerySet [<Role: 人力资源总监>]>
            #查询角色所对应的权限
            permission_list = []
            for item1 in ret:
                #多对多连表查询
                rep =Permission.objects.filter(role__title=item1)
                for item2 in rep:
                    #print(item2.url)#/users/
                    permission_list.append(item2.url)
            #print(permission_list)
            request.session["permission_list"] = permission_list
            return HttpResponse('登录成功')
    return render(request, "login.html")
```

在函数体中，查询角色和查询角色所对应的权限，应该属于权限校验，而非身份校验，这显然是存在耦合性过高的情况，应该将权限校验进行解耦。

如图 6-33 所示，在 rbac/service 下新建 permission.py 模块文件：

```
from RBAC.models import User,Permission,Role
def initial_permission(user,request):
    #查询角色
    ret = user.role.all()
    #print(ret)#<QuerySet [<Role: 人力资源总监>]>
    #查询角色所对应的权限
    permission_list = []
    for item1 in ret:
        #多对多连表查询
        rep = Permission.objects.filter(role__title=item1)
        for item2 in rep:
            #print(item2.url)#/users/
```

```
            permission_list.append(item2.url)
    #print(permission_list)
    request.session["permission_list"] = permission_list
```

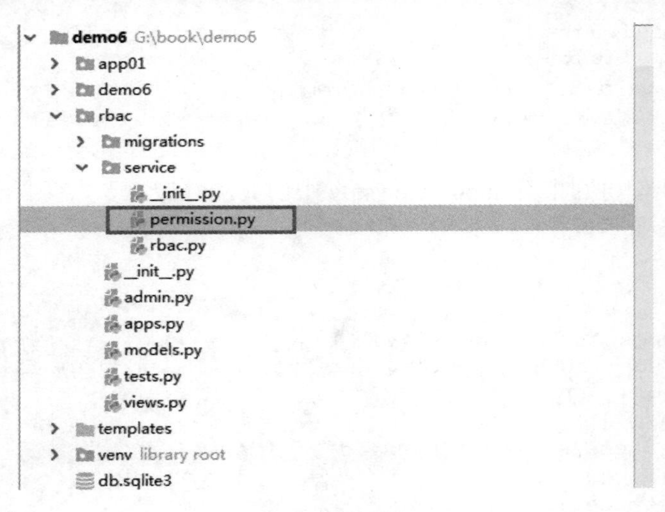

图 6-33　权限模块

然后，我们将 app01/views.py 中的 login 函数，改写为：

```
from django.shortcuts import render,HttpResponse,redirect
from RBAC.models import User,Permission,Role
# Create your views here.
from RBAC.service.permission import initial_permission
def login(request):
    if request.method == "POST":
        username=request.POST.get('username')
        pwd=request.POST.get('pwd')
        user=User.objects.filter(name=username,pwd=pwd).first()
        if user:
            #验证身份
            request.session["user_id"]=user.pk
            initial_permission(user,request)
            return HttpResponse('登录成功')
    return render(request, "login.html")
```

6.3　Django REST framework 实现权限管理

在上一节中，我们使用 Django 完成了基于 RBAC 模式的权限管理系统。而 RBAC 因为使用的是 Session 机制，造成了其在前后端分离项目中存在局限性。那么，使用 Django REST framework 来实现权限管理是怎样的呢？本节将介绍如何使用 Django REST framework 实现权限管理。

6.3.1　准备演示权限管理的初始代码

根据权限的定义我们知道，权限的基础是身份验证，身份验证的基础是登录验证。所以我们要搭建权限管理系统就要先搭建一个具备登录功能的项目。

当我们在开发诸如微信小程序、百度小程序的时候，这些平台不可能将用户的账号和密码提交到开发者的后台，那么这些小程序的登录机制是怎样的呢？站在开发者的角度来看，用户在小程序中触发登录方法，平台会将一个平台标识（比如微信小程序的平台标识为 code）发送到开发者的服务器后端，开发者根据从平台授权获取到的 appid 配合平台标识，获取用户的身份验证（比如微信用户的 openId），然后存储于自定义的用户表或 Token 表中，再向前端返回 Token，完成小程序的登录认证。至于项目本身自带的用户表，则用来存储超级用户或管理员用户的信息。微信小程序登录的生命周期，如图 6-34 所示。

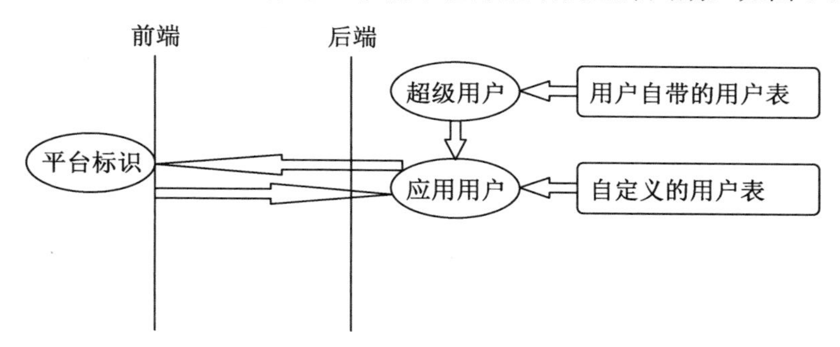

图 6-34　小程序登录的生命周期

（1）如图 6-35 所示，新建项目 demo6_drf，新建 App，命名为 app01。

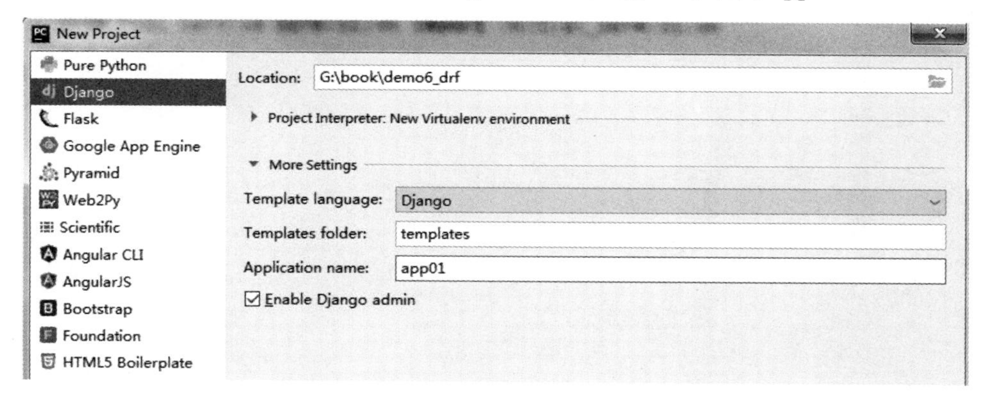

如图 6-35　新建项目 demo6_drf

（2）在 app01/models.py 内新建相关表类：

```
from django.db import models
```

```
from datetime import datetime
# Create your models here.
class UserInfo(models.Model):
    """
    用户表
    """
    user_type_chioces=(
        (1,"普通用户"),
        (2,"VIP"),
        (3,"SVIP"),
    )
    user_type=models.IntegerField(choices=user_type_chioces)
    username=models.CharField(max_length=32)
    password=models.CharField(max_length=64)
    add_time = models.DateTimeField(default=datetime.now, verbose_name='
    添加时间')
    class Meta:
        verbose_name='用户表'
        verbose_name_plural = verbose_name
    def __str__(self):
        return self.username
class UserToken(models.Model):
    """
    token 表
    """
    user=models.ForeignKey(UserInfo,on_delete=models.CASCADE)
    token=models.CharField(max_length=64)
    add_time = models.DateTimeField(default=datetime.now, verbose_name='
添加时间')
    class Meta:
        verbose_name='token 表'
        verbose_name_plural = verbose_name
    def __str__(self):
        return self.user.username
class CommonVideo(models.Model):
    """
    普通视频
    """
    title=models.CharField(max_length=32)
    url=models.CharField(max_length=200,verbose_name='资源地址')
    add_time = models.DateTimeField(default=datetime.now, verbose_name='
添加时间')
    class Meta:
        verbose_name='普通视频表'
        verbose_name_plural = verbose_name
    def __str__(self):
        return self.title
class VIPVideo(models.Model):
    """
    会员视频
    """
```

```
    title=models.CharField(max_length=32)
    url=models.CharField(max_length=200,verbose_name='资源地址')
    add_time = models.DateTimeField(default=datetime.now, verbose_name='
添加时间')
    class Meta:
        verbose_name='会员视频表'
        verbose_name_plural = verbose_name
    def __str__(self):
        return self.title
class SVIPVideo(models.Model):
    """
    超级会员视频
    """
    title=models.CharField(max_length=32)
    url=models.CharField(max_length=200,verbose_name='资源地址')
    add_time = models.DateTimeField(default=datetime.now, verbose_name='
添加时间')
    class Meta:
        verbose_name='超级会员视频表'
        verbose_name_plural = verbose_name
    def __str__(self):
        return self.title
```

（3）执行数据更新命令：

```
Python manage.py makemigrations
Python manage.py migrate
```

在 app01 下，生成 4 张表格以备后面使用，如图 6-36 所示。

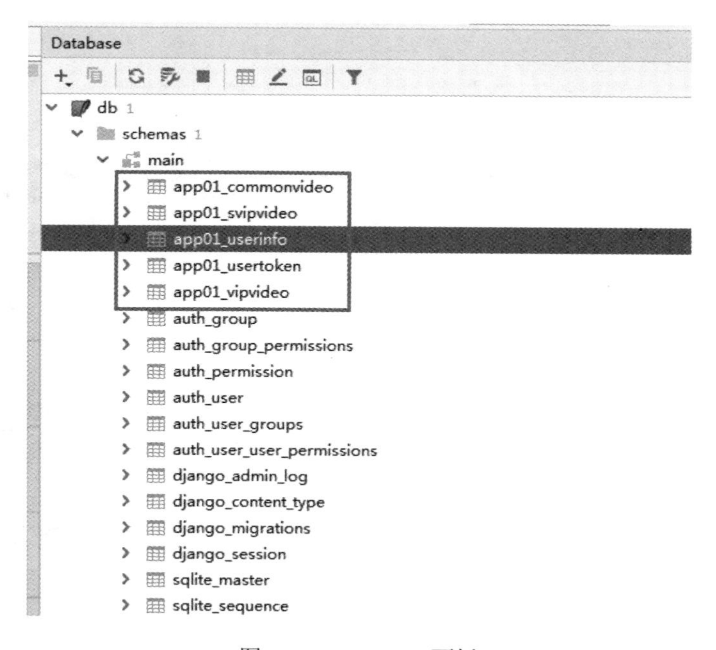

图 6-36　Database 面板

（4）手动向自定义的用户表内添加 3 个用户，如图 6-37。

	id	user_type	username	password	add_time
1	3	3	user3	333	1551435844964
2	2	2	user2	222	1551435842298
3	1	1	user1	111	1551435836777

图 6-37　添加数据记录

（5）在普通视频表、会员视频表、超级会员视频表中，分别手动加入一条记录，如图 6-38、图 6-39 和图 6-40 所示。

	id	title	url	add_time
1	1	青楼梦预告	http1	1551436154175

图 6-38　添加数据记录 1

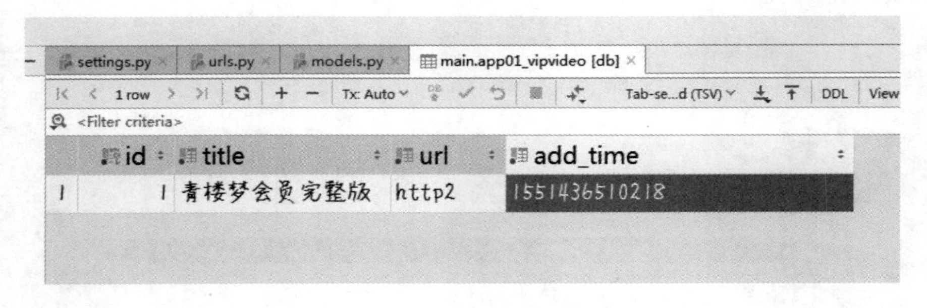

	id	title	url	add_time
1	1	青楼梦会员完整版	http2	1551436510218

图 6-39　添加数据记录 2

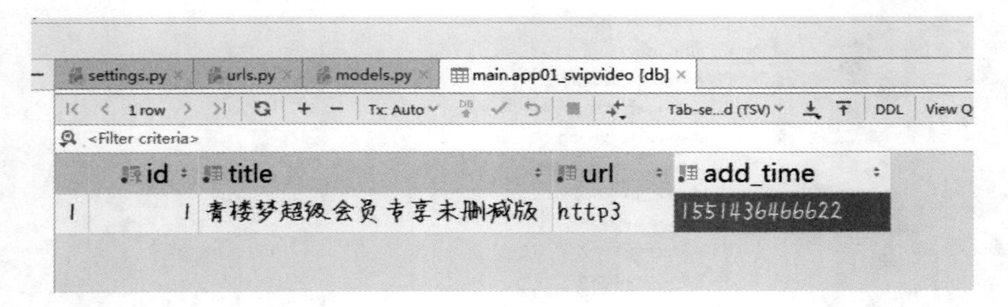

	id	title	url	add_time
1	1	青楼梦超级会员专享未删減版	http3	1551436466622

图 6-40　添加数据记录 3

（6）安装 Django REST framework 相关依赖：

```
pip install djangorestframework markdown django-filter
```

（7）在 settings.py 中添加注册配置代码：

```
INSTALLED_APPS = [
    'django.contrib.admin',
    'django.contrib.auth',
    'django.contrib.contenttypes',
    'django.contrib.sessions',
    'django.contrib.messages',
    'django.contrib.staticfiles',
    'users.apps.UsersConfig',
    'rest_framework'
]
```

（8）在 app01/views.py 内编写用户登录逻辑代码：

```
from django.shortcuts import render
from django.http import JsonResponse
from rest_framework.views import APIView
from .models import *
# Create your views here.
def md5(user):
    import hashlib
    import time
    ctime=str(time.time())
    m=hashlib.md5(bytes(user,encoding='utf-8'))
    m.update(bytes(ctime,encoding='utf-8'))
    return m.hexdigest()
class AuthView(APIView):
    """
    登录
    """
    def post(self,request):
        ret={'code':1000,'msg':'登录成功！'}
        try:
            user=request._request.POST.get('username')
            pwd=request._request.POST.get('password')
            obj=UserInfo.objects.filter(username=user,password=pwd).first()
            if not obj:
                ret['code']=1001
                ret['msg']='用户名或密码错误'
                return JsonResponse(ret)
            #为登录用户创建 token
            token=md5(user)
            #存在则更新，不存在的创建
            UserToken.objects.update_or_create(user=obj,defaults={'token':token})
            ret['token']=token
        except Exception as e:
            ret['code']=1002
            ret['msg']='请求异常'
        return JsonResponse(ret)
```

（9）在 urls.py 中配置路由：

```
from Django.contrib import admin
from Django.urls import path
from app01.views import AuthView
urlpatterns = [
    path('admin/', admin.site.urls),
    path('auth/',AuthView.as_view(),name='auth'),
]
```

（10）如图 6-41 所示，使用 Postman 以 post 的方式，向：http://127.0.0.1:8000/auth/，提交数据：

```
{
  "username":"user1",
  "password":'111"
}
```

得到返回数据：

```
{
  "code": 1000,
  "msg": "登录成功！",
  "token": "5dabaf29e3559be4526e16041a1a9fe6"
}
```

至此，成功获取了登录令牌 Token。如图 6-42 所示，可以通过 Database 直接查看 Usertoken 表，印证这里已经产生了一条 Token 记录，并且与我们通过 Postman 获取的 Token 相同。

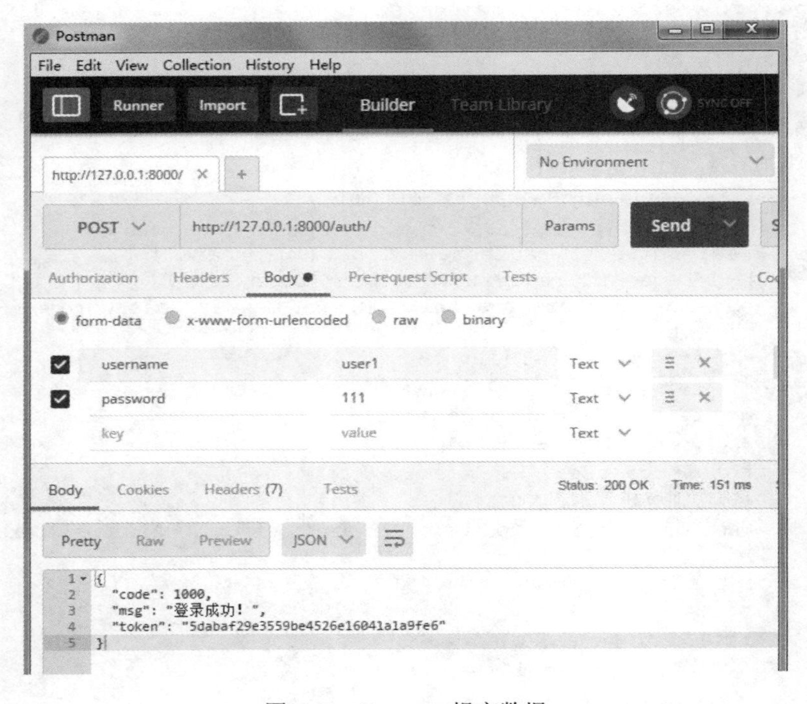

图 6-41　Postman 提交数据

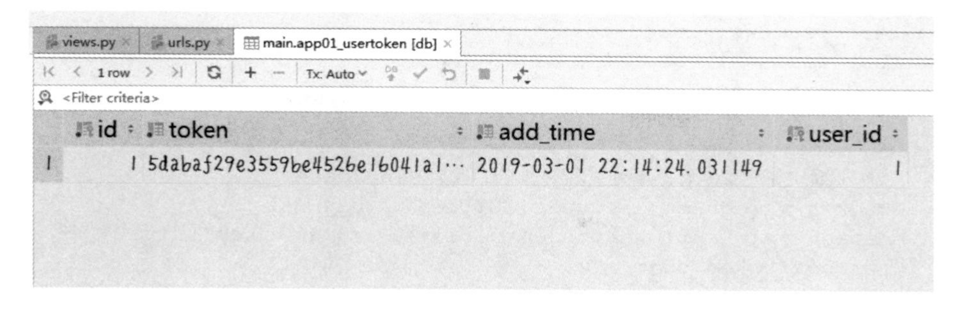

图 6-42　生成 Token 信息

6.3.2　为 demo6_drf 添加身份验证功能

在上一节中，我们已经成功实现了通过 Token 的方式进行登录的业务模型。接下来将开发身份验证的功能，步骤如下：

（1）在 app01 目录下新建序列化模块文件 serializers.py：

```
from rest_framework import serializers
#引入数据表类
from .models import CommonVideo,VIPVideo,SVIPVideo
#将三个数据表类进行序列化
class CommonVideoSerializer(serializers.ModelSerializer):
    class Meta:
        model=CommonVideo
        fields = "__all__"
class VIPVideoSerializer(serializers.ModelSerializer):
    class Meta:
        model=VIPVideo
        fields = "__all__"
class SVIPVideoSerializer(serializers.ModelSerializer):
    class Meta:
        model=SVIPVideo
        fields = "__all__"
```

（2）在 app01/views.py 中编写身份认证类 Authtication 和登录后即可访问的内容资源类 CommonVideoView：

```
from django.shortcuts import render,HttpResponse
from django.http import JsonResponse
from rest_framework.views import APIView
#引入所有数据表
from .models import *
#引入所有序列化类
from .serializers import *
#引入 drf 相关模块
from rest_framework.response import Response
```

```
from rest_framework.renderers import JSONRenderer,BrowsableAPIRenderer
from rest_framework import exceptions
# Create your views here.
class Authtication(object):
    def authenticate(self,request):
        # 验证是否已经登录，函数名必须为：authenticate
        token = request._request.GET.get('token')
        token_obj=UserToken.objects.filter(token=token).first()
        if not token_obj:
            raise exceptions.AuthenticationFailed('用户认证失败。')
        #在 rest_framework 内部会将以下两个元素赋值到 request，以供后续使用
        return (token_obj.user,token_obj)
    def authenticate_header(self,request):
        #这个函数可以没有内容，但是必须要有这个函数
        pass
class CommonVideoView(APIView):
    """
    登录后即可访问的内容资源
    """
    renderer_classes = [JSONRenderer]           # 渲染器
    authentication_classes = [Authtication,]
    def get(self,request):
        # print(request.user,request.auth)#user1 user1
        video_list = CommonVideo.objects.all()
        re = CommonVideoSerializer(video_list, many=True)
        return Response(re.data)
#…………
```

（3）在 urls.py 中配置路由：

```
#……
from app01.views import AuthView,CommonVideoView
urlpatterns = [
    #……
    path('common/',CommonVideoView.as_view(),name='common'),
]
```

（4）运行项目，如图 6-43 所示，使用 Postman 以 get 的方式携带 Token，向 http://127.0.0.1:8000/common/?token=5dabaf29e3559be4526e16041a1a9fe6 发送网络请求，成功获取到了数据：

```
[
  {
    "id": 1,
    "title": "青楼梦预告片",
    "url": "http1",
    "add_time": null
  }
]
```

图 6-43　获取数据成功

如果不携带 Token，则会提示“用户认证失败”，如图 6-44 所示。说明我们的身份认证功能已经实现了。

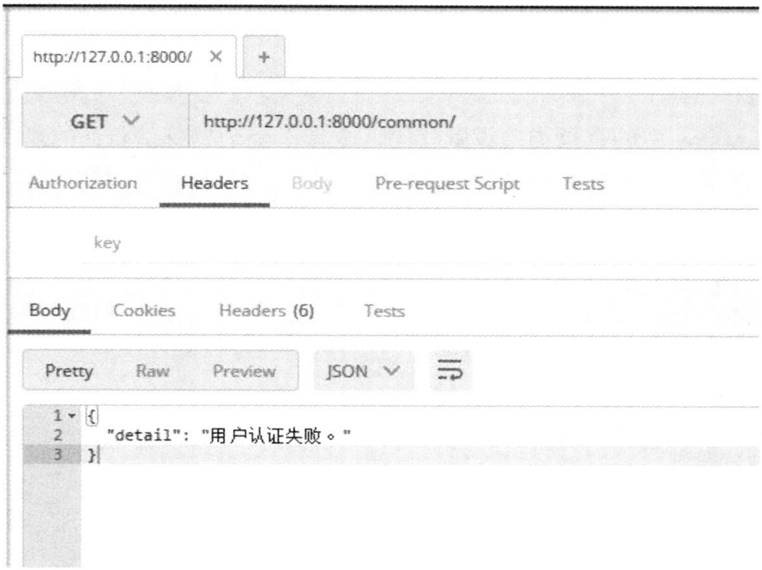

图 6-44　获取数据失败

注意： 像爱奇艺、优酷这样的视频网站，访问非收费内容时不对用户是否已登录做身份验证，与本例有所区别，大家可以根据实际需求对代码进行修改使用。

（5）解耦。应该把认证类和视图逻辑类分开。在 app01 下新建目录 utils，在 utils 目录下新建 auth.py，然后将身份认证类 Authtication 及其相关代码迁移到 auth.py 中：

```
from ..models import *
from rest_framework import exceptions
class Authtication(object):
    def authenticate(self,request):
        #验证是否已经登录，函数名必须为：authenticate
        token = request._request.GET.get('token')
        token_obj=UserToken.objects.filter(token=token).first()
        if not token_obj:
            raise exceptions.AuthenticationFailed('用户认证失败。')
        #在 rest_framework 内部会将以下两个元素赋值到 request，以供后续使用
        return (token_obj.user,token_obj)
    def authenticate_header(self,request):
        #这个函数可以没有内容，但是必须要有这个函数
        pass
```

在 app01/views.py 中加入引入代码：

```
from .utils.auth import Authtication
```

（6）全局身份验证配置。如果所有的视图函数，都需要身份验证才可以访问，那么首先在 settings.py 里追加配置代码：

```
REST_FRAMEWORK = {
    'DEFAULT_AUTHENTICATION_CLASSES': (
        'app01.utils.auth.Authtication',
    )
}
```

然后在 views.py 中的登录类中设置代码，令其不受全局身份验证的影响：

```
class AuthView(APIView):
    """
    登录
    """
    authentication_classes = []
    def post(self,request):
  #……
```

6.3.3 为 demo6_drf 添加权限管理功能

以上一节全局身份验证为基础，本节将添加权限管理功能。

（1）在 app01/utils/auth.py 内新增 VIP 和 SVIP 权限验证代码：

```
class VIP(object):
    """
    验证 VIP 权限
    """
    def has_permission(self,request,view):
        if request.user.user_type<2:
            return False
```

```
        return True
class SVIP(object):
    """
    验证 SVIP 权限
    """
    def has_permission(self,request,view):
        if request.user.user_type<3:
            return False
        return True
```

（2）在 app01/views.py 内新增获取 VIP 资源和 SVIP 资源的视图函数：

```
#……
from .utils.auth import VIP,SVIP
# Create your views here.
#……
class VIPVideoView(APIView):
    """
    VIP 可访问的资源
    """
    renderer_classes = [JSONRenderer]              # 渲染器
    permission_classes = [VIP]
    def get(self,request):
        video_list = VIPVideo.objects.all()
        re = VIPVideoSerializer(video_list, many=True)
        return Response(re.data)
class SVIPVideoView(APIView):
    """
    VIP 可访问的资源
    """
    renderer_classes = [JSONRenderer]              # 渲染器
    permission_classes = [SVIP]
    def get(self,request):
        video_list = SVIPVideo.objects.all()
        re = SVIPVideoSerializer(video_list, many=True)
        return Response(re.data)
```

（3）在 urls.py 内新增路由代码：

```
from django.contrib import admin
from django.urls import path
#引入相关的视图类
from app01.views import AuthView,CommonVideoView,VIPVideoView,SVIPVideoView
urlpatterns = [
    path('admin/', admin.site.urls),
    #登录验证
    path('auth/',AuthView.as_view(),name='auth'),
    #获取普通资源
    path('common/',CommonVideoView.as_view(),name='common'),
    #获取 VIP 资源
    path('vip/',VIPVideoView.as_view(),name='vip'),
    #获取 SVIP 资源
    path('svip/',SVIPVideoView.as_view(),name='svip'),
]
```

6.3.4 验证 demo6_drf 权限管理的功能

现在运行 demo6_drf，让我们来测试一下普通用户 user1，VIP 用户 user2 和 SVIP 用户 user3 在权限管理系统下是否能够达到预期效果。

（1）登录 user1。如图 6-45 所示，使用 Postman，以 post 的方式向：http://127.0.0.1:8000/auth/提交数据：

```
{
  "username":"user1",
  "password":'111"
}
```

获取到：

```
{
  "code": 1000,
  "msg": "登录成功！",
  "token": "51ea588c0e47bafbe24fccb434537022"
}
```

（2）测试 user1 获取普通数据。如图 6-46 所示，携带 user1 用户的 Token，以 get 的方式访问：http://127.0.0.1:8000/common/?token=51ea588c0e47bafbe24fccb434537022，可以获取登录用户能获得的数据资源。

```
 [
  {
    "id": 1,
    "title": "青楼梦预告片",
    "url": "http1",
    "add_time": null
  }
]
```

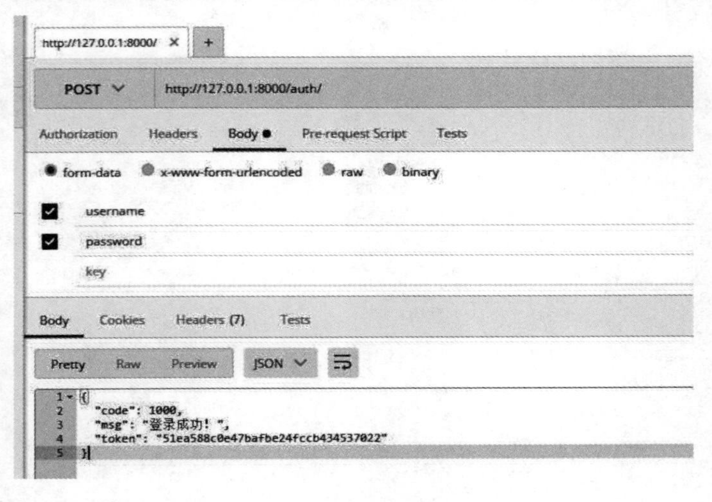

图 6-45　登录数据的提交

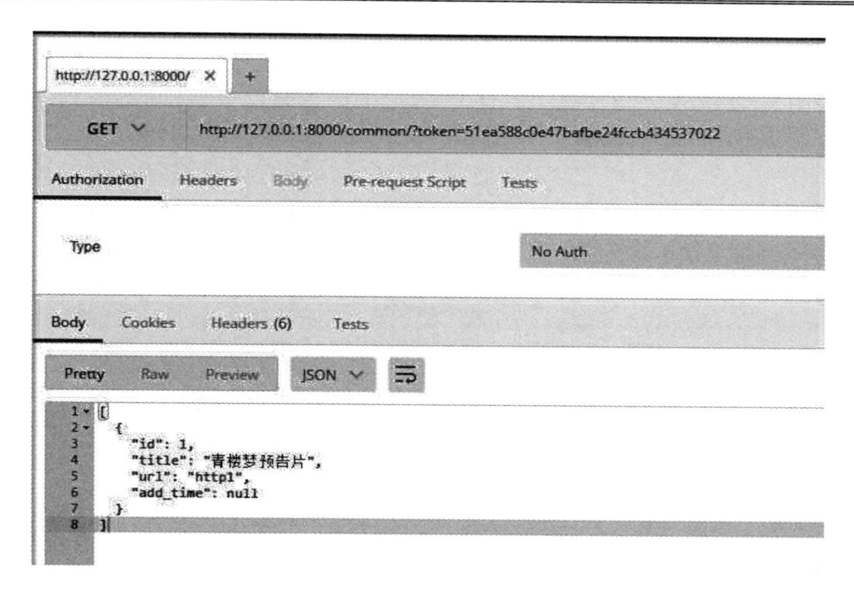

图 6-46　获取普通资源成功

（3）测试 user1 获取 VIP 数据资源。如图 6-47 所示，使用 user1 的 Token 访问：http://127.0.0.1:8000/common/?token=51ea588c0e47bafbe24fccb434537022，将返回没有通过权限验证的提示信息。

```
{
  "detail": "You do not have permission to perform this action."
}
```

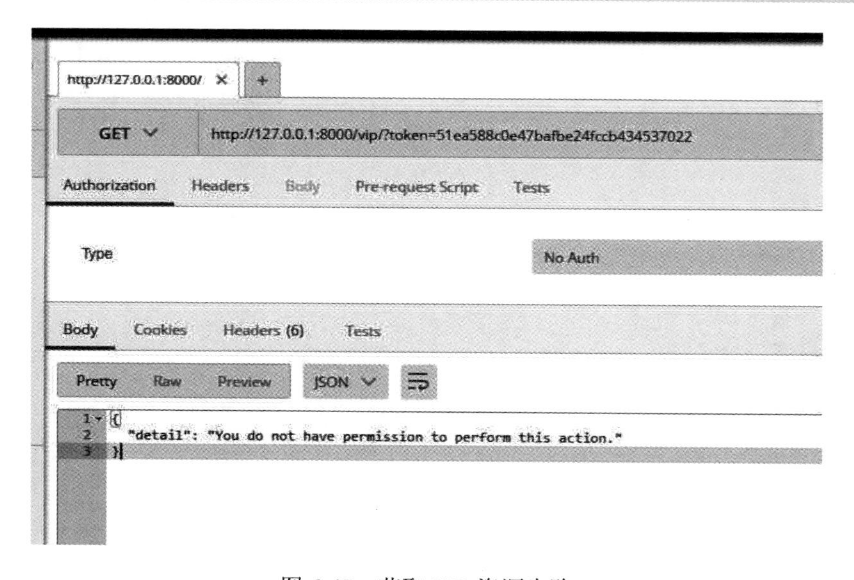

图 6-47　获取 VIP 资源失败

（4）测试 user1 获取 SVIP 数据资源。如图 6-48 所示，使用 user1 的 Token 获取 SVIP 的资源，返回了与获取 VIP 的资源一样的结果，提示没有通过权限验证。

```
{
  "detail": "You do not have permission to perform this action."
}
```

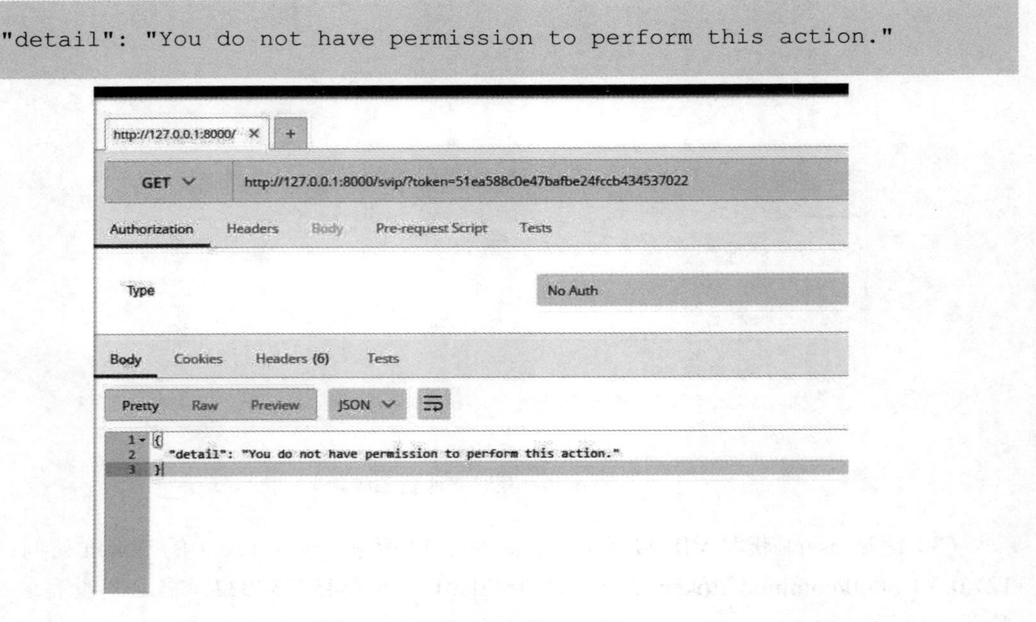

图 6-48　获取 SVIP 资源失败

（5）登录 user2。如图 6-49 所示，使用 Postman，以 post 的方式访问：http://127.0.0.1:8000/auth/，提交数据：

```
{
  "username":"user2",
  "password":'222"
}
```

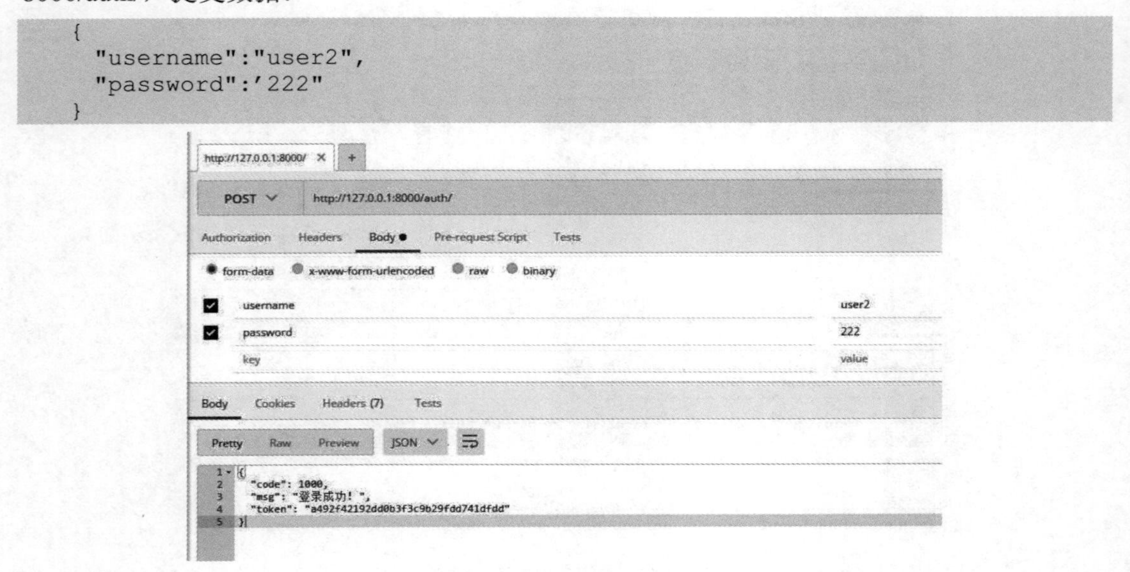

图 6-49　user2 登录成功

获取到：

```
{
  "code": 1000,
  "msg": "登录成功！",
  "token": "a492f42192dd0b3f3c9b29fdd741dfdd"
}
```

（6）测试 user2 获取普通用户登录即可访问的数据资源。如图 6-50 所示，使用 Postman，携带 user2 的 Token，以 get 的方式访问：

http://127.0.0.1:8000/common/?token=a492f42192dd0b3f3c9b29fdd741dfdd，成功获取到了数据。

```
[
  {
    "id": 1,
    "title": "青楼梦预告片",
    "url": "http1",
    "add_time": null
  }
]
```

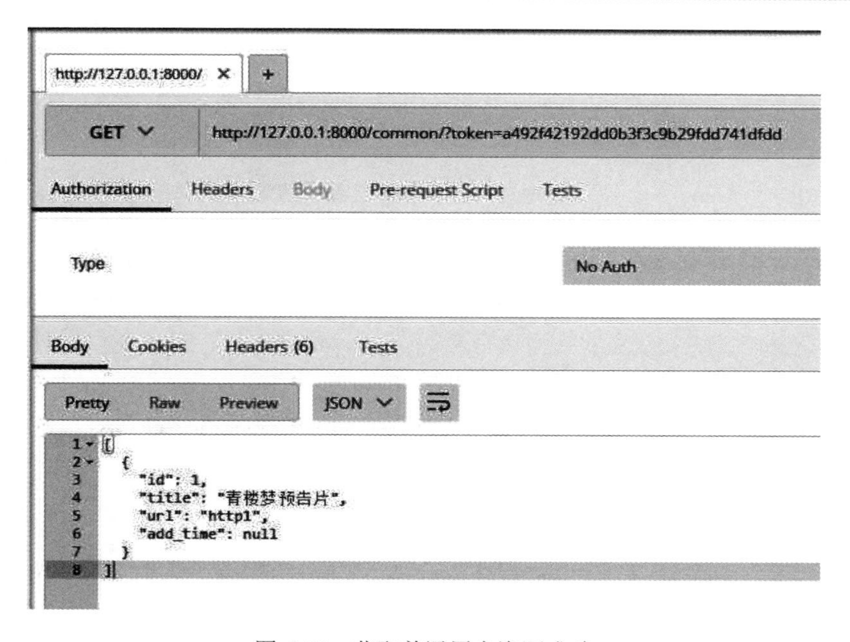

图 6-50　获取普通用户资源成功

（7）测试 user2 获取 VIP 数据资源。如图 6-51 所示，使用 user2 的 Token，以 get 的方式，向 http://127.0.0.1:8000/vip/?token=a492f42192dd0b3f3c9b29fdd741dfdd 提交数据请求，成功获取了 VIP 数据资源：

```
[
  {
```

```
    "id": 1,
    "title": "青楼梦会员完整版",
    "url": "http2",
    "add_time": null
  }
]
```

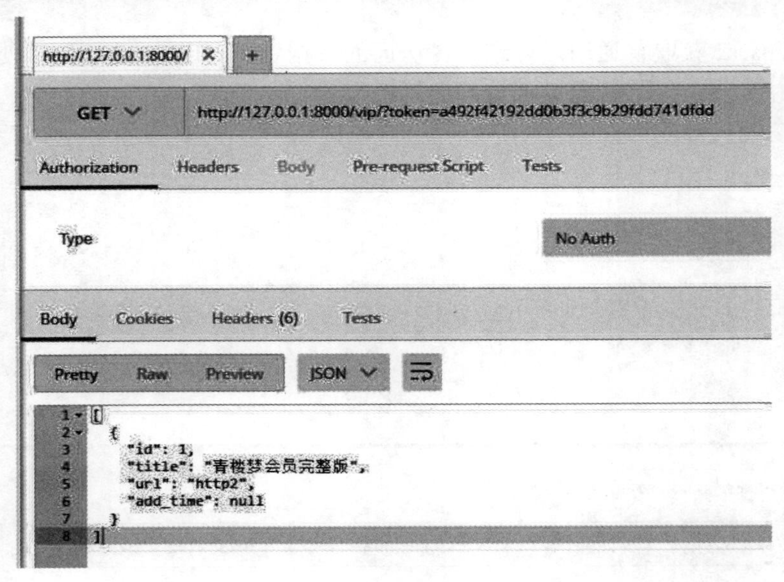

图 6-51　获取 VIP 资源成功

（8）测试 user2 获取 SVIP 数据资源。如图 6-52 所示，使用 user2 的 Token，以 get 的方式，向 http://127.0.0.1:8000/vip/?token=a492f42192dd0b3f3c9b29fdd741dfdd 提交数据请求。

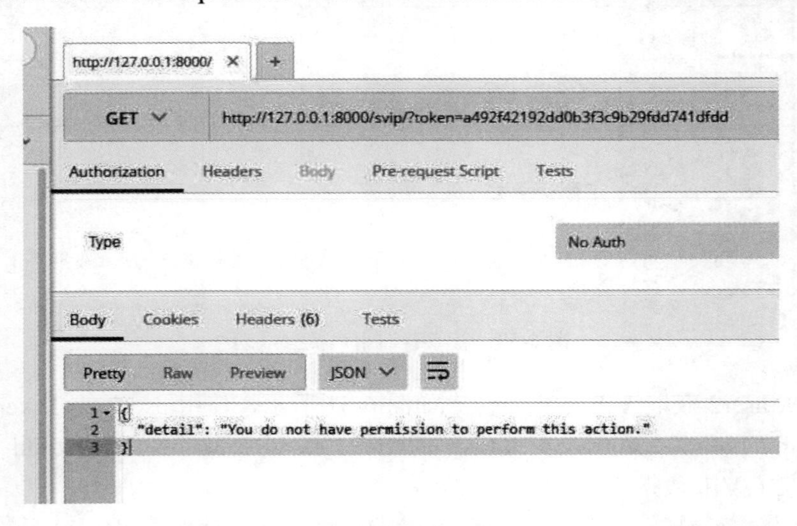

图 6-52　获取 SVIP 资源失败

未能获得 SVIP 数据资源：

```
{
  "detail": "You do not have permission to perform this action."
}
```

注意：因篇幅所限，对于 SVIP 用户 user3 的权限测试，就留给读者尝试测试啦。经笔者测试，user3 可以获取到普通用户登录即可访问的数据资源、VIP 数据资源和 SVIP 数据资源。

第 7 章　违禁词自审查功能

我们在网络上发表博客，或者发表评论的时候，经常会因为内容中存在一些违禁词，而导致发布失败。常见的违禁词自审查功能分为两种：一种是用户提交发表的内容，在经过网站的违禁词自审查检验时，发现内容中包含了一些违禁词之后，提示用户发表失败，并且提示用户内容中有哪些违禁词，要求用户修改内容，或者放弃发表。这种违禁词自审查功能大多用于长篇博客、影评、网络小说等篇幅较大的内容审查中。

另外一种则是比较适合评论、发帖子、公屏交流等内容篇幅比较小的应用场景，这种违禁词自审查功能会将检测到的违禁词自动替换为*号。我们会在本章中开发一个实际项目，来向大家介绍这两种违禁词自审查功能。

7.1　违禁词自审查功能的重要性

在本节中，将介绍违禁词自审查的影响和作用。

7.1.1　违禁词的影响

从产品角度上看，一个互联网平台一旦没有违禁词自审查功能，用户之间很容易因为一点口角，演变成性质非常恶劣的骂战，从而令整个平台的内容质量下降。内容质量降低，必将导致大批用户的流失。

而违禁词自审查功能，将用户之间因为口角而发出的一些过激词汇隐藏，可以有效地减弱用户的负面情绪，也消除了个别用户之间的矛盾对其他用户的影响。

7.1.2　可以避免法律风险

众所周知，《广告法》是为了保护广大消费者不被黑心商家蒙骗的一部法律，而且《广告法》不但保护消费者，也保护守法商家不被恶意竞争所攻击。《广告法》规定，广告中不得出现有可能对消费者产生误导的词汇。互联网本身也具有媒体属性，很多文章看起来是一篇博客，其实是一篇软文广告，如果没有违禁词自审查功能，经过辛苦经营获取大量用户的网络，可就要成为某些商家打广告的地方。而广告的内容泛滥，质量参差不齐，身为平台的搭建方，如果不做好内容审查的工作，将面临巨大的法律风险。

7.2　Django REST framework 实现模糊搜索功能

模糊搜索是违禁词自审查功能的基础，我们在本节中新建 Django 项目来实现模糊搜索功能。模糊搜索，顾名思义是用于网站内部的搜索。搜索功能对于一个网站来说，也是非常重要的，在本节中，我们不但要思考怎样使用模糊搜索来构建违禁词自审查功能，也要熟练掌握模糊搜索功能，这对今后搭建网站的工作大有裨益。

7.2.1　演示实现模糊搜索的后端逻辑

本章所介绍的知识点，我们将通过一个前后端分离项目进行实例分析。在这一节中，我们先建立一个 Django 项目负责实现模糊搜索功能的后端逻辑。新建 Django 项目，并且安装相关依赖包，编写相关基础代码，步骤如下所述。

（1）如图 7-1 所示，新建 Django 项目，命名为 demo7，新建 App 并命名为 app01。

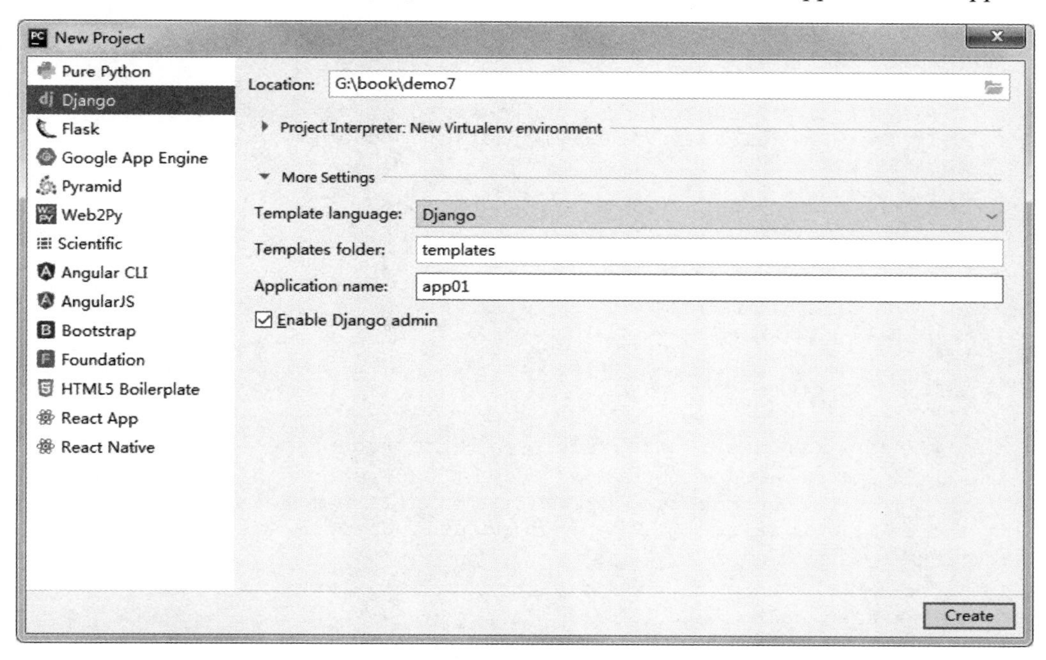

图 7-1　新建 demo7

（2）安装 Django REST framework 及其依赖包 markdown 和 Django-filter。

```
pip install djangorestframework markdown Django-filter
```

（3）在 settings.py 中添加注册代码：

```
INSTALLED_APPS = [
    #……
    'django.contrib.staticfiles',
    'app01.apps.App01Config',
    'rest_framework'
]
```

（4）执行数据更新命令：

```
python manage.py makemigrations
python manage.py migrate
```

（5）在 app01/models.py 内新建表类代码：

```
from django.db import models
from django.contrib.auth.models import AbstractUser
from datetime import datetime
# Create your models here.
class UserProfile(AbstractUser):
    """
    用户表
    """
    user_type_chioces = (
        (1, "普通用户"),
        (2, "版主"),
        (3, "管理员"),
    )
    level = models.IntegerField(choices=user_type_chioces,default=1)
    add_time = models.DateTimeField(default=datetime.now, verbose_name='
    添加时间')
    class Meta:
        verbose_name='用户'
        verbose_name_plural = verbose_name
    def __str__(self):
        return self.username
class Article(models.Model):
    """
    文章表
    """
    title=models.CharField(max_length=30,verbose_name='标题')
    content=models.CharField(max_length=5000,verbose_name='文章内容')
    user=models.ForeignKey(UserProfile,on_delete=models.CASCADE)
    add_time = models.DateTimeField(default=datetime.now, verbose_name='
    添加时间')
    class Meta:
        verbose_name='文章'
        verbose_name_plural = verbose_name
    def __str__(self):
        return self.title
```

（6）在 settings 中配置用户表的继承代码：

```
AUTH_USER_MODEL='app01.UserProfile'
```

（7）再次执行数据更新命令：

```
Python manage.py makemigrations
Python manage.py migrate
```

🔔注意：这时有可能会抛出错误：

```
 Traceback (most recent call last):
    File "H:\PyCharm 2018.1.1\helpers\pycharm\Django_manage.py", line 52,
    in <module>
      run_command()
    File "H:\PyCharm 2018.1.1\helpers\pycharm\Django_manage.py", line 46,
    in run_command
      run_module(manage_file, None, '__main__', True)
    File "h:\python36\Lib\runpy.py", line 205, in run_module
      return _run_module_code(code, init_globals, run_name, mod_spec)
    File "h:\python36\Lib\runpy.py", line 96, in _run_module_code
      mod_name, mod_spec, pkg_name, script_name)
   File "h:\python36\Lib\runpy.py", line 85, in _run_code
     exec(code, run_globals)
   File "H:/PycharmProjects/untitled\manage.py", line 15, in <module>
    execute_from_command_line(sys.argv)
#……
File
"C:\Users\Administrator\Envs\testvir1\lib\site-packages\ Django\core
\management\commands\migrate.py", line 82, in handle
     executor.loader.check_consistent_history(connection)
   File "C:\Users\Administrator\Envs\testvir1\lib\site-packages\ Django\db
\migrations\loader.py", line 291, in check_consistent_history
     connection.alias,
Django.db.migrations.exceptions.InconsistentMigrationHistory:  Migration
admin.0001_initial is applied before its dependency users.0001_initial on
database 'default'.
```

全都删除，重新执行数据更新命令再生成一次即可。

在 PyCharm 中删除 db.sqlite3 数据表的方法，如图 7-2 所示。将 db.sqlite3 拖拽到 Database 面板中并展开。

如图 7-3 所示，将 main 目录下的表全都通过 Drop 删除，但是要保留如图 7-4 所示的两张表格。

然后再执行数据更新命令：

```
python manage.py makemigrations
python manage.py migrate
```

获得预期数据表如图 7-5 所示。

（8）建立一个超级用户，用户名：root，密码：root1234。

```
python manage.py createsuperuser
Username: root
邮箱:
Password:
Password (again):
```

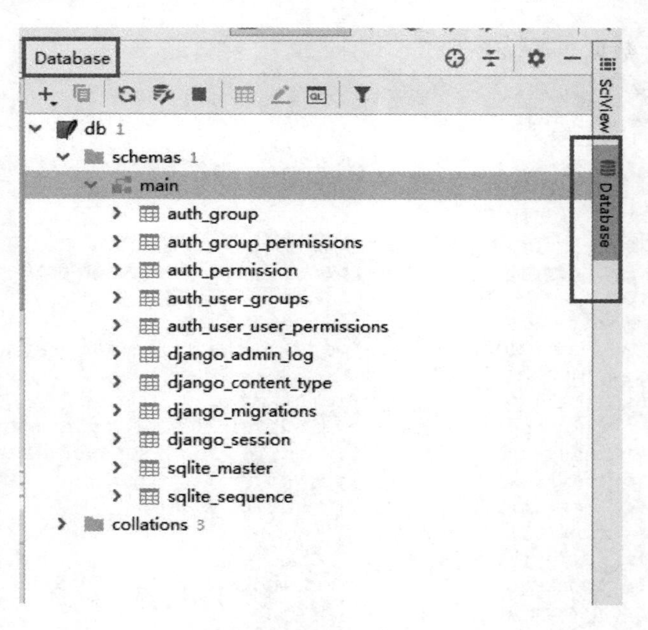

图 7-2　Database 面板

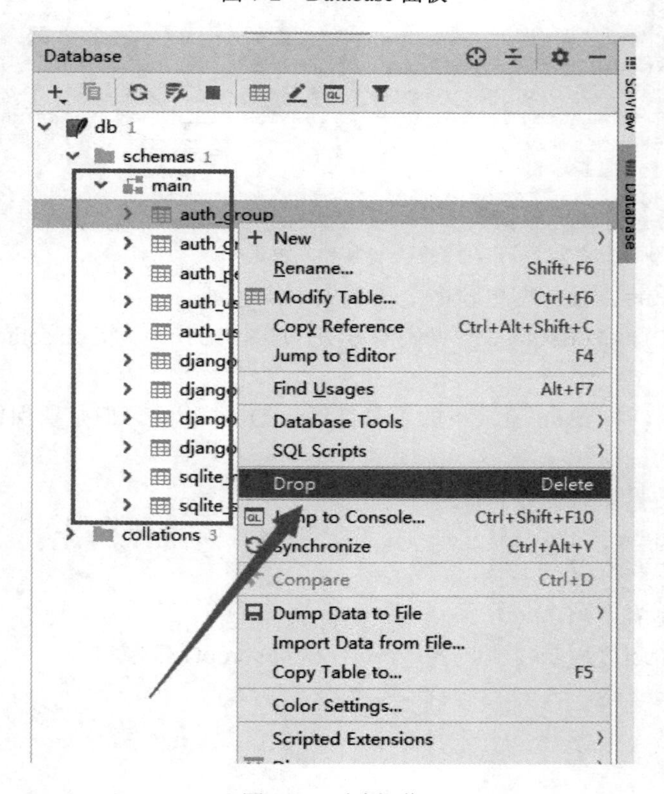

图 7-3　删除操作

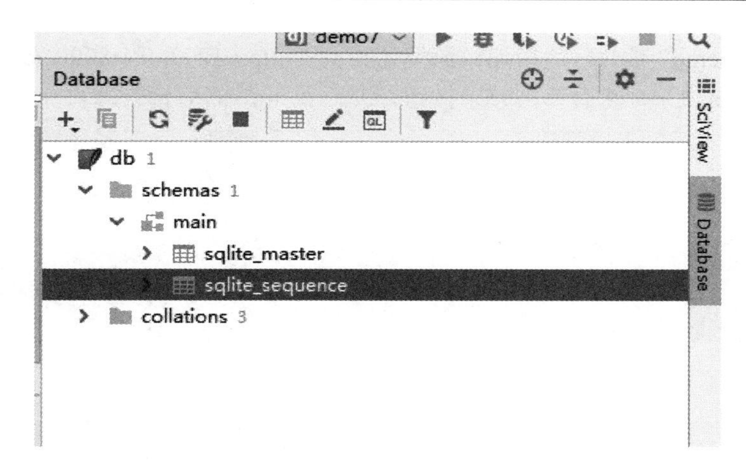

图 7-4　保留两张表

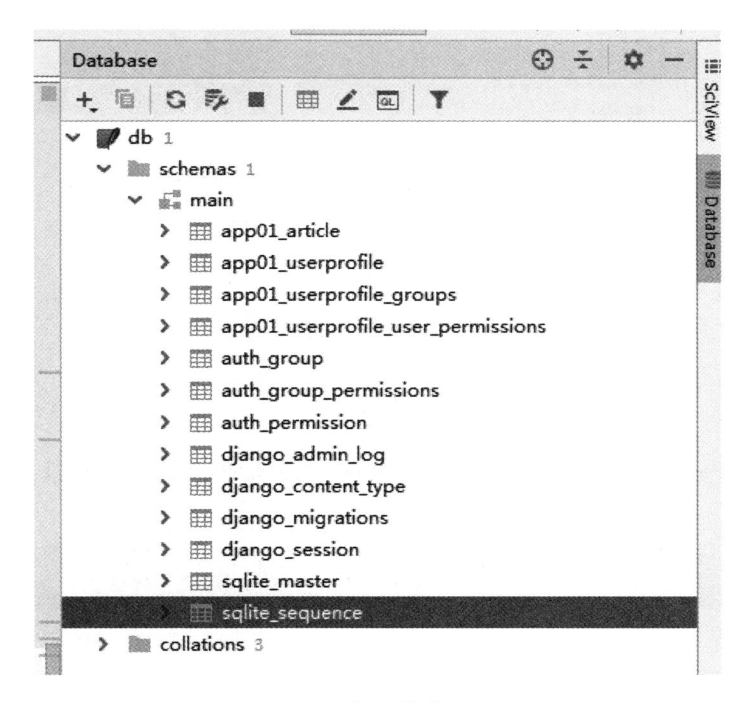

图 7-5　创建的数据表

（9）在 app01/admin.py 中注册表：

```
from django.contrib import admin
from .models import UserProfile,Article
# Register your models here.
admin.site.register(UserProfile)
admin.site.register(Article)
```

（10）运行 demo7 项目，然后通过浏览器访问：http://127.0.0.1:8000/admin/，输入用户名 root，密码 root1234，然后单击登录按钮，进入 demo7 的后台管理页面，如图 7-6 所示。

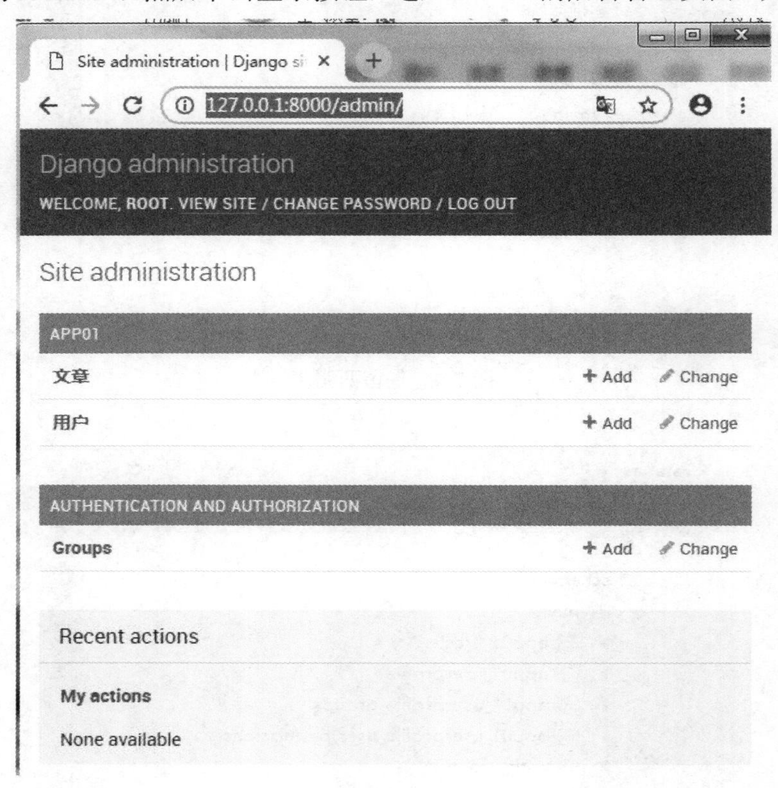

图 7-6　后台管理页面

（11）在后台管理页面添加文章数据。在此处可多添加几篇文章记录如图 7-7 和图 7-8 所示。

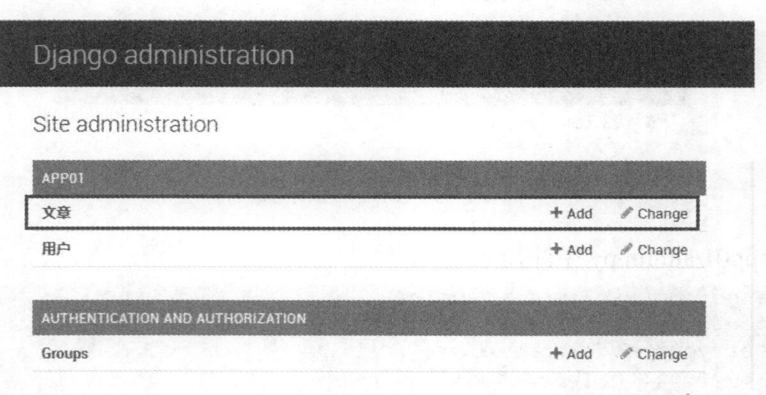

图 7-7　文章表

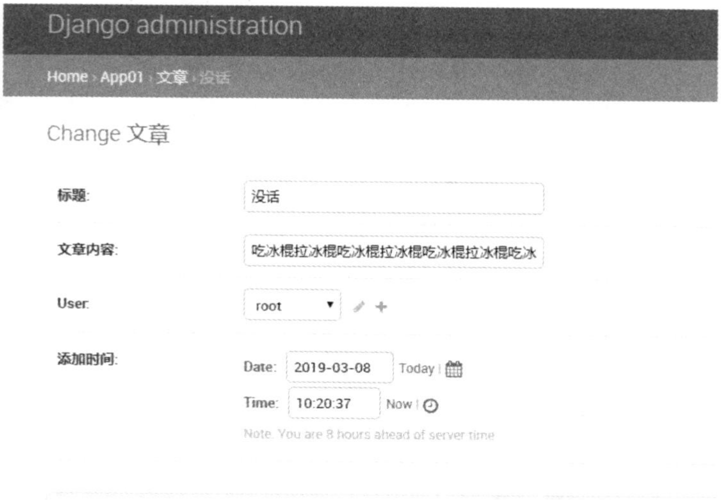

图 7-8　添加文章记录

7.2.2　演示实现模糊搜索的前端逻辑

接下来建立 demo7_1 来负责演示实现模糊搜索项目的前端部分。这部分同样需要安装一些依赖库，我们使用基于 Vue 前端框架来新建 demo7_1，具体的步骤如下所述。

（1）如图 7-9 所示，安装淘宝镜像：

```
npm install -g cnpm -registry=HTTPS://registry.npm.taobao.org
```

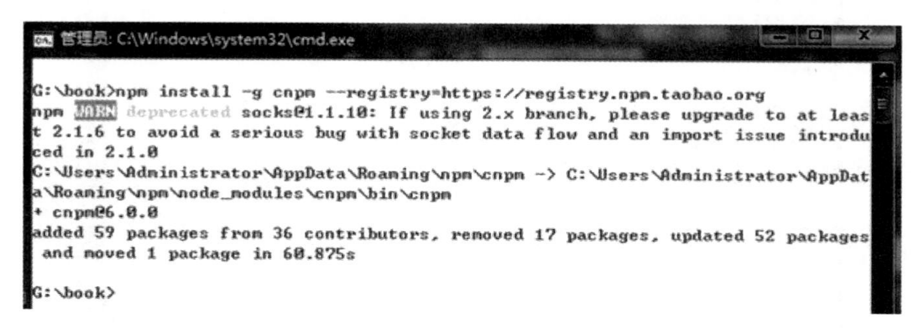

图 7-9　安装淘宝镜像

注意：在这里我们默认电脑中已经安装了 Node.js。淘宝镜像是为了让下载依赖包的速度更快一些，如果网络状况好，可以忽略这一步。

（2）如图 7-10 所示，使用 cnpm 搭建 Vue 框架，安装 Vue 的脚手架工具：

```
cnpm install --global vue-cli
```

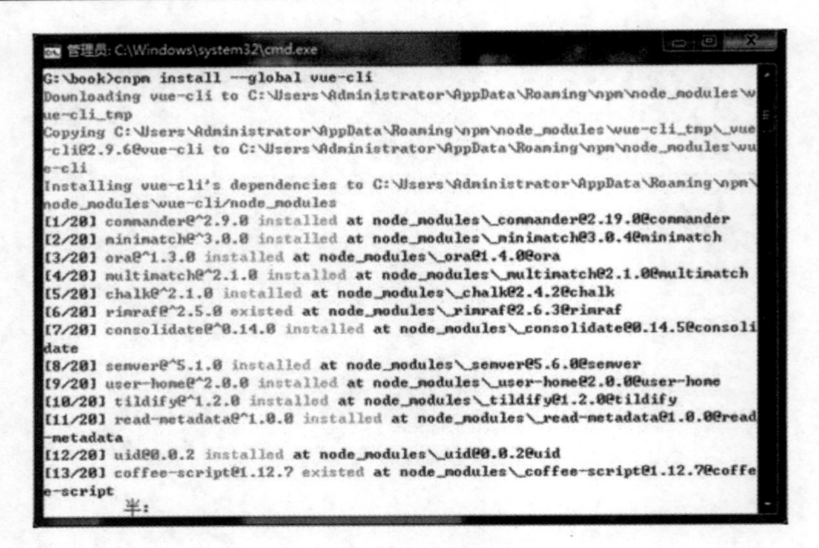

图 7-10　安装 Vue 脚手架工具

（3）如图 7-11 所示，创建项目 demo7_1，并安装依赖：

```
vue init webpack-simple demo7_1
cd demo7_1
cnpm install
```

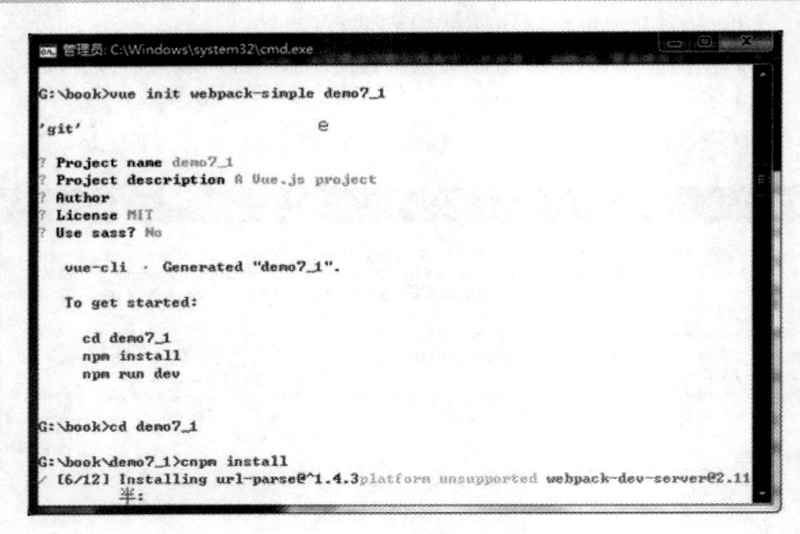

图 7-11　创建 demo7_1

（4）在 demo7_1/src/App.vue 内修改原本的代码，进行初始化：

```
<template>
  <div id="app">
    <div class="search">
```

```
      关键词：<input type="text"><button>搜索</button>
    </div>
    <div class="list">
      <div class="article">
        <div class="title">标题</div>
        <div class="content">内容内容内容内容内容内容内容内容内容</div>
      </div>

    </div>
  </div>
</template>

<script>
export default {
  name: 'app',
  data () {
    return {
      keyword: '',
      article:[]
    }
  },
  methods:{
  }
}
</script>
<style>
</style>
```

（5）如图 7-12 所示，运行 demo7_1 项目，到 demo7_1 项目目录下：

```
npm run dev
```

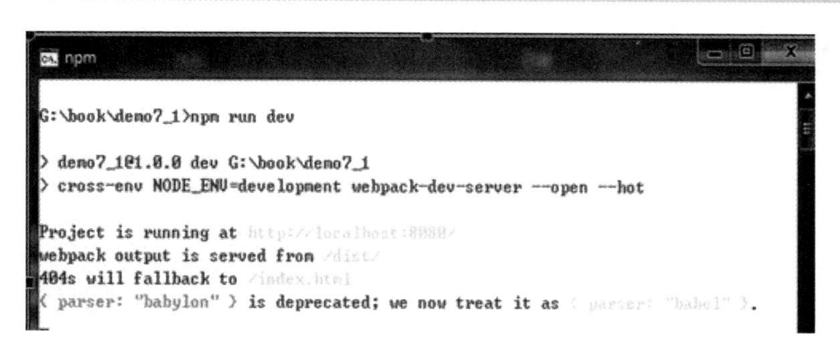

图 7-12　启动 demo7_1 项目

然后用浏览器访问：http://localhost:8080/，如图 7-13 所示，我们成功创建了 demo7_1。

注意：后端项目 demo7 和前端项目 demo7_1 都已经准备完成了，接下来开始开发模糊搜索的核心功能。

关键词：　搜索

标题
内容内容内容内容内容内容内容内容内容

图 7-13　初始化首页

7.2.3 开发模糊搜索功能

现在前后端项目都已经准备好了，接下来开发将前后端项目结合起来的部分，在这一节中，我们将实现模糊搜索功能，具体的步骤如下所述。

（1）在 demo7/app01 目录下新建序列化模块文件：serializers。

```
from rest_framework import serializers
#引入文章表和用户表
from .models import UserProfile,Article
class UserProfileSerializer(serializers.ModelSerializer):
    """
    序列化用户表
    """
    class Meta:
        model=UserProfile
        fields = "__all__"
class ArticleSerializer(serializers.ModelSerializer):
    """
    序列化文章类
    """
    class Meta:
        model=Article
        fields = "__all__"
```

（2）在 demo7/app01/views.py 中编写对文章进行模糊搜索的逻辑代码：

```
from django.shortcuts import render
#引入 APIview
from rest_framework.views import APIView
#引入用户数据表类
from .models import UserProfile,Article
#引入序列化类
from .serializers import UserProfileSerializer,ArticleSerializer
#引入 drf 功能模块
from rest_framework.response import Response
from rest_framework.renderers import JSONRenderer,BrowsableAPIRenderer
#引入 Q 模块
from Django.db.models import Q
# Create your views here.
class GetArticleViews(APIView):
    """
    获取文章列表
    """
    def get(self,request):
        keyword=request._request.GET.get('keyword')
        # print(keyword)
        if keyword:
            article_list = Article.objects.filter(Q(title__icontains= keyword)
            |Q(content__icontains=keyword))
```

```
        else:
            article_list = Article.objects.all()
        re = ArticleSerializer(article_list, many=True)
        return Response(re.data)
```

（3）在 demo7/urls.py 中配置路由：

```
from django.contrib import admin
from django.urls import path
#引入模糊搜索相关视图类
from app01.views import GetArticleViews
urlpatterns = [
path('admin/', admin.site.urls),
#搜索文章路由
    path('getlist/',GetArticleViews.as_view(),name='getlist'),
]
```

（4）简单处理一下跨域，安装跨域模块：

```
pip install django-cors-headers
```

在 settings.py 中的 INSTALLED_APPS 中追加注册代码：

```
INSTALLED_APPS = [
    'django.contrib.admin',
    'django.contrib.auth',
    'django.contrib.contenttypes',
    'django.contrib.sessions',
    'django.contrib.messages',
    'django.contrib.staticfiles',
    'app01.apps.App01Config',
    'rest_framework',
    'corsheaders'
]
```

在 settings.py 中的 MIDDLEWARE_CLASSES 中添加中间件代码：

```
MIDDLEWARE = [
    'corsheaders.middleware.CorsMiddleware',#放到中间件顶部
    'django.middleware.security.SecurityMiddleware',
    'django.contrib.sessions.middleware.SessionMiddleware',
    'django.middleware.common.CommonMiddleware',
    'django.middleware.csrf.CsrfViewMiddleware',
    'django.contrib.auth.middleware.AuthenticationMiddleware',
    'django.contrib.messages.middleware.MessageMiddleware',
    'django.middleware.clickjacking.XFrameOptionsMiddleware',
]
```

在 settings.py 中新增配置项，即可解决本项目中的跨域问题。

```
CORS_ORIGIN_ALLOW_ALL = True
```

（5）运行 demo7 项目。

（6）如图 7-14 所示，在 demo7_1 项目目录下安装 axios：

```
cnpm install axios --save
```

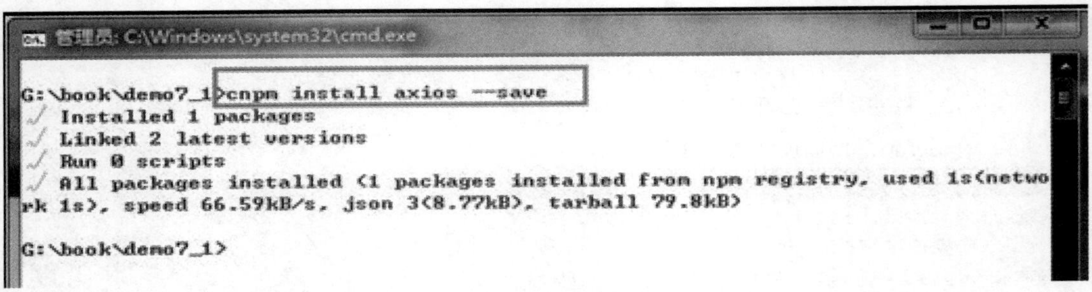

```
管理员: C:\Windows\system32\cmd.exe

G:\book\demo7_1>cnpm install axios --save
√ Installed 1 packages
√ Linked 2 latest versions
√ Run 0 scripts
√ All packages installed (1 packages installed from npm registry, used 1s(netwo
rk 1s), speed 66.59kB/s, json 3(8.77kB), tarball 79.8kB)

G:\book\demo7_1>
```

图 7-14　安装 axios 模块

（7）在 demo7_1/src/App.vue 中改写代码，加入向后端提交关键词的功能：

```
<template>
  <div id="app">
    <div class="search">
      关键词：<input type="text" v-model="keyword"><button @click="GetList()">
      搜索</button>
    </div>
    <div class="list">
      <div class="article" v-for="(item,index) in article" :key=index>
        <div class="title">{{item.title}}</div>
        <div class="content">{{item.content}}</div>
      </div>

    </div>
  </div>
</template>
<script>
//引入 axios 模块
import Axios from 'axios';
export default {
  name: 'app',
  data () {
    return {
      keyword: '',
      article:[]
    }
  },
  methods:{
//向后端提交关键词
    GetList(){
      var api='http://127.0.0.1:8000/getlist/?keyword='+this.keyword
      console.log(api)
      Axios.get(api)
      .then((response)=>{
        console.log(response);
        this.article=response.data
        })
      .catch((error)=>{
        console.log(error)
```

```
          }
        )
      }
    }
  }
</script>
<style>
*{
  box-sizing: border-box;
}
.search{
  margin:0 auto;
  margin-top: 100px;
  width: 300px;
}
.article{
  width: 300px;
  margin:0 auto;
  margin-top: 20px;
  border: 2px solid;
  padding: 5px;
}
.title{
  border-bottom: 2px dashed royalblue;
}
</style>
```

（8）运行 demo7_1，然后浏览器访问：http://localhost:8080/，如图 7-15 所示，网页初始页面只有搜索关键词的输入框。

关键词：[　　　] 搜索

图 7-15　初始页面

如图 7-16 所示，此时关键词输入框内容为空，单击“搜索”按钮，返回了所有文章。

如图 7-17 所示，搜索关键词“冰棍”，返回了文章中包含关键词“冰棍”的文章。

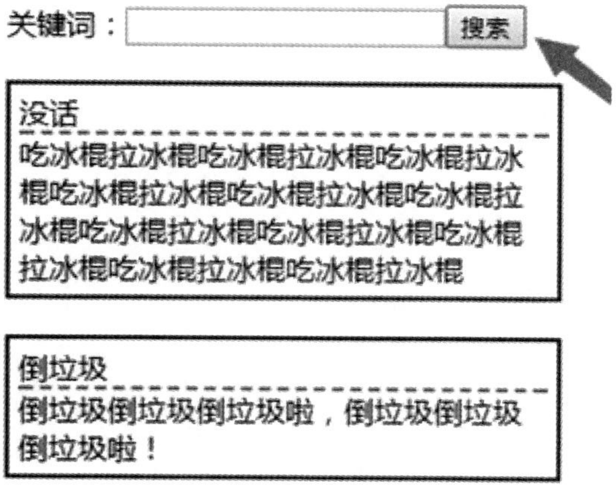

关键词：[　　　] 搜索

没话

吃冰棍拉冰棍吃冰棍拉冰棍吃冰棍拉冰棍吃冰棍拉冰棍吃冰棍拉冰棍吃冰棍拉冰棍吃冰棍拉冰棍吃冰棍拉冰棍吃冰棍拉冰棍吃冰棍拉冰棍

倒垃圾

倒垃圾倒垃圾倒垃圾啦，倒垃圾倒垃圾倒垃圾啦！

图 7-16　搜索关键词为空时返回所有文章

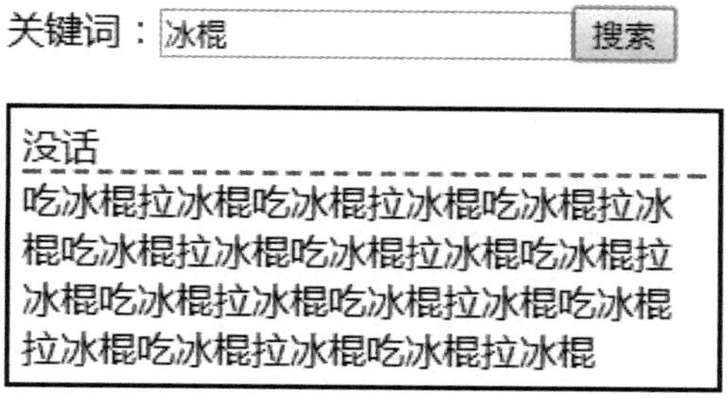

关键词：[冰棍] 搜索

没话

吃冰棍拉冰棍吃冰棍拉冰棍吃冰棍拉冰棍吃冰棍拉冰棍吃冰棍拉冰棍吃冰棍拉冰棍吃冰棍拉冰棍吃冰棍拉冰棍吃冰棍拉冰棍吃冰棍拉冰棍

图 7-17　搜索包含指定关键词的文章

7.3 Django REST framework 开发违禁词自审查功能

在本节中，开始开发违禁词自审查功能。经过上一节的介绍，大家已经了解 Django 模糊搜索功能，这有助于大家理解本节的内容。

7.3.1 开发违禁词自审查功能后端逻辑

开发违禁词自审查功能，我们依然采用一个前后端分离开发方式。下面新建一个 Django 项目为后面的具体功能开发做准备。步骤如下：

（1）新建 Django 项目 demo7_2，新建 App，命名为 app01。

注意：这里新建 demo7_2 的流程与上一节中新建 demo7 的流程是一样的，所以此处不再详细介绍。

（2）安装 Django REST framework 及其依赖包 markdown 和 Django-filter。

```
pip install djangorestframework markdown Django-filter
```

（3）在 settings.py 中添加注册代码：

```
INSTALLED_APPS = [
    'django.contrib.admin',
    'django.contrib.auth',
    'django.contrib.contenttypes',
    'django.contrib.sessions',
    'django.contrib.messages',
    'django.contrib.staticfiles',
    'app01.apps.App01Config',
    'rest_framework'
]
```

（4）在 demo7_2/app01/models.py 中新建表类：

```
from django.db import models
from django.contrib.auth.models import AbstractUser
from datetime import datetime
# Create your models here.
class UserProfile(AbstractUser):
    """
    用户表
    """
    user_type_chioces = (
        (1, "普通用户"),
        (2, "版主"),
        (3, "管理员"),
    )
    level = models.IntegerField(choices=user_type_chioces,default=1)
```

```
    is_frozen=models.BooleanField(default=False,verbose_name='是否被冻结')
    add_time = models.DateTimeField(default=datetime.now, verbose_name='
    添加时间')
    class Meta:
        verbose_name='用户'
        verbose_name_plural = verbose_name
    def __str__(self):
        return self.username
class Article(models.Model):
    """
    文章表
    """
    title=models.CharField(max_length=30,verbose_name='标题')
    content=models.CharField(max_length=5000,verbose_name='文章内容')
    user=models.ForeignKey(UserProfile,on_delete=models.CASCADE)
    add_time = models.DateTimeField(default=datetime.now, verbose_name='
    添加时间')
    class Meta:
        verbose_name='文章'
        verbose_name_plural = verbose_name
    def __str__(self):
        return self.title
class Comment(models.Model):
    """
    评论表
    """
    user = models.ForeignKey(UserProfile, on_delete=models.CASCADE)
    article=models.ForeignKey(Article,on_delete=models.CASCADE)
    content = models.CharField(max_length=150, verbose_name='评论内容')
    add_time = models.DateTimeField(default=datetime.now, verbose_name='
    添加时间')
    class Meta:
        verbose_name='评论'
        verbose_name_plural = verbose_name
    def __str__(self):
        return self.content
class Card(models.Model):
    """
    违禁词库
    """
    word = models.CharField(max_length=150, verbose_name='违禁词')
    add_time = models.DateTimeField(default=datetime.now, verbose_name='
    添加时间')
    class Meta:
        verbose_name = '违禁词'
        verbose_name_plural = verbose_name
    def __str__(self):
        return self.word
```

（5）在 settings 中配置用户表的继承代码：

```
AUTH_USER_MODEL='app01.UserProfile'
```

（6）再次执行数据更新命令：

```
Python manage.py makemigrations
Python manage.py migrate
```

生成了相应的数据表，如图 7-18 所示。

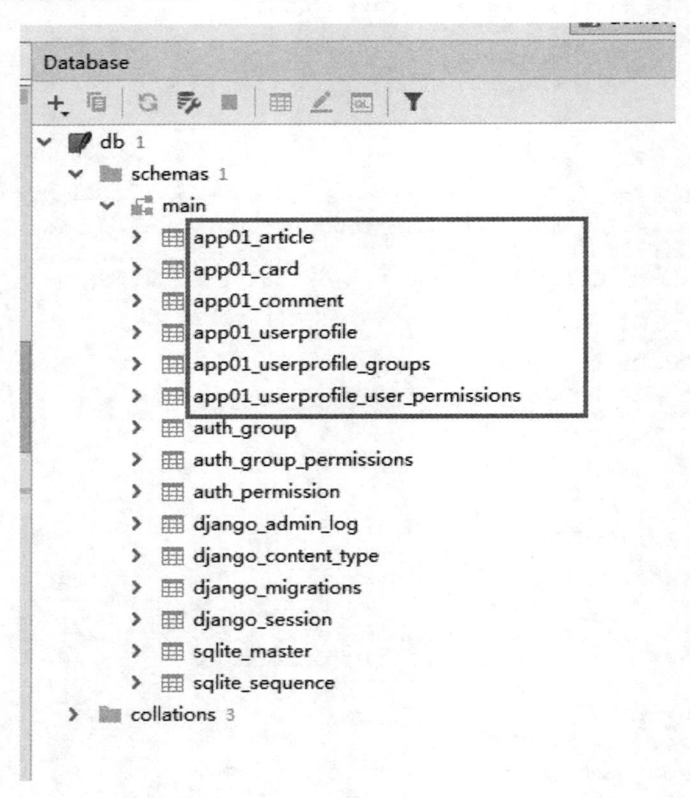

图 7-18　生成相应的数据表

（7）建立一个超级用户，用户名：root，密码：root1234。

```
python manage.py createsuperuser
Username: root
邮箱:
Password:
Password (again):
```

（8）在 app01/admin.py 中注册表：

```
from django.contrib import admin
from .models import UserProfile,Article,Comment,Card
# Register your models here.
admin.site.register(UserProfile)
admin.site.register(Article)
admin.site.register(Comment)
admin.site.register(Card)
```

7.3.2　创建新用户

我们在上一节创建了超级用户 root，下面运行 demo7_2 项目，然后使用浏览器访问 http://127.0.0.1:8000/admin/，在登录页面输入用户名 root，密码 root1234，如图 7-19 所示。

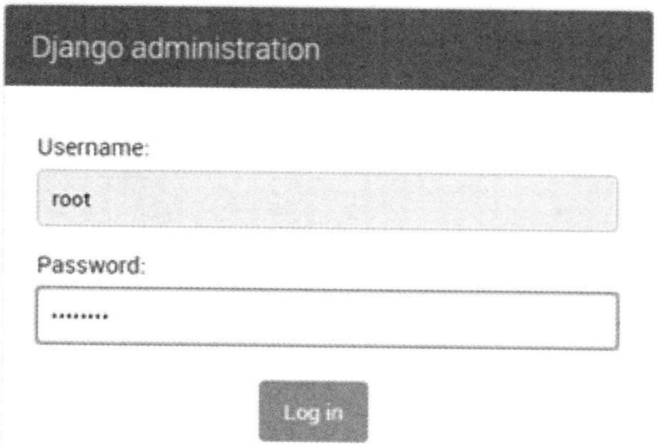

图 7-19　root 登录

然后单击 Log in 按钮即可登录成功，进入如图 7-20 所示的界面。

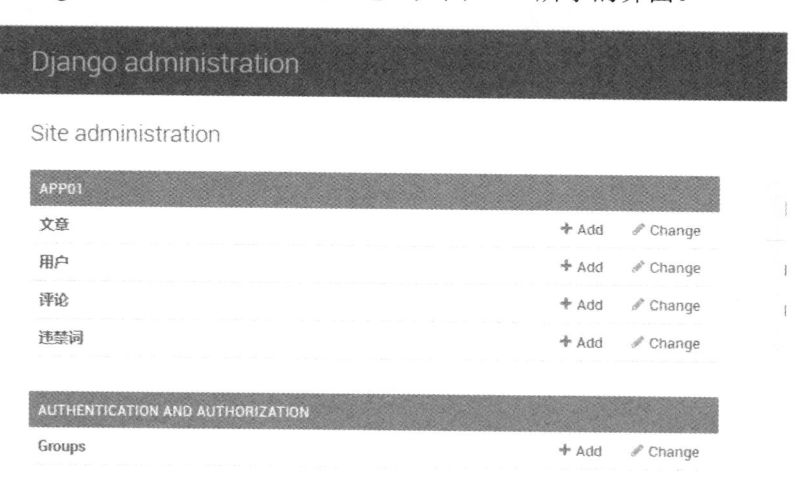

图 7-20　登录成功进入后台

在 7.2.1 节中，在 Django 自带的 admin 后台中，我们在数据表中增加了相应的数据表，那么，如果想要增加新的用户，是否也可以通过 admin 直接新增用户呢？

如图 7-21 所示，我们直接在 admin 后台新增用户，设定用户密码为 user123456，用户名为 user。

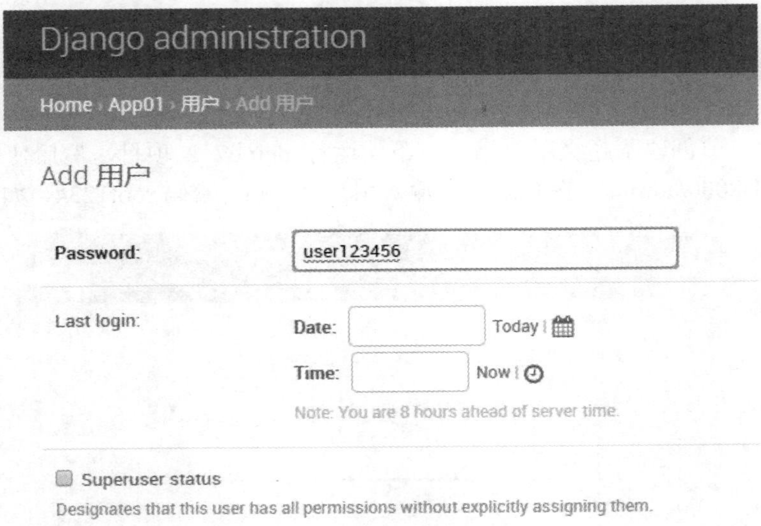

Django administration
Home › App01 › 用户 › Add 用户
Add 用户
Password: user123456
Last login: Date: Today | Time: Now |
Note: You are 8 hours ahead of server time.
Superuser status
Designates that this user has all permissions without explicitly assigning them.

图 7-21　设置新增用户名和密码

然后单击保存按钮，成功新建了一个用户 user，如 7-22 所示。

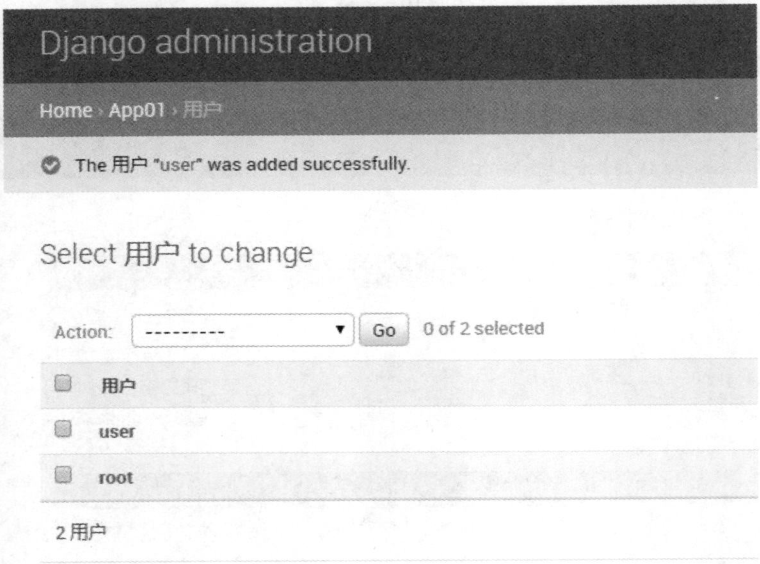

Django administration
Home › App01 › 用户
The 用户 "user" was added successfully.
Select 用户 to change
Action: --------- Go 0 of 2 selected
用户
user
root
2 用户

图 7-22　新增用户 user

到目前为止，顺利新建了一个用户 user，可是，我们真的成功建立了用户吗？让我们退出当前登录，使用 user 的用户名和密码重新登录 admin 后台。

当在登录页面输入用户名 user，密码 user123456，然后单击登录按钮，却提示用户名或者密码错误，登录失败，如图 7-23 所示。

Django administration

Please enter the correct username and password for a staff account. Note that both fields may be case-sensitive.

Username:

user

Password:

Log in

图 7-23　登录失败

注意：在提示登录失败以后，密码的输入框被自动清空，所以才显示为图 7-23 中密码输入框为空的样子。

那么为什么会出现这种情况呢？我们通过 Database 打开用户表进行查看，可以发现，新建的用户 user 的密码是 user123456，但是我们的超级用户 root 的密码却是被加密的密文，如图 7-24 所示。于是，事情清楚了，Django 在创建超级用户时，密码是默认加密的，而且在登录机制中，也是将明文密码加密以后再与超级用户 root 的密码进行比对验证。

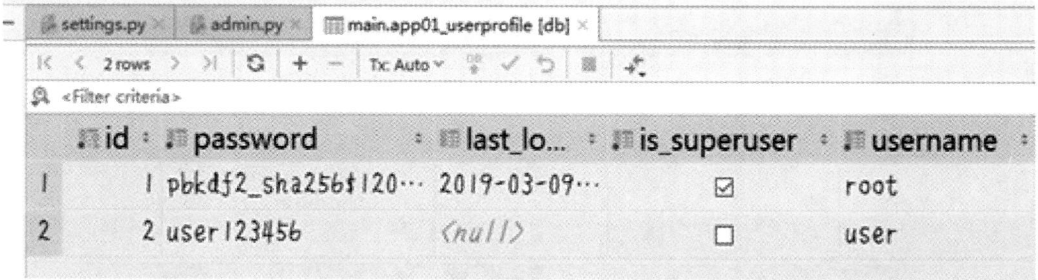

settings.py　admin.py　main.app01_userprofile [db]

2 rows　Tx: Auto

<Filter criteria>

	id	password	last_lo...	is_superuser	username
1	1	pbkdf2_sha256$120···	2019-03-09···	☑	root
2	2	user123456	<null>	☐	user

图 7-24　用户表

因此，我们无法通过 admin 后台新建用户。为了创建新用户，目前最方便的办法是创建超级用户。

如图 7-25 所示，新建超级用户，用户名：admin，密码：root4321。

这时，重启 demo7_2 项目，在浏览器端访问：http://127.0.0.1:8000/admin/，使用我们新注册的用户名和密码进行登录。显示登录成功，如图 7-26 所示。

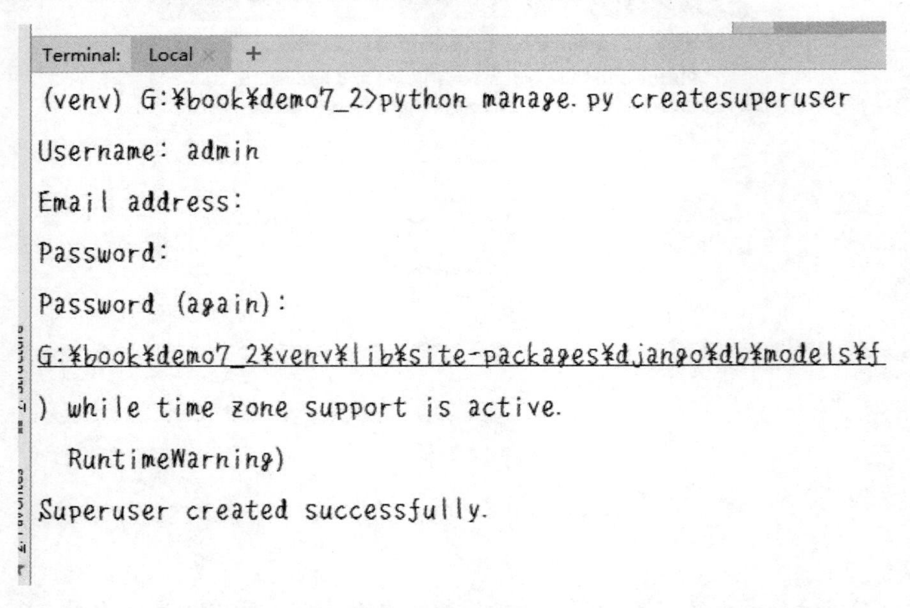

如图 7-25　创建超级用户

127.0.0.1:8000/admin/
Django administration
Site administration
APP01
文章 + Add ✎ Change
用户 + Add ✎ Change
评论 + Add ✎ Change
违禁词 + Add ✎ Change
AUTHENTICATION AND AUTHORIZATION
Groups + Add ✎ Change

图 7-26　登录成功

7.3.3　开发违禁词自审查功能前端逻辑

接下来新建一个前端项目 demo7_3，负责违禁词自审查功能的前端逻辑部分。使用 Vue 框架作为前端项目的开发环境，并且开发从前端向后端提交文章和提交文章评论两个功能，步骤如下所述。

（1）搭建 Vue 开发环境，安装 Vue 的脚手架工具：

```
cnpm install --global vue-cli
```

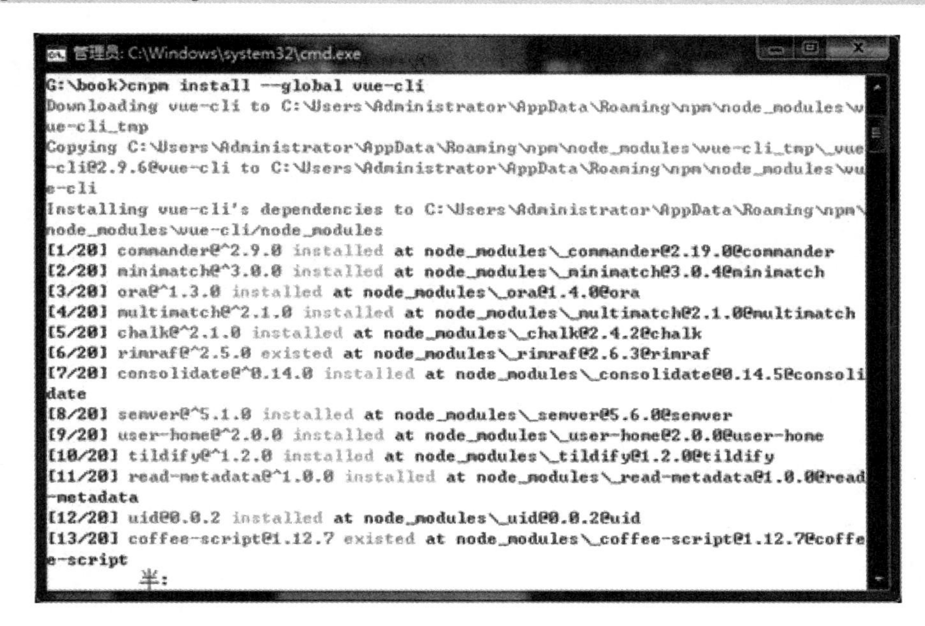

图 7-27　安装 Vue 的脚手架工具

注意： 因为在 7.2.2 节我们已经在电脑上安装了淘宝镜像等相关环境依赖，所以本节中对前端项目 demo7_3 的新建过程会略过这些内容。

（2）创建项目 demo7_3：

```
vue init webpack-simple demo7_3
cd demo7_3
cnpm install
```

（3）在 demo7_3/src/App.vue 中初始化代码：

```
<template>
  <div id="app">
      <div class="userinfo">
        用户名：{{username}}
      </div>
```

```
        <div class="login" v-if="flag">
          <input type="text" v-model="username">
          <input type="text" v-model="pwd">
          <button>登录</button>
        </div>
        <div class="article">
          <div class="title">文章标题</div>
          <div class="content">文章内容</div>
        </div>
        <div class="makecomment">
          <div>评论内容<input type="text" v-model="comment"></div>
          <button>提交评论</button>
        </div>
        <div class="commentlist">
          <div class="commentcontent">评论内容</div>
        </div>
        <div class="makearticle">
          <div class="title">文章标题 <input type="text" v-model="title"> </div>
          <div class="content">文章内容 <input type="text" v-model="content"> </div>
          <button>提交文章</button>
        </div>
    </div>
</template>
<script>
export default {
  name: 'app',
  data () {
    return {
      username: 'root',
      pwd:'',
      flag:true,
      article:[],
      title:'',
      comment:''
    }
  }
}
</script>

<style>
.userinfo{
  width: 300px;
  margin: 0 auto;
}
.login{
  width: 300px;
  margin: 0 auto;
}
.login input{
  width: 200px;
  margin: 0 auto;
}
.article{
  width: 300px;
```

```
  margin: 0 auto;
}
.makecomment{
  width: 300px;
  margin: 0 auto;
}
.commentlist{
  width: 300px;
  margin: 0 auto;
}
.makearticle{
  width: 300px;
  margin: 0 auto;
}
</style>
```

（4）如图 7-28 所示，运行 demo7_3：

```
npm run dev
```

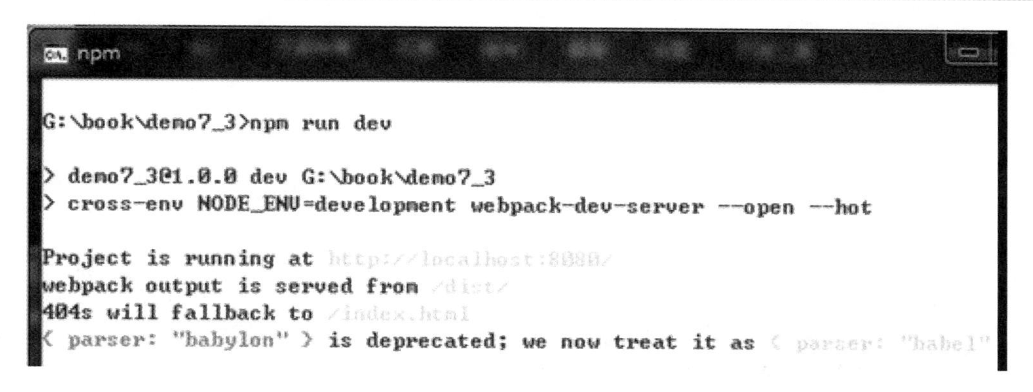

图 7-28　运行 demo7_3

然后用浏览器访问 http://localhost:8080/，可以看到如图 7-29 所示的前端页面，前端项目 demo7_3 新建完成了。前端页面样式有点简陋，但是不影响我们演示。

用户名：root
root
登录
文章标题
文章内容
评论内容
提交评论
评论内容
文章标题
文章内容
提交文章

图 7-29　前端页面

7.3.4 违禁词自审查功能开发

准备好了负责后端逻辑开发的 demo7_2 和负责前端逻辑开发的 demo7_3，接下来对违禁词自审查功能的核心逻辑代码进行开发。在本节中将导入实验数据，构造核心逻辑的视图类以及相关配置。步骤如下：

（1）如图 7-30 所示，我们先在文章表内填入两条文章记录。

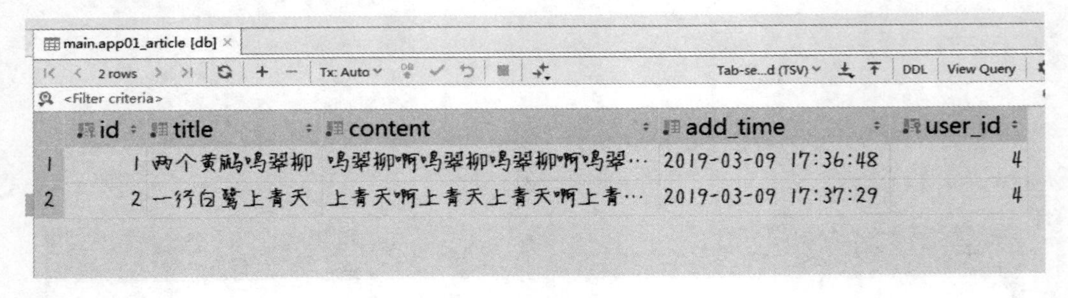

main.app01_article [db]

	id	title	content	add_time	user_id
1	1	两个黄鹂鸣翠柳	鸣翠柳啊鸣翠柳鸣翠柳啊鸣翠…	2019-03-09 17:36:48	4
2	2	一行白鹭上青天	上青天啊上青天上青天啊上青…	2019-03-09 17:37:29	4

图 7-30 添加文章实验数据

（2）如图 7-31 所示，在评论表内也增加一条数据记录。

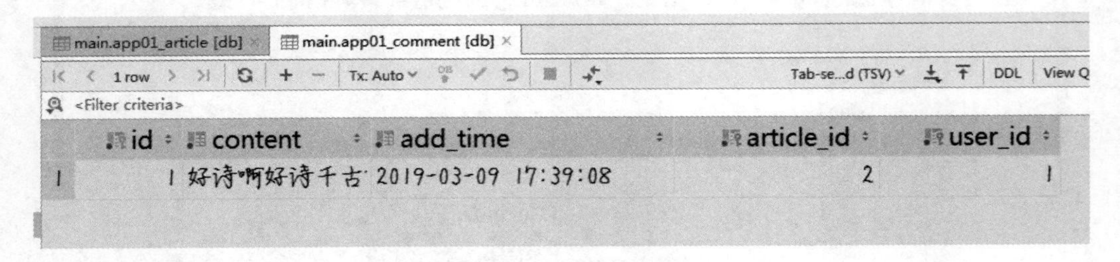

main.app01_comment [db]

	id	content	add_time	article_id	user_id
1	1	好诗啊好诗千古	2019-03-09 17:39:08	2	1

图 7-31 添加评论实验数据

（3）如图 7-32 所示，在违禁词表内添加两个违禁词：“破诗”和“女朋友”。

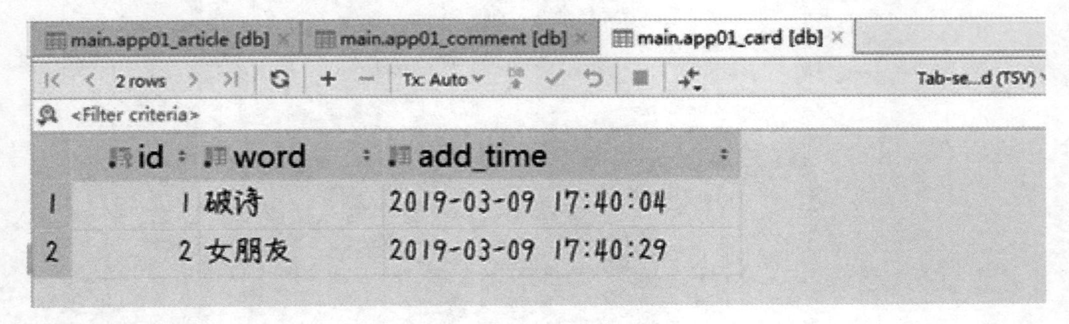

main.app01_card [db]

	id	word	add_time
1	1	破诗	2019-03-09 17:40:04
2	2	女朋友	2019-03-09 17:40:29

图 7-32 添加违禁词实验数据

（4）在 demo7_2/app01/下新建序列化模块文件 serializers.py：

```
from rest_framework import serializers
#引入用户表、文章表、评论表、关键词表
from .models import UserProfile,Article,Comment,Card
class UserProfileSerializer(serializers.ModelSerializer):
    """
    序列化用户表
    """
    class Meta:
        model=UserProfile
        fields = "__all__"
class CommentSerializer(serializers.ModelSerializer):
    """
    序列化评论表
    """
    class Meta:
        model=Comment
        fields = "__all__"
class ArticleSerializer(serializers.ModelSerializer):
    """
    序列化文章表
    """
    class Meta:
        model=Article
        fields = "__all__"
class CardSerializer(serializers.ModelSerializer):
    """
    序列化违禁词表
    """
    class Meta:
        model=Card
        fields = "__all__"
```

（5）在 demo7_2/app01/views.py 内编写视图逻辑：

```
from django.shortcuts import render,HttpResponse
from rest_framework.views import APIView
from .models import UserProfile,Article,Comment,Card
from .serializers import UserProfileSerializer,ArticleSerializer,
CommentSerializer,CardSerializer
from rest_framework.response import Response
from rest_framework.renderers import JSONRenderer,BrowsableAPIRenderer
# Create your views here.
class GetArticleView(APIView):
    """
    获取所有文章
    """
    renderer_classes = [JSONRenderer]          # 渲染器
    def get(self,request):
        article_list = Article.objects.all()
        re = ArticleSerializer(article_list, many=True)
        return Response(re.data)
class GetCommentView(APIView):
    """
```

```
    获取所有评论
    """
    renderer_classes = [JSONRenderer]              # 渲染器
    def get(self,request):
        Comment_list = Comment.objects.all()
        re = CommentSerializer(Comment_list, many=True)
        return Response(re.data)
#只是演示登录视图，并非实项目中可以使用的登录逻辑
class LoginView(APIView):
    """
    演示登录
    """
    renderer_classes=[JSONRenderer]                # 渲染器
    def get(self, request):
        username=request._request.GET.get('username')
        if username:
            user=UserProfile.objects.filter(username=username).first()
            if user:
                re = UserProfileSerializer(user)
                return Response(re.data)
            else:
                return HttpResponse('404')
        else:
            return HttpResponse('404')
class PushArticleView(APIView):
    """
    发表文章类
    """
    renderer_classes=[JSONRenderer]                # 渲染器
    def post(self,request):
        title=request._request.POST.get('title')
        content=request._request.POST.get('content')
        user_id=request._request.POST.get('id')
        # print(title,content)
        if title and content and user_id:
            all_card=Card.objects.all()
            err=[]
            for i in all_card:
                j=title.find(i.word)
                if j!=-1:
                    err.append(i)
                k=content.find(i.word)
                if k!=-1:
                    err.append(i)
            if err:
                re = CardSerializer(err, many=True)
                return Response(re.data)
            article=Article()
            article.title=title
            article.content=content
            user=UserProfile.objects.filter(id=user_id).first()
            article.user=user
            article.save()
            return HttpResponse(200)
```

```
        else:
            return HttpResponse(404)
class PushCommentView(APIView):
    """
    发表评论
    """
    renderer_classes = [JSONRenderer]            # 渲染器
    def post(self, request):
        comment = request._request.POST.get('comment')
        user_id = request._request.POST.get('id')
        # print(comment,user_id)
        if comment and user_id:
            all_card = Card.objects.all()
            for i in all_card:
                comment=comment.replace(i.word,"***")
            newcomment=Comment()
            newcomment.content=comment
            user = UserProfile.objects.filter(id=user_id).first()
            newcomment.user=user
            #为了简化与本节知识点无关的内容，给评论的文章一个默认值
            article=Article.objects.filter(id=1).first()
            newcomment.article=article
            newcomment.save()
            return HttpResponse(200)
        else:
            return HttpResponse(404)
```

（6）在 demo7_2/urls.py 中配置路由代码：

```
from django.contrib import admin
from django.urls import path
#引入获取文章列表视图类，获取评论视图类
from app01.views import GetArticleView,GetCommentView
#引入获取登录视图类，获取发表文章视图类，发表评论视图类
from app01.views import LoginView,PushArticleView,PushCommentView
urlpatterns = [
    path('admin/', admin.site.urls),
    path('login/',LoginView.as_view(),name='login'),
    path('getarticle/',GetArticleView.as_view(),name='getarticle'),
    path('getcomment/',GetCommentView.as_view(),name='getcomment'),
    path('pusharticle/',PushArticleView.as_view(),name='pusharticle'),
    path('pushcomment/',PushCommentView.as_view(),name='pushcomment')
]
```

（7）简单处理一下跨域，安装跨域模块：

```
pip install Django-cors-headers
```

在 settings.py 中的 INSTALLED_APPS 中追加注册代码：

```
INSTALLED_APPS = [
#……
    'rest_framework',
    'corsheaders'
]
```

在 settings.py 中的 MIDDLEWARE_CLASSES 添加中间件代码：

```
MIDDLEWARE = [
    #引入跨域中间件，并放到首位
    'corsheaders.middleware.CorsMiddleware',
    'Django.middleware.security.SecurityMiddleware',
    'Django.contrib.sessions.middleware.SessionMiddleware',
    'Django.middleware.common.CommonMiddleware',
     'Django.middleware.csrf.CsrfViewMiddleware',
    'Django.contrib.auth.middleware.AuthenticationMiddleware',
    'Django.contrib.messages.middleware.MessageMiddleware',
    'Django.middleware.clickjacking.XFrameOptionsMiddleware',
]
```

在 settings.py 中新增配置项，即可解决本项目中的跨域问题。

```
CORS_ORIGIN_ALLOW_ALL = True
```

（8）因为涉及 post 提交，将 settings.py 中验证 csrf_token 的中间件关掉：

```
MIDDLEWARE = [
    'corsheaders.middleware.CorsMiddleware',
    'Django.middleware.security.SecurityMiddleware',
    'Django.contrib.sessions.middleware.SessionMiddleware',
'Django.middleware.common.CommonMiddleware',
#注释掉验证 csrf_token 的中间件
    # 'Django.middleware.csrf.CsrfViewMiddleware',
    'Django.contrib.auth.middleware.AuthenticationMiddleware',
    'Django.contrib.messages.middleware.MessageMiddleware',
    'Django.middleware.clickjacking.XFrameOptionsMiddleware',
]
```

（9）如图 7-33 所示，在 demo7_3 内安装 axios：

```
cnpm install axios -save
```

```
管理员: C:\Windows\system32\cmd.exe

G:\book\demo7_3>cnpm install axios --save
√ Installed 1 packages
√ Linked 2 latest versions
√ Run 0 scripts
√ All packages installed (1 packages installed from npm registry, used 1s(netwo
rk 1s), speed 7.49kB/s, json 3(8.77kB), tarball 0B)

G:\book\demo7_3>_
```

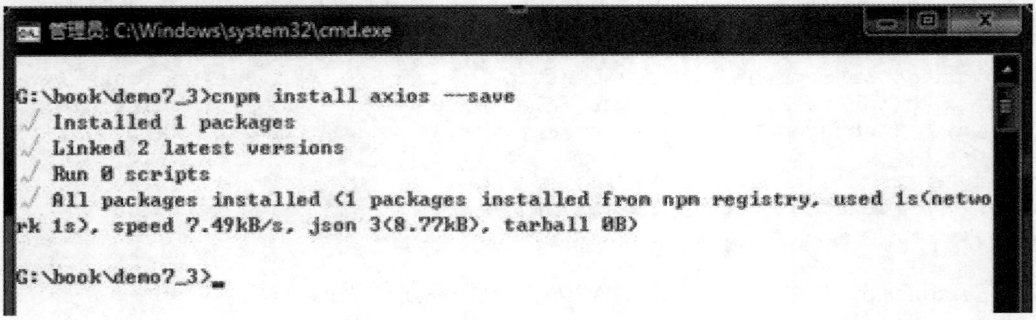

图 7-33　安装 axios

（10）编写 demo7_3/src/App.vue 逻辑代码：

Html 部分：

```
<template>
  <div id="app">
      <div class="userinfo">
        用户名: {{username}}
      </div>
      <div class="login" v-if="flag">
        <input type="text" v-model.lazy="username">
        <button @click="Login()">登录</button>
      </div>
      <div class="article" v-for="(item,index) in article" :key=index>
        <div class="title">{{item.title}}</div>
        <div class="content">{{item.content}}</div>
      </div>
      <div class="commentlist" v-for="item in comment" :key=item.content>
        <div class="commentcontent">{{item.content}}</div>
      </div>
      <div class="makecomment">
        评论内容:<input type="text" v-model="pushcommet">
        <button @click="PushComment()">提交评论</button>
      </div>
      <div class="makearticle">
        <div class="title">文章标题 <input type="text" v-model="title"> </div>
        <div class="content">文章内容 <input type="text" v-model="content"> </div>
        <button @click="PushArticle()">提交文章</button>
      </div>
  </div>
</template>
```

JS 部分：

```
<script>
import Axios from 'axios';
export default {
  name: 'app',
  data () {
    return {
      username: '',
      id:'',
      flag:true,
      article:[],
      title:'',
      content:'',
      comment:[],
      pushcommet:''
    }
  },
  methods:{
//登录方法
    Login(){
      var api='http://127.0.0.1:8000/login/?username='+this.username
       Axios.get(api)
```

```
        .then((response)=>{
          // console.log(response.data.username);
          this.username=response.data.username
          this.id=response.data.id
          if(this.id){
            this.flag=false
          }
          })
        .catch((error)=>{
          console.log(error)
          }
        )
  },
  //获取文章列表的方法
      GetArticle(){
        var api='http://127.0.0.1:8000/getarticle/'
        Axios.get(api)
        .then((response)=>{
          console.log(response.data);
          this.article=response.data
          })
        .catch((error)=>{
          console.log(error)
          }
        )
  },
  //获取评论的方法
      GetComment(){
        var api='http://127.0.0.1:8000/getcomment/'
        Axios.get(api)
        .then((response)=>{
          console.log(response.data);
          this.comment=response.data
          })
        .catch((error)=>{
          console.log(error)
          }
        )
  },
  //发表文章的方法
      PushArticle(){
        var api='http://127.0.0.1:8000/pusharticle/'
        var params = new URLSearchParams();
        params.append("title",this.title);
        params.append("content",this.content);
        params.append("id",this.id);
        console.log(params)
        Axios.post(api,params)
        .then((response)=>{
          console.log(3333,response);
          if(response.data!=200){
            alert('存在违禁词')
          }
```

```
        this.GetArticle()
        })
      .catch((error)=>{
        console.log(error)
        }
      )
    },
//发表评论的方法
    PushComment(){
      var api='http://127.0.0.1:8000/pushcomment/'
      let data = {"title":this.title,"comment":this.pushcommet,"id": this.
      id};
      var params = new URLSearchParams();
      params.append("comment",this.pushcommet);
      params.append("id",this.id);
      console.log(params)
      Axios.post(api,params)
      .then((response)=>{
        console.log(response);
        this.GetComment()
        })
      .catch((error)=>{
        console.log(error)
        }
      )
    }
  },
  mounted(){
    this.GetArticle();
    this.GetComment()
  }
}
</script>
```

CSS 部分：

```
<style>
*{
  box-sizing: border-box;
}
.userinfo{
  width: 300px;
  margin: 0 auto;
}
.login{
  width: 300px;
  margin: 0 auto;
}
.login input{
  width: 200px;
  margin: 0 auto;
}
.article{
  width: 300px;
  margin: 0 auto;
```

```
  margin-top: 20px;
  margin-bottom: 10px;
  border: 2px solid;
  padding: 5px;
}
.article .title{
  border-bottom: 1px solid;
}
.makecomment{
  width: 300px;
  margin: 0 auto;
  margin-top: 20px;
  margin-bottom: 10px;
}
.makecomment input{
  width: 150px;
}
.commentlist{
  width: 300px;
  margin: 0 auto;
  margin-top: 20px;
  margin-bottom: 10px;
  border-bottom: 1px solid;
  padding: 5px;
}
.makearticle{
  width: 300px;
  margin: 0 auto;
}
</style>
```

（11）如图 7-34 所示，运行 demo7_3：

```
npm run dev
```

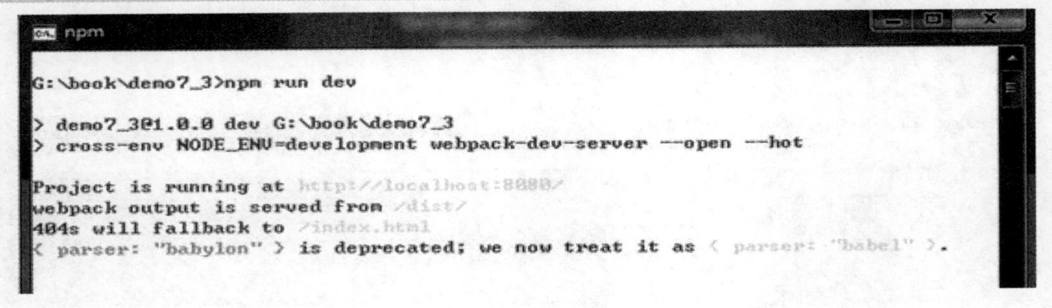

图 7-34　运行项目

然后用浏览器访问：http://localhost:8080/，显示如图 7-35 所示的页面，是未登录的状态。

输入用户名 root，然后单击“登录”按钮，在页面上方即显示用户名为 root，此时提醒登录的相关标签消失，如图 7-36 所示。

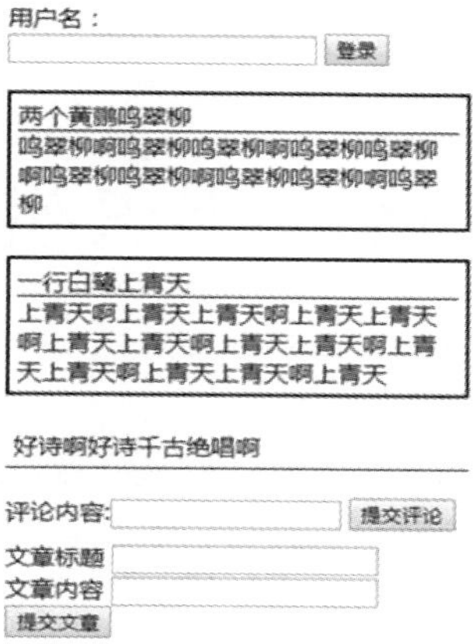

用户名：
登录
两个黄鹂鸣翠柳
鸣翠柳啊鸣翠柳鸣翠柳啊鸣翠柳鸣翠柳啊鸣翠柳鸣翠柳啊鸣翠柳鸣翠柳啊鸣翠柳
一行白鹭上青天
上青天啊上青天上青天啊上青天上青天啊上青天上青天啊上青天上青天啊上青天上青天啊上青天
好诗啊好诗千古绝唱啊
评论内容:
提交评论
文章标题
文章内容
提交文章

图 7-35　未登录状态网页

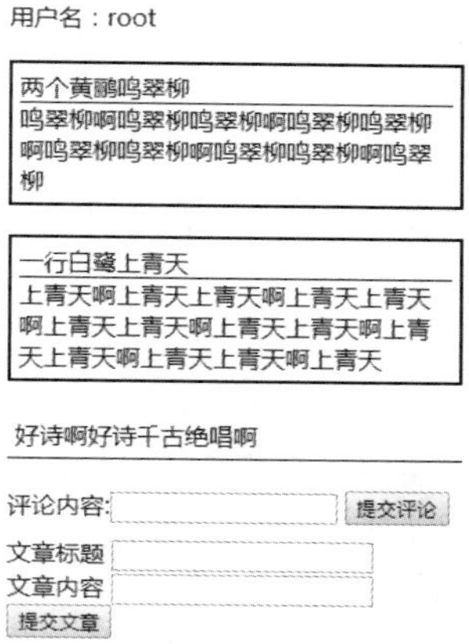

用户名：root
两个黄鹂鸣翠柳
鸣翠柳啊鸣翠柳鸣翠柳啊鸣翠柳鸣翠柳啊鸣翠柳鸣翠柳啊鸣翠柳鸣翠柳啊鸣翠柳
一行白鹭上青天
上青天啊上青天上青天啊上青天上青天啊上青天上青天啊上青天上青天啊上青天上青天啊上青天
好诗啊好诗千古绝唱啊
评论内容:
提交评论
文章标题
文章内容
提交文章

图 7-36　root 用户登录后

注意：这是模仿登录机制，实际项目中登录机制并不能这样开发。

下面提交一条不包含违禁词的评论，和一条不包含违禁词的文章，如图 7-37 所示。

然后提交包含违禁词“破诗”的文章，不会发表成功，只提示“存在违禁词”；提交包含违禁词“女朋友”的评论，女朋友会自动变为***，如图 7-38 所示。

用户名：root
两个黄鹂鸣翠柳
一行白鹭上青天
好诗啊
好诗好诗好诗好诗好诗好诗
好诗啊好诗千古绝唱啊
好诗
评论内容:好诗
提交评论
文章标题 好诗啊
文章内容 好诗好诗好诗好诗好诗好诗
提交文章

图 7-37　提交文章和评论

用户名：root
两个黄鹂鸣翠柳
一行白鹭上青天
localhost:8080 显示：
存在违禁词
确定
好诗
你还没有***
评论内容:你还没有女朋友
提交评论
文章标题 破诗啊
文章内容 破诗啊破诗啊破诗啊破诗啊
提交文章

图 7-38　违禁词提示

至此，我们完成了违禁词自审查功能的开发。

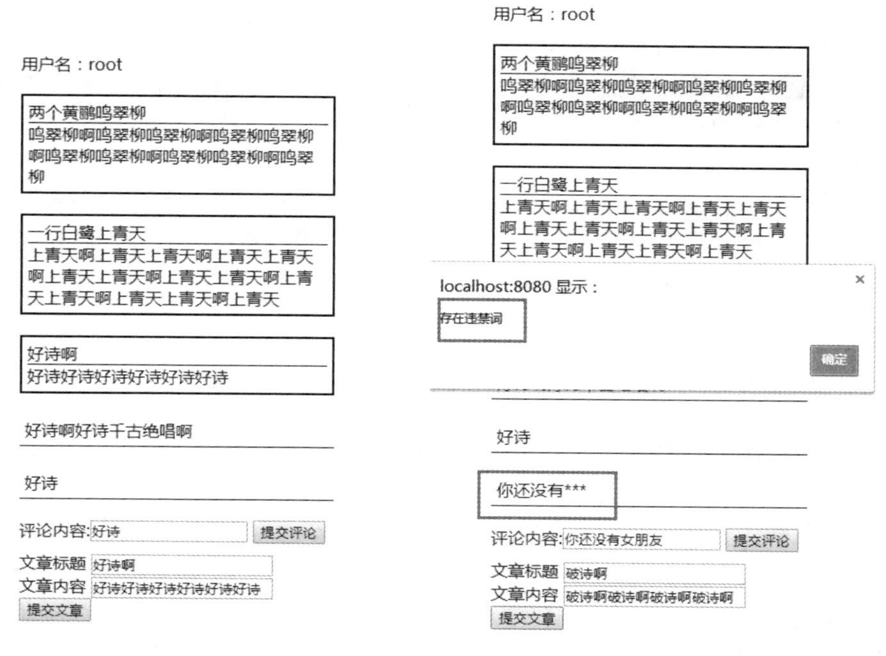

第 8 章　分析吾爱破解论坛反爬虫机制

本章将详细介绍如何实现反爬虫机制。近几年，Python 语言的人气越来越火，很多开发者从其他编程语言转入 Python 语言的行列中，其中，因为大数据、人工智能、云计算而转学 Python 的人占了很大一部分，还有一部分是为了开发爬虫程序。本节将新建一个 Django 项目，并在项目中实现非常经典的一个反爬虫机制——频率限制。

8.1　网络爬虫与反爬虫

在互联网行业的招聘网站上，网络爬虫工程师和反爬虫工程师，这两个职位的岗位需求量非常大。随着网络基础设施建设越来越完善，网速越来越快，网站平台的内容数据逐渐成为核心竞争力。

一个能将网络爬虫用得好的公司，可以将其他公司花很多成本收集而来的数据为己所用，而一个出色的反爬虫工程师，可以润物细无声地在不影响网站正常用户使用体验的同时，将无数来“讨便宜”的网络爬虫拒之门外。

在互联网行业中，针尖对麦芒的职位有很多，比如黑帽黑客和白帽黑客，软件破解者和给软件加壳的防破解安全工程师等。但是能像爬虫工程师和反爬虫工程师这样，两者既是敌对立场，又可以正大光明地在合法的招聘网站上进行招聘的岗位，在互联网行业内着实罕见。本节我们就来聊一聊网络爬虫与反爬虫。

8.1.1　什么是网络爬虫

通过使用代码模仿真人操作客户端，向服务端发送数据请求来获取想要的数据，即是网络爬虫的功能。

网路爬虫的工作原理很简单，就是发送网络请求，获取返回的数据，如图 8-1 所示。当然，这样来定义比较狭义，但是做像搜索引擎那样级别的爬虫，并不是我们在实际项目生产中需要开发的，所以这样定义爬虫的工作原理，更容易理解一些。

网络爬虫能做什么？如图 8-2 所示，网络爬虫除了用于获取合法数据资源以外，还被用于刷数据、进行恶意攻击等方面。

相信在互联网行业内担任产品运营或者商务拓展的人都知道，这些年来流量的价格越来越贵了。有的运营人员为了完成公司的 KPI（关键绩效指标），通过爬虫的方式快速提升公司网站的 PV（页面浏览量），有的公司老板为了让公司在融资时获取更高的估值，也通过爬虫来让自己公司的网站显得人气满满。所以业界常说的“爬虫工程师往往能够接触到一家公司最真实的一面”，便是由此而来。

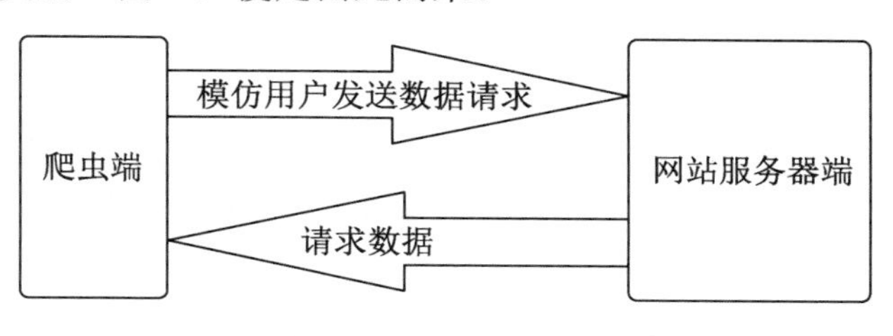

图 8-1　爬虫工作原理

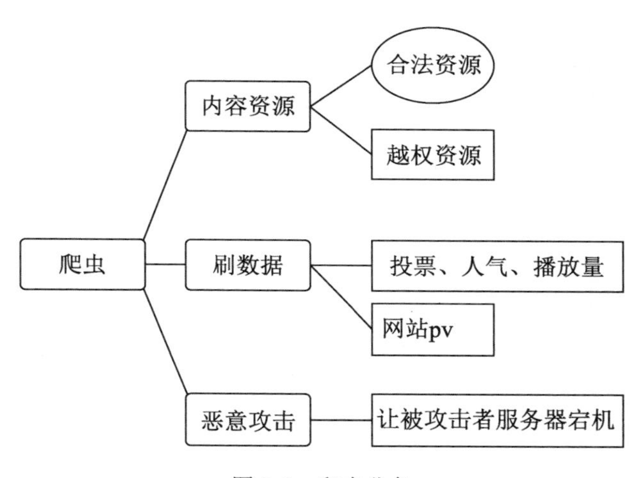

图 8-2　爬虫业务

与爬虫工程师对应的，就是反爬虫工程师，从图 8-2 中也可以看出来，如果一个网站没有任何反爬虫措施，那么很多业务都不能轻易开展，不然将会有很大的网络安全隐患。比如，有一些提供网页模板代码付费下载的网站，反爬虫做得相对而言比较弱，下载者通过爬虫，就可以越权获取资源，也就是跳过付费环节，直接下载需付费的资源。

注意： 不要认为笔者所举的这个提供网页模板付费下载的网站的例子无关痛痒，实际上爬虫很多是多线程的，完全可以在几分钟之内，将这家网站所有需要付费下载的资源搬空。

刷投票、批量注册、刷播放量、刷阅读量，这些网络“水军”的主要业务中，都少不了网络爬虫工程师的身影。有些传媒公司，为了包装旗下的艺人，跟网络“水军”公司有着很密切的商务合作。这也是为什么我们在网上看到有的艺人发一条无关痛痒的微博，居然会有几千万个点赞和转发的原因。

“数据造假”到了一定规模是会产生巨大的商业价值的，很多心智不够成熟的用户，往往会因为这些数据而产生从众心理。其实，随处可见的数据造假，也是对社会公信力的一种透支，具有负面影响。

8.1.2 Robots 协议

在上一节中，我们知道网络爬虫可以成为一些侵权行为的工具，那么作为一个爬虫工程师，要如何知道自己对一个网站内的数据资源进行爬取时是否逾越了红线呢？那就要根据 Robots 协议进行判断。

Robots 协议，就是网络爬虫排除标准，也称为爬虫协议、机器人协议等。网站通过 Robots 协议告诉网络爬虫哪些页面可以抓取，哪些页面不能抓取。

Robots 协议会以.txt 文件格式存放在网站的根目录下，网络爬虫在对一个网站的资源进行爬取之前，原则上应该先查看这个网站的 Robots 协议。

网站的开发者可以根据 Robtos 协议的书写规则对此协议进行书写，比如不允许任何爬虫搜索网站的任何资源，可以写成：

```
User-agent: *
Disallow: /
```

比如淘宝网的 Robots.txt：

```
User-agent: Baiduspider
Disallow: /
User-agent: baiduspider
Disallow: /
```

代表不允许百度爬取淘宝网的任何数据内容。

注意：搜索引擎也是爬虫的一种。

Robots 协议的原理，如图 8-3 所示。如果 User-agent 对应是*，则代表以下的协议语句是针对一切爬虫来规定的，图中左侧的协议语句的意思为：不允许爬虫爬取/admin 开头的 URL 对应的数据资源；图中右侧的协议语句意思为：允许爬虫爬取/main 开头的 URL 对应的数据资源，但是不允许爬取/main/userinfo 开头的 URL 对应的数据资源。

8.1.3 常见的反爬虫手段

1. 编写Robots协议

很多人认为 Robots 只不过是一个存放在网站项目根目录下的一个 txt 文件，没有任何技术意义上的保护作用，甚至连一个最起码的可执行程序都不算，难道这也算是反爬虫的手段之一吗？是的，而且它是很有效的一种手段。除了搜索引擎会遵守 Robots 协议外，其他网络爬虫不一定会遵守 Robots 协议。

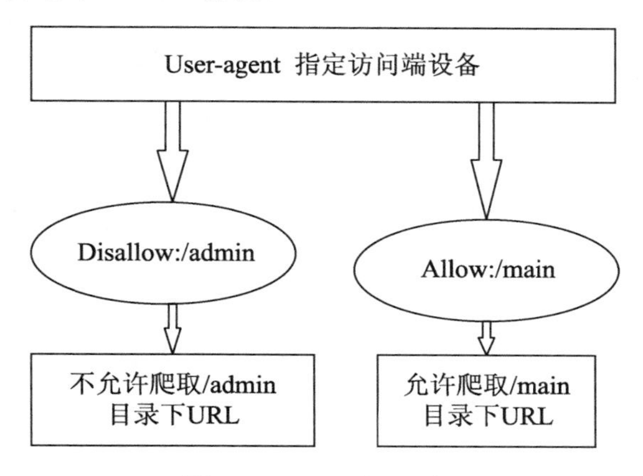

图 8-3　Robots 协议原理

但是，作为一个反爬虫工程师，如果轻视了 Robots 协议的重要性，没有给网站增加这样一个文件，那么隐患将是不可估量的。因为根据互联网行业互通互联的基本规则，不拒绝共享即代表同意共享。换句话说，如果网站没有 Robots 协议，网站中有价值的数据被爬虫搬空，网站方想要通过法律维权，将非常艰难，因为网站中没有 Robots 协议，代表该网站的数据资源是共享的。只要网站对用户开放服务，网站想要通过技术手段彻底将网络爬虫挡在门外，几乎是不可能的。所以，作为一个反爬虫工程师一定要编写网站的 Robots 协议。

2. 限制协议头

如图 8-4 所示，我们使用谷歌 Chrome 浏览器，访问吾爱破解论坛，通过按 F12 键，打开开发者模式，然后选择 Network 菜单，在 Request Headers 中看到的内容，除了 Cookie 以外，协议头中包含的数据内容如下：

```
Accept: text/html,application/xhtml+xml,application/xml;q=0.9, image/webp,
image/apng,*/*;q=0.8
Accept-Encoding: gzip, deflate, br
Accept-Language: zh-CN,zh;q=0.9
Cache-Control: max-age=0
Connection: keep-alive
Host: www.52pojie.cn
Upgrade-Insecure-Requests: 1
User-Agent: Mozilla/5.0 (Windows NT 6.1; Win64; x64) AppleWebKit/537.36
(KHTML, like Gecko) Chrome/70.0.3538.110 Safari/537.36
```

限制协议头，是指网络请求在到达后端的时候，服务器程序先对网络请求的协议头内的某个键值进行验证（大多数情况是对 User-Agent 进行验证），如果与正常用户通过浏览器或者客户端访问所携带的协议头一致，就可以通过验证，否则，将拒绝此网络请求。

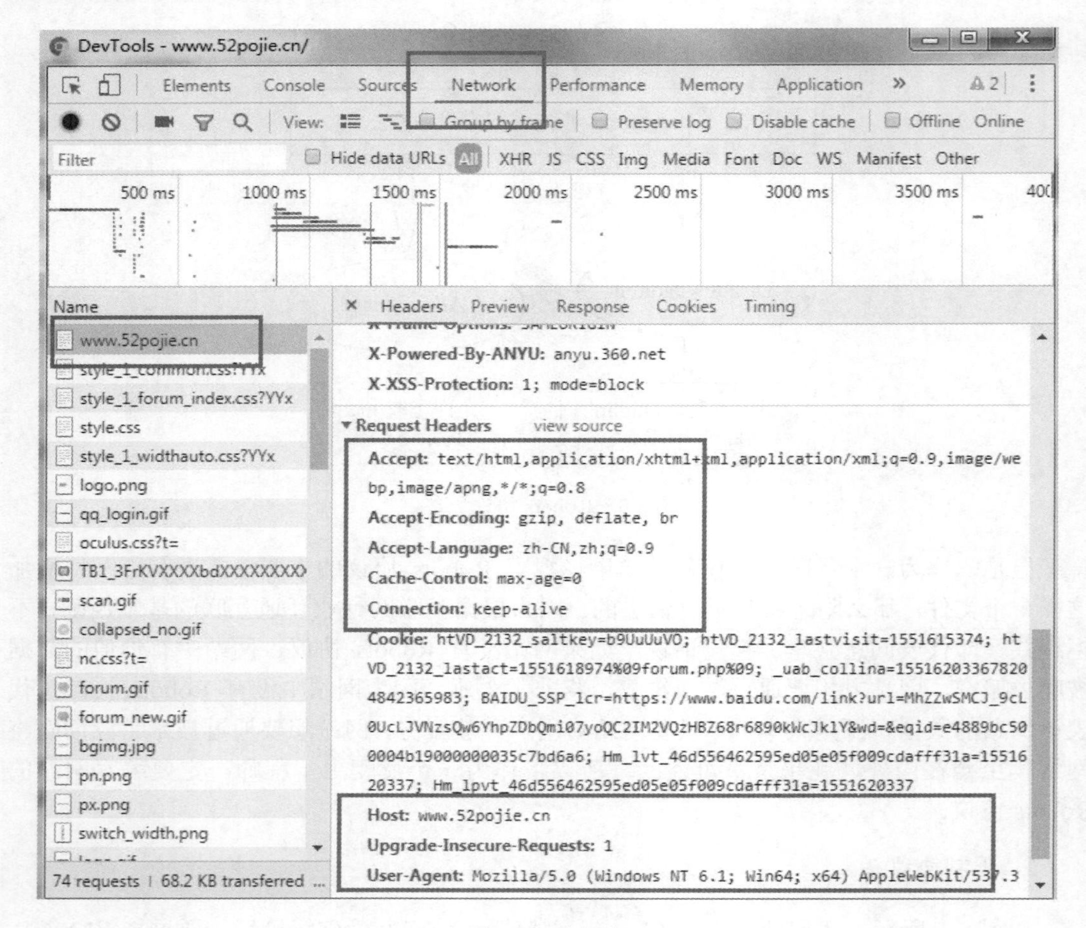

图 8-4　协议头

注意：伪造协议头是爬虫工程师的入门级知识点，所以这个方法对于 Python 开发的爬虫的反爬作用几乎为零。但是也不妨使用，因为根据 W3CSchool 的规定，运行在浏览器及手机 App 客户端内的网络请求，是无法伪造协议头的。

3. 限制Cookie或限制Token

可以用先登录后访问的方式限制爬虫对网站内容的爬取。如图 8-5 所示，用户登录网站，会获得一个 Cookie，只有携带代表用户身份的 Cookie 信息的网络请求，才可以通过后端服务器的验证，否则，就拒绝访问。

除了限制用户登录后才可以访问，crsf_token 也是限制 Cookie 的一种反爬虫手段。crsf_token 机制的工作原理如图 8-6 所示，用户通过 post 提交表单的时候，Django 会验证 crsf_token，如果 Cookie 中没有 crsf_token 值或者 crsf_token 的值不正确，将返回 403 提示页面。

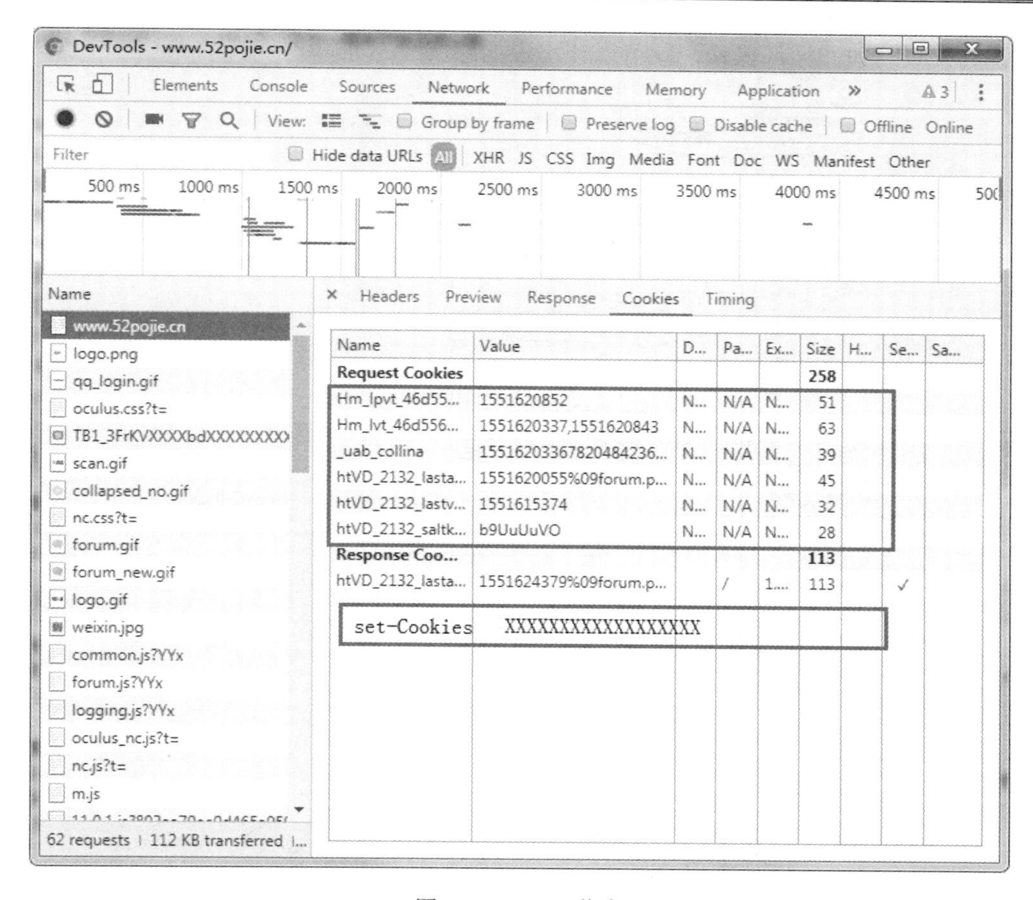

图 8-5　Cookie 信息

crsf_token 机制即防止跨站攻击机制，属于网站安全的一个机制，许多通过 Cookie 进行防爬虫设计的手段，都是基于 crsf_token 机制的原理。

下面为大家介绍一个笔者在实际生活中遇到的一个“攻击者与防御者对抗”的例子，让大家详细了解如何通过限制 Cookie 的方法实现反爬虫。

某个面向青少年用户群体的原创文学 App 平台（我们暂且称其为某平台）对于每本原创文学作品的阅读量非常看重，可以说一本小说，初期的阅读量直接关系到平台会不会给这本小说更多的推荐位，要知道平台给的一个推荐，对于一本小说而言非常重要。因而，对于小说作者来说，如何让自己的小说获取更多的阅读量，成为了其首要考虑的问题。

于是想要通过非常规手段快速提升自己的小说阅读量的作者，便成为了市场需求，

很快就有爬虫工程师想要编写一个爬虫脚本，来帮助这些作者提高他们的小说的阅读量。

很快，某平台“刷新”小说阅读量 1.0 版本的爬虫软件就面世了，其原理如图 8-7 所示，因为是手机端 App，爬虫工程师使用 Fiddler 进行抓包很快就发现了，该平台防止刷新阅读量的措施居然如此简单，只要访问了小说阅读页之后将 Cookie 删除，然后再次访

问小说阅读页，如此循环操作，就可以让小说的阅读量不断增长了。

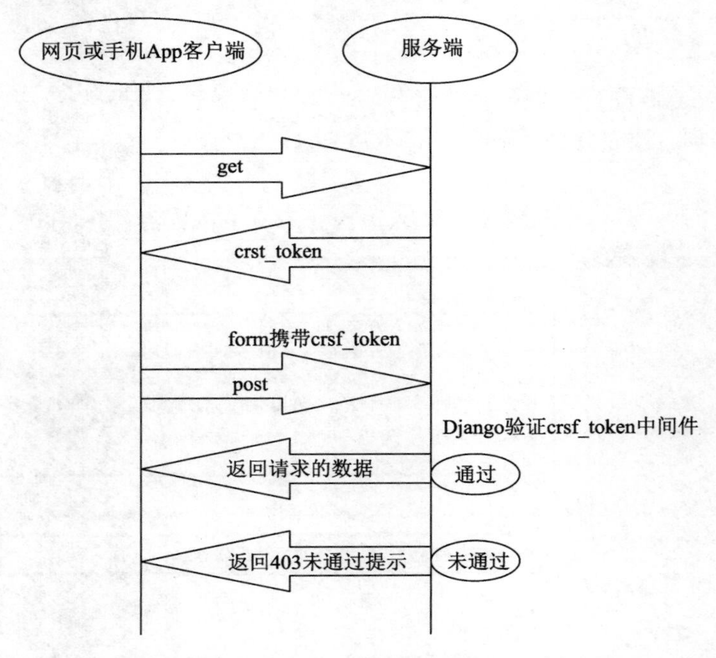

图 8-6　crsf_token 工作原理

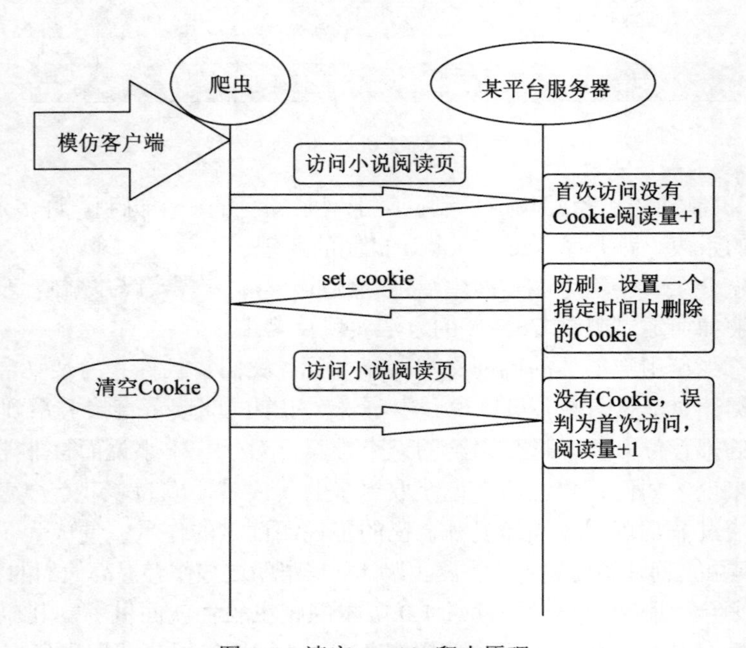

图 8-7　清空 Cookie 爬虫原理

刷新某平台小说阅读量 1.0 版的爬虫软件逻辑图，如图 8-8 所示，可以看出这是一个非常初级的爬虫作品。即便如此，依然在某平台“泛滥”，因为它有效，一时间，某平台内刷新阅读量之风愈演愈烈，小说更新区区几百字，阅读量已经几十万乃至上百万的作品比比皆是。1.0 版本的爬虫，在某平台使用了整整四个月，某平台的反爬虫工程师才对此做出了有效的处理措施，让 1.0 版本无法再刷新阅读量。

```
def shua(https,e):
        for i in rang(e) :
                get(https)

def get(url):
        #封装协议头
        #反正也要清空cookie，只要对cookie不做任何设
置即可，本身也并不保存cookie
        request(......)

shua(小说某章节的URL，想要刷的阅读量 )
```

图 8-8　刷新阅读量逻辑代码

那么，某平台的反爬虫工程师是怎样反爬虫呢？如图 8-9 所示。

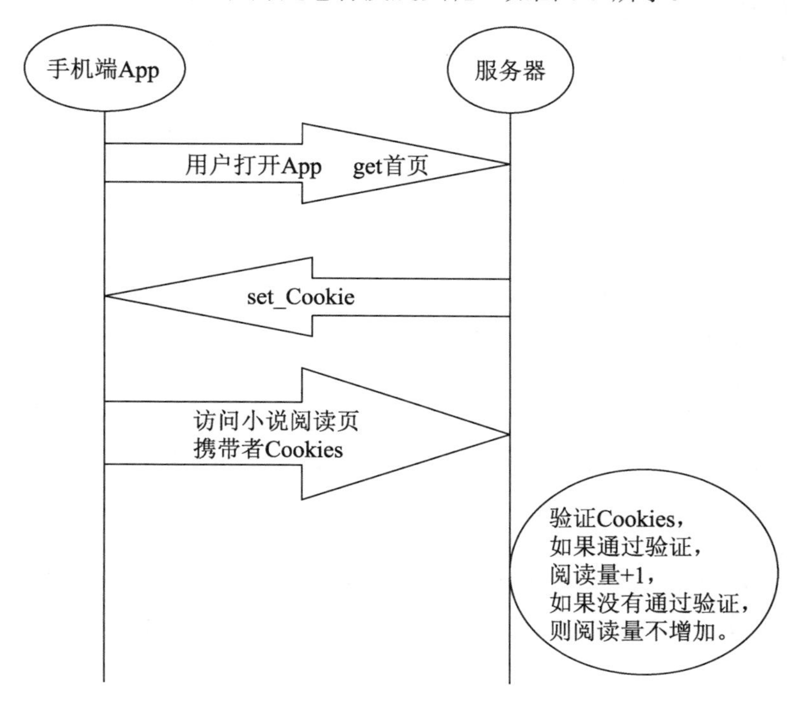

图 8-9　反爬虫机制原理

某平台的反爬虫机制如下：

（1）监测协议头中的 User-agent，查看客户端的设备。

（2）用户进入 App 时，向服务器请求首页数据的同时，返回一条 Cookie。

（3）当用户访问某本小说的章节时，向服务器请求章节页数据的同时，携带 Cookie 信息。后端对 Cookie 进行验证，如果与第一步 set-Cookie 的值匹配，则证明是用户在操作，如果不匹配，则判定为爬虫操作。

如此看来，某平台反爬虫工程师的设计，与 crsf_token 的原理如出一辙。只不过 crsf_token 是在第二步只对以 post 方式向后端提交数据的网络请求进行验证。

在此提醒各位开发者：代码千万条，守法第一条。刷新阅读量是不正当的竞争行为，希望大家不要去尝试。我们应将技术用于防范，而不是以侵犯他的人利益为目的而走捷径。

（4）对访问者 IP 的访问频率进行限制。将在 8.3.3 节详细探讨。

（5）对访问异常者弹出验证码，要求用户识别验证码。但是，从产品的角度来说，让用户识别填写验证码，已经影响到用户体验了，笔者并不推荐用在反爬虫的机制中。

8.2 吾爱破解论坛怎样反爬虫

有很多对软件逆向破解技术感兴趣的程序员，经常会去吾爱破解论坛逛一逛，不同于国外的一些高端的技术论坛，吾爱破解论坛内有很多基础的免费教程，以及比较好的研究学术氛围。不论是刚刚入门的“菜鸟”，还是身怀绝技的“大神”，经常会在吾爱破解论坛中出现。吾爱破解论坛是怎样反爬虫的呢？我们将在这一节详细地分析。

8.2.1 注册阶段的反爬虫

如图 8-10 所示，吾爱破解论坛的注册，要求有注册码，如果想要获取注册码，则需要花 19 元人民币进行购买。当然，收费获取注册码只是一种反爬虫批量注册用户账号的一种手段，并不是必须要购买注册码才能注册成为论坛的用户。

之所以设置这种注册用户需要注册码的机制，是为了灵活地掌握开放注册的时间，从而防止恶意注册。吾爱破解论坛会不定期地开放注册时间，在开放注册的时间段内，注册成为论坛的用户是不需要注册码的，因而大多数的论坛用户，都是在开放注册时间段内完成注册的。

编写一个网络爬虫，从抓包到分析数据的加密算法，再到编写代码，然后经过几番测试，修改代码，最后完成爬虫项目，至少需要一整天的时间。但吾爱破解论坛每一次开放注册的时间，都控制在几个小时，下一次再开放注册，就不知道是什么时候了，并且很有可能已经换了一套新的加密算法了。

众所周知，随着我国《网络安全法》的普及，以及网络实名制的落实，绝大多数的网站，都是通过短信验证码的方式进行注册。那么吾爱破解论坛想要避免爬虫对论坛进行恶意批量注册，只要在注册过程中加入收到短信验证码才能成功注册的机制不就行了吗？难道网络爬虫还能接收到手机短信验证码吗？像淘宝、京东、美团等大平台的注册，不都是这样做的吗？

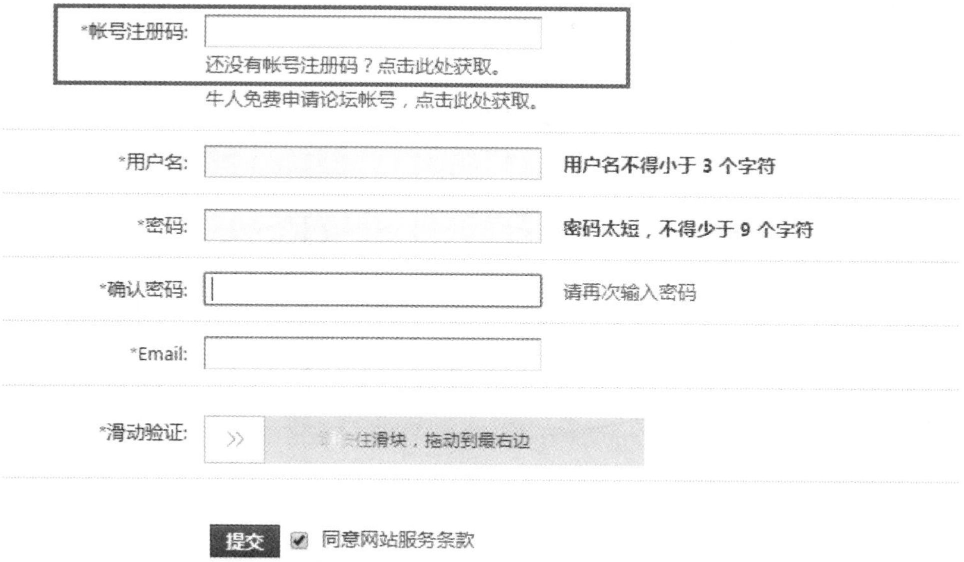

图 8-10　注册页面

很遗憾，网络爬虫的确可以获取到手机验证码，也就是说，通过使用手机号才能注册成功的机制，并不能杜绝网络爬虫的恶意注册。如图 8-11 所示为网络爬虫恶意注册的原理逻辑图。

（1）开发恶意注册爬虫的工程师会通过抓包（网页端用浏览器自带的 F12 开发者模式进行抓包，手机端 App 端用 Fiddler 抓包），对抓包获取的数据进行筛选和提取。

（2）在网上选择一个能够提供接收短信验证码服务的接码平台，完成注册、登录、充值 3 个步骤，然后在接码平台中搜索攻击目标的网站，如果有，则选择，如果没有，则新建一个，在接码平台的后台会生成一个 Token。Token 内部包含了爬虫工程师在接码平台的用户信息，以及要攻击的目标网站的相关标识信息。

注意： 不同接码平台在这个阶段有一定的差别，具体情况要根据不同的接码平台的开发文档进行具体调配。

（3）在爬虫端可以通过接码平台的 Token，获取源源不断的手机号码。

（4）爬虫端接收到手机号码后，通过网络请求（大多数情况是 post）提交给要攻击的网站后端。

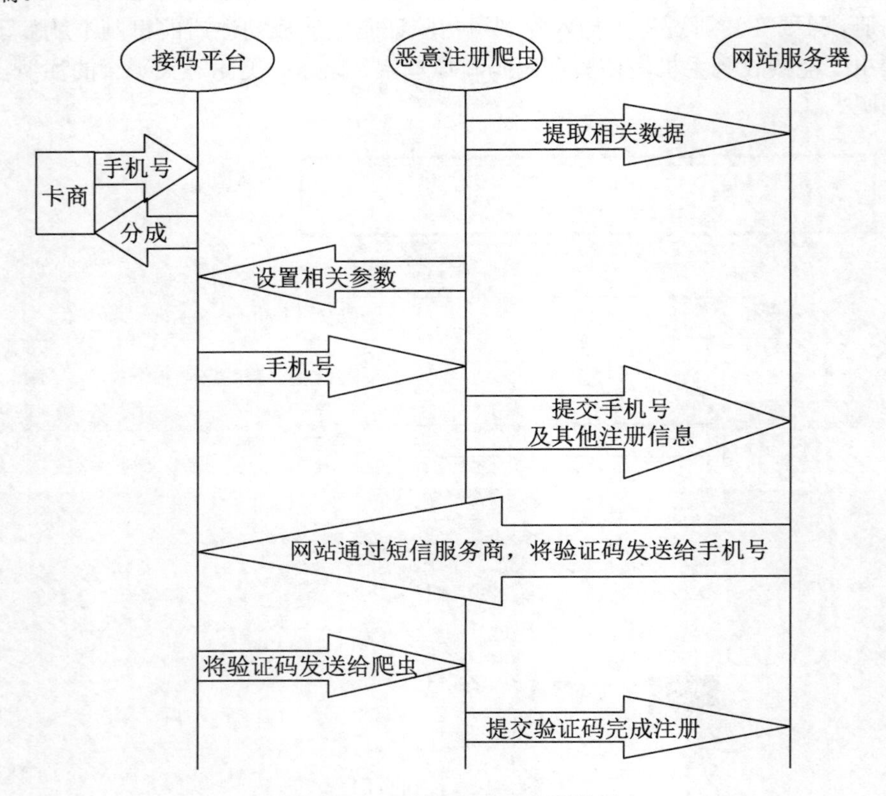

图 8-11　恶意注册爬虫的逻辑图

（5）要攻击的目标网站服务器后端收到手机号后，会通过短信服务商向手机号发送短信验证码。

（6）这时，接码平台会收到这条短信验证码，并且将验证码通过网络请求发送给爬虫端。

（7）爬虫端收到短信验证码，与其他注册相关的数据（用户名、密码等）一起提交到要攻击的目标网站后端，完成注册。

（8）爬虫内部逻辑设置一个循环，不断重复（1）到（7）步，这样就可以完成批量恶意注册要攻击的目标网站的账号了。

接码平台是专门负责对接卡商和恶意爬虫工程师的一种网站。

很明显，不论是提供大量手机号码的卡商，还是接码平台，都是违法的，遵纪守法，是我们应该时刻提醒自己的一件事。

8.2.2　登录阶段的反爬虫

吾爱破解论坛在登录阶段的反爬虫机制，可以分为两部分来分析，一个是提交用户名和密码之前，另一个是提交用户名和密码之后。先来分析提交用户名和密码之前的反爬虫机制。

如图 8-12 所示，当我们单击吾爱破解论坛的登录按钮之后，网站弹出的模态对话框中，并没有直接显示用户名和密码的输入框界面，而是首先弹出了图中所示的安全验证。

这是一个滑块验证码，需要用户通过鼠标手动将滑块按照提示，拖曳到最右边。当用户将滑块拖曳到最右边后，会显示字母验证码，如图 8-13 所示。

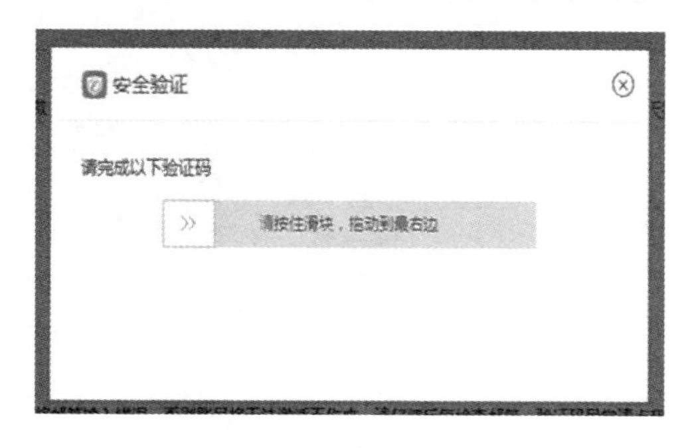

图 8-12　滑块验证码

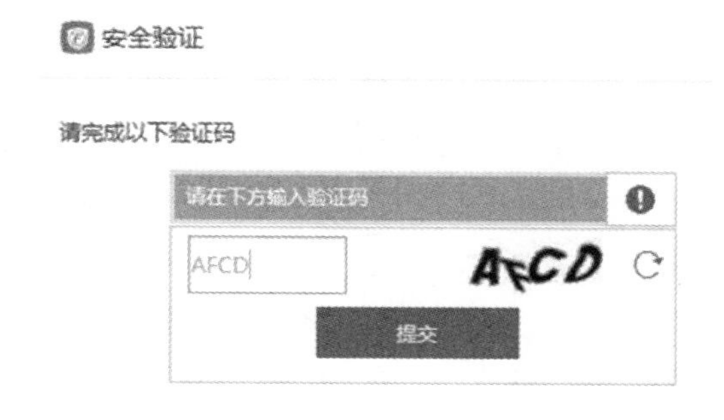

图 8-13　字母验证码

输入字母验证码，单击“提交”按钮，然后才能输入用户名和密码，登录论坛。

注意：如果是已经登录过的用户，又退出重新登录，那么因为浏览器中的 Cookie 记录了用户的身份信息，所以在提交验证码以后，会跳过输入用户名和密码这一步，直接跳转到已登录状态。

看到这里，相信有一些对验证码所有研究的读者会认为这太简单了，因为从验证码的角度而言，吾爱破解论坛的这 4 个字母验证码，既没有干扰点，也没有干扰线，就算极简到 4 个字母的验证码，也应该是如图 8-14 所示的样子，吾爱破解论坛用这种验证码能防住爬虫吗？

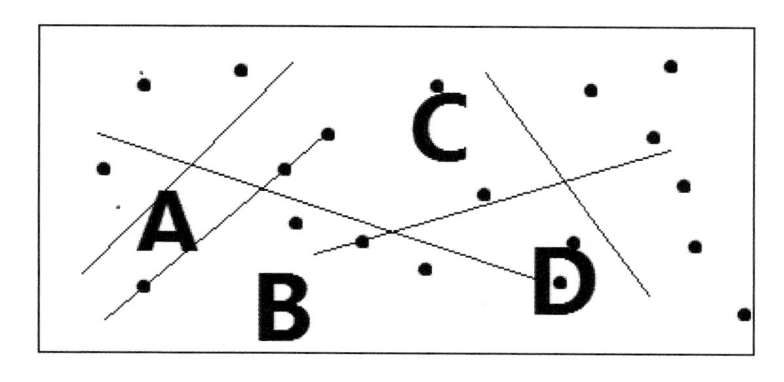

图 8-14　极简字母验证码

答案是肯定的，可以防住，而且作用显著。当然不是主要依靠这 4 个字母验证码，而是滑块和字母验证码结合使用的机制起了作用。这可以给恶意爬虫的开发者制造远比一个复杂的验证码图片更多的麻烦。

其实，验证码图片越难以辨认就越安全，这绝对是一个错误的观念。一个好的验证码，应该秉持着一个原则：真人识别越容易越好，机器识别越困难越好，在机器与人的识别难度之间找到一个平衡点，最好是人一看就一目了然，机器分析却无法识别。

跟接码一样，对于识别验证码，爬虫业内称其为打码。也有专门提供打码技术服务的打码平台。

打码平台相比于接码平台来说要多得多，毕竟打码平台提供打码服务，并不需要像接码平台那样必须有卡商提供大量的手机号。网络爬虫使用打码平台的原理，如图 8-15 所示。

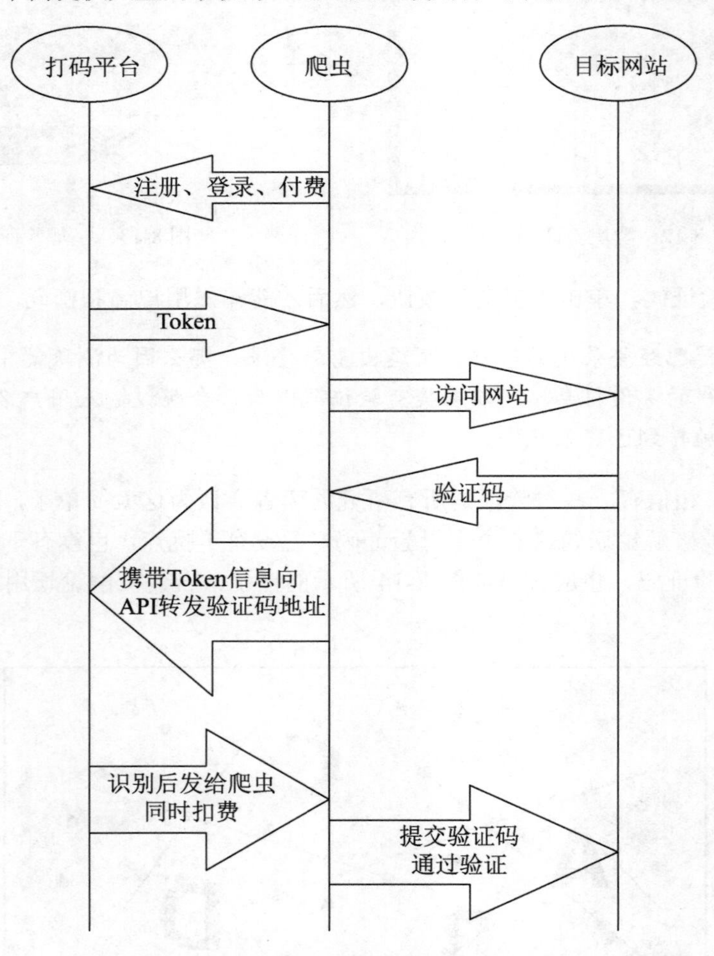

图 8-15　爬虫对接打码平台的原理

图 8-15 所示的爬虫使用打码平台的原理如下：

（1）爬虫开发者到打码平台注册、登录和充值。

（2）获取 Token，写在爬虫的配置代码中。

（3）访问目标网站，目标网站会弹出验证码图片。

（4）爬虫直接将图片资源和 Token 一起提交给打码平台的 API。

（5）打码平台将验证码识别之后返回给爬虫端，同时扣取相应的费用。

（6）爬虫将验证码内容提交到目标网站，即可通过验证，成功进行接下来的操作。

其实对于打码平台来说，为简单的图片验证码编写一套字库，用机器来识别验证码里的内容并没有特别高的技术门槛。甚至很多云计算服务商，会通过人工智能的方式，帮助机器识别验证码，然后向爬虫工程师提供打码服务。可以说，一张图片验证码，如果只是想要从增加图片的辨认难度阻挡机器对其识别，绝对不是一个正确的思路。

举一个比较优秀的图片验证码的例子。比如 2017 年谷歌应用商店的一组图片验证码，图片内是一张马路上的街拍照，要求用户用鼠标单击图片中的垃圾桶。这对于人来说是一目了然的，但是对于机器而言，就比较困难了。

以上是我们对提交用户名和密码之前的反爬虫机制的分析。下面我们来分析提交用户名和密码之后的反爬虫机制。

如图 8-16 所示，输入用户名 test，密码 1234，然后单击“登录”按钮，就会发现在刚刚单击完“登录”按钮之后，网页跳转之前，密码输入框中的内容，从 4 位数突然变长了，如图 8-17 所示。

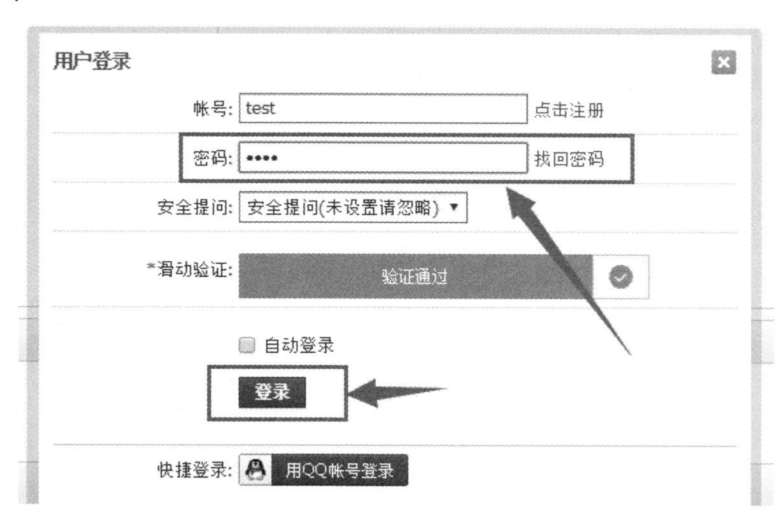

图 8-16　单击“登录”按钮前

为什么会出现这个现象呢？让我们抓包查看一下，单击“登录”按钮后，网页端向客户端上传了什么数据。

如图 8-18 所示，我们抓包发现，登录时网页端向网站服务器后端 post 提交的数据中

password 并不是我们所输入的密码 1234，而是 81dc9bdb52d04dc20036dbd8313ed055。

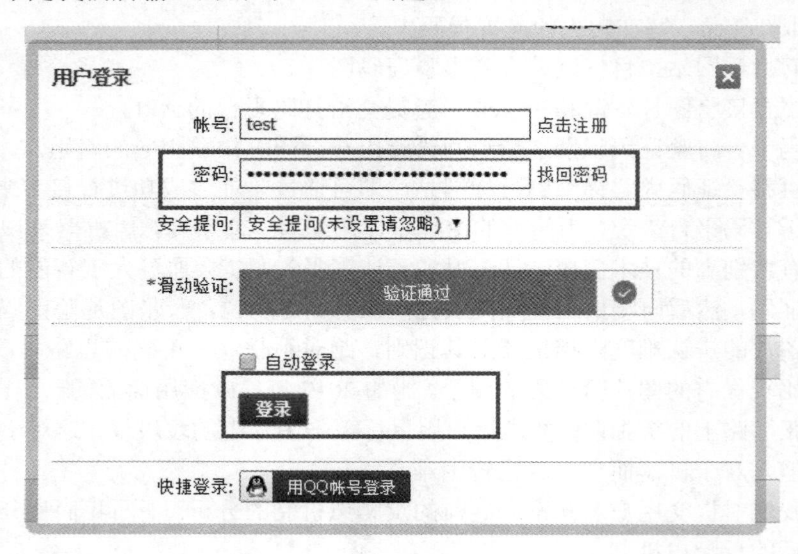

图 8-17 单击“登录”按钮后

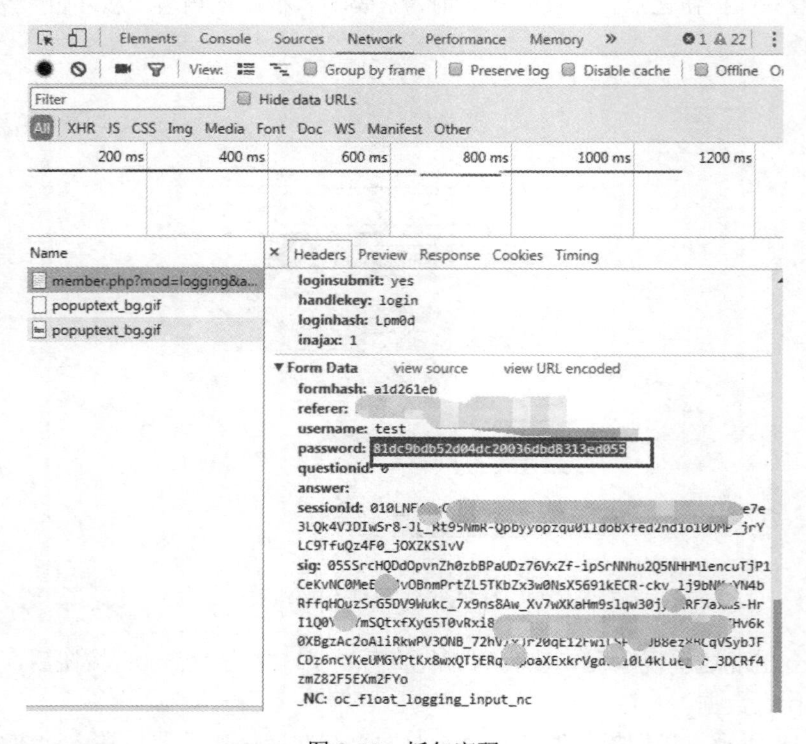

图 8-18 抓包密码

这样的字符串类型，非常像经过 MD5 加密算法加密以后的结果，于是我们将 1234 进行 MD5 加密，果然得到了字符串 81dc9bdb52d04dc20036dbd8313ed055。

至此，我们可以得出一个结论，就是当用户输入用户名和密码，在单击“登录”按钮以后，网页端的代码逻辑并没有直接将登录相关数据发送给网站的后端服务器，而是在这之前先执行了一个给密码进行加密的步骤，在这个例子中加密算法是一层 MD5 加密。

这样做的意义是什么呢？其实可以想象一下，当恶意注册的网络爬虫，批量注册了论坛的用户账号，同时对接打码平台，攻破了验证码的关卡时，那么这一道给密码加密的措施就开始起作用了。假设网络爬虫的开发者不知道加密算法是什么，即使他掌握着大量的论坛账号和密码，依然无法通过使用网络爬虫完成对这些账号的批量登录。

当然，首先我们拥有密码的明文，同时可以通过抓包获取加密以后的密码密文，网站给密码进行加密的加密算法，肯定可以在网页端获取，对于网络爬虫开发者而言，他们要做的事情就是把这套加密算法找出来。这个寻找给明文密码加密的加密算法的过程，称为 JS 调试，还有很多专门做 JS 调试的工具，比较有名的有发条 JS 调试工具等。

说明： 图 8-18 中所示的抓包的数据，并不是吾爱破解论坛的数据包，而是笔者为了讲解方便，随意找了一个论坛抓取的数据，并且在图片中将论坛的信息隐藏了。实际上，吾爱破解论坛的加密算法当然不会像例子中算法这样简单。

8.2.3　搜索阶段的反爬虫

如图 8-19 所示，当我们在吾爱破解论坛中搜索 Django 后，就会像百度一样，跳转到搜索结果列表网页，呈现出在整个网站的数据库内搜索相关内容的帖子列表。

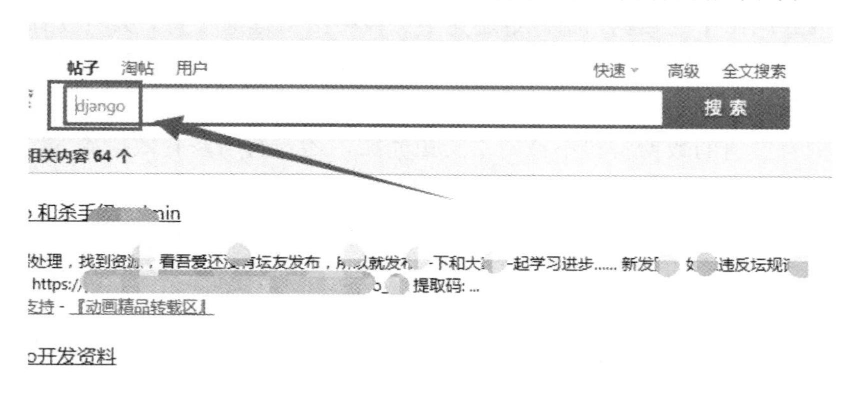

图 8-19　搜索页面

如图 8-20 所示，当我们多次并且快速地在吾爱破解论坛搜索 Django 这个关键词时，就会显示图片中所呈现的提示，代表服务器后端拒绝访问。

图 8-20 访问失败页面

这就是对同一个 IP 的访问进行了频率限制，如果爬虫工程师想要突破这个限制，必须要进行 VPS 拨号换 IP 或者 IP 代理才可以。

使用 IP 代理服务，根据价格的高低，服务质量也参差不齐，如果想要不影响用户体验，价格至少在每个月 2000 元左右。

接码平台的充值、打码平台的充值，还有 IP 代理的花费，可以说反爬虫就是一个让爬虫工程师花钱的工作，越好的反爬虫机制，花费就越高。但是，机器模仿人操作是一个发展趋势，反爬虫的道路没有尽头，理论上说，只要爬虫工程师愿意投入足够的财力，几乎可以攻破任何反爬虫机制。

综上所述，一个成功的反爬虫工程师，并不是能够设计出无法被任何爬虫攻破的反爬虫机制，而是能够设计一套反爬虫机制，让爬虫工程师攻破这套机制，所获取到的价值低于爬虫工程师为攻破这套机制所花费的成本。

8.2.4 怎样彻底阻止网络爬虫

并不是放到网站中的数据，就肯定避免不了被爬虫工程师爬到。虽然没有绝对安全的系统，但是爬虫工程师显然并不是无所不能的，毕竟网络爬虫在互联网黑客技术的版图中只占很小的一部分，能力边界是很清晰的。

想要保护有价值的数据资料不被网络爬虫光顾，还是有一些有效措施的。

（1）比如像 58 同城这类平台，因为业务需求，必须在每个城市都有分公司或者下游的合作商（为了方便统称为分公司），每个城市的分公司都有一个后台账号，用来访问并管理他们所负责的城市的一些数据，这些数据往往涉及他们所负责的城市的用户群信息，显然是具有商业价值的数据。

如图 8-21 所示，每个城市分公司的后台账号，也就是管理员用户不开放注册接口，所有的管理员账号，都由网站平台总部直接发放给分公司的负责人。即使业务需要，必须有一个管理员用户的注册接口，不论这个接口设置了多少关卡，也不可以对外公布这个注册接口，更不用说让管理员用户和普通用户共用同一个注册接口了。

像 58 同城这样业务地域性比较强，需要在全国各地布局分公司或合作商的互联网公司还有很多，如美团、饿了么等。

当然，隐藏管理员用户的注册接口，是指可以防止网络爬虫的恶意爬取，黑客还可以通过渗透技术，检索到管理员用户登录时的 URL，对网站进行渗透，寻找网站程序漏洞、数据库注入、越权，一步一步地进入网站后台偷取数据。不过这不在爬虫和反爬虫的知识范畴之内。

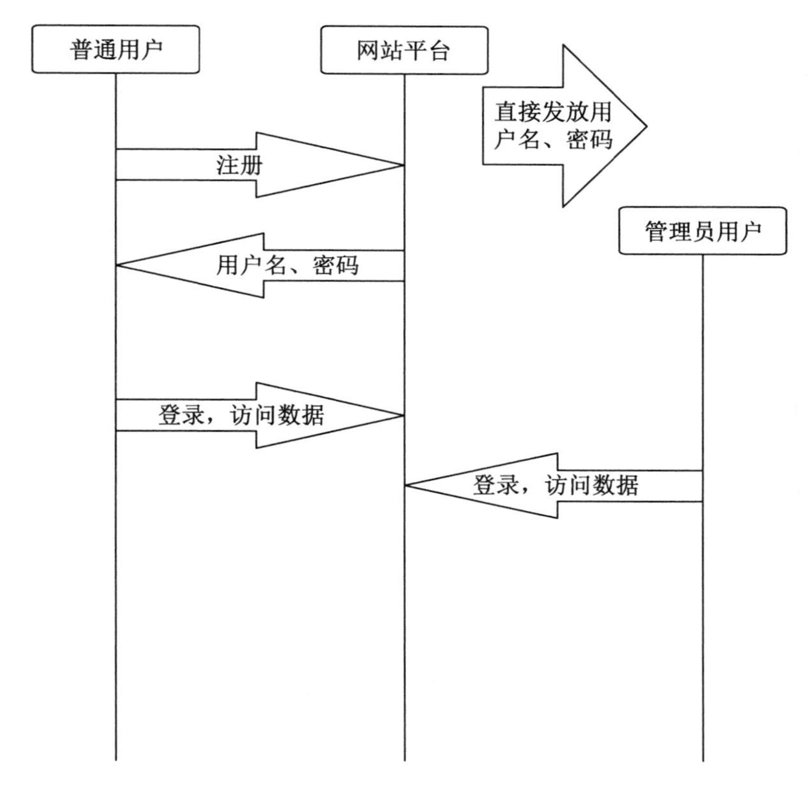

图 8-21　注册管理

（2）涉及数据资料的保护，除了互联网平台型网站外，还有一些并不是面向全网用户的网站，如企事业单位、学校网站。这类网站一般只服务于内部人员，而且这些网站内的数据，往往具有更高的价值，更需要注意数据安全。

这类网站有一个特点，那就是业务只发生在一个并不是很大的区域内。所以，对于这类网站的数据保护，最好的办法就是限制指定区域以内的 IP 地址可以访问，同时一人一号，不对外注册。比如一些大学的 URP 教务系统就是这样，学生的学号、教师的工号就是用户名，初始密码是身份证后 6 位，然后只能在校内或者学校附近的网络登录 URP 教务系统。

这样显然也是能将网络爬虫挡在网站之外的方法，甚至理论上要比第一种措施更加安全。但是，笔者还是要再一次提醒大家：没有绝对安全的系统。URP 教务系统依然有可能被黑客潜入做一些“恶作剧”，或者篡改成绩。

如图 8-22 所示为黑客篡改某大学期末考试成绩的原理图。

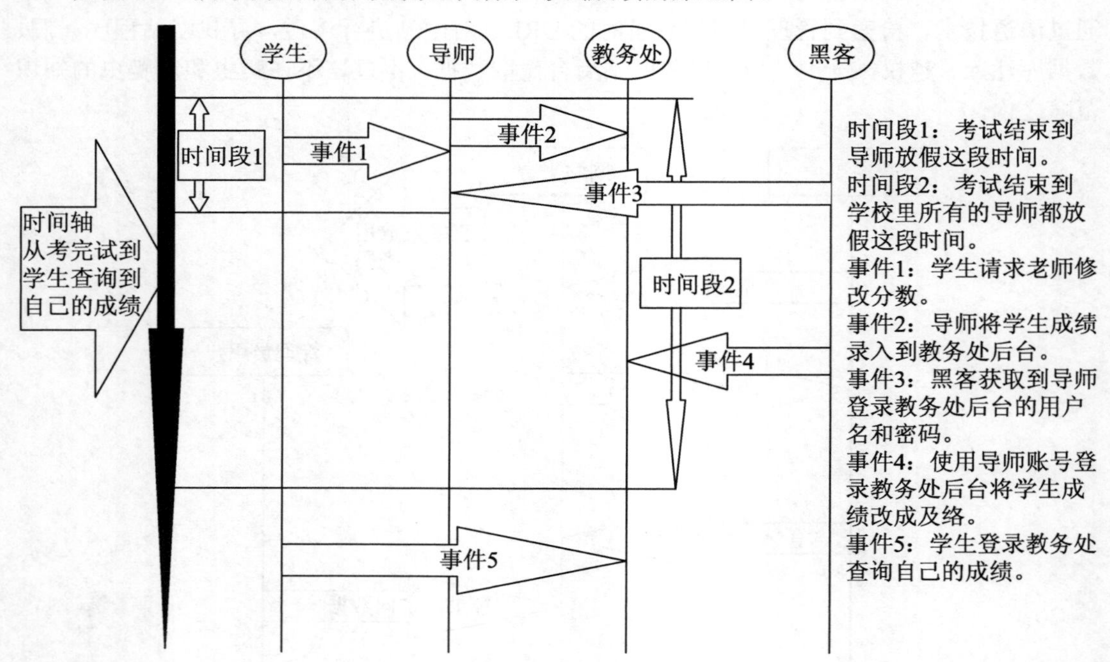

图 8-22　黑客篡改考试成绩原理

首先，给大家介绍一下大学的 URP 教务系统录入成绩的流程。

考完试后，导师即可通过登录 URP 教务系统录入学生的考试成绩。录入考试成绩一般要求在两个星期之内完成，在这段时间之内，导师可以对自己录入的成绩进行修改，但是过了这段时间，教务处就会将成绩公布，学生就可以通过教务处网站查询自己的成绩了。虽然理论上导师依然可以再修改成绩，但这种情况发生的几率几乎为零。

然后，简单地分析一下图 8-22 中所示的黑客篡改考试成绩的流程：

（1）导师登录教务处，开始录入成绩。

（2）学生来求导师，希望导师能让其通过考试。

（3）假如那位学生成绩本来就不高，导师铁面无私，给了他一个低于 60 分的分数。

（4）黑客给导师发送一张携带了木马病毒的图片或者视频，或者是导师一定会感兴趣并接收的文件。导师接收文件，然后打开，木马即刻将浏览器 Cookie 发给黑客。

（5）导师录入了所有学生的成绩，就去享受假期了，但往往这个时候教务处规定的录入成绩时限还没结束。

注意：学校的 URP 教务系统，不论是老师还是学生，一旦离开学校就无法进行登录访问了。只要导师离开学校，就不能登录 URP 教务系统了，即使别人使用他的教师账号登录 URP 系统修改了学生的成绩，他也不会发现。

（6）通过导师的 Cookie，黑客就可以用导师的身份登录 URP 教务系统，将学生的成绩改为通过考试。

（7）等到录入成绩的时限一过，考试成绩公布，学生就可以查询到自己已经通过了考试。

通过上面的例子，我们应该明白，即使是大学的 URP 教务系统也一样存在被窃取数据的可能性，网络安全之路是永无止境的。

说明：采用黑客手段篡改大学考试成绩是违法作为，这里只是举一个例子来说明黑客篡改考试成绩的原理，以便能更好地防范。也不要铤而走险触犯法律。

8.3 Django REST framework 实现频率限制

通过上面两节的介绍，除了在注册阶段和登录阶段的反爬虫机制，对访问网站的频率限制也是一个主要的反爬虫机制。在本节中，我们就开发一个具备频率限制的爬虫机制项目，其实这对于强大的 Django 来说并不是一件麻烦事，关键在于我们对其中原理的理解。

8.3.1 建立演示频率限制功能的项目

在这一节中，我们将通过建立一个 Django 项目 demo8 来向大家阐述如何一步一步地实现频率限制功能。下面将新建项目、新建数据表类、开发视图函数、配置路由信息，为开发频率限制的核心功能做准备。步骤如下：

（1）新建 Django 项目，命名为 demo8，新建 App 命名为 app01，如图 8-23 所示。

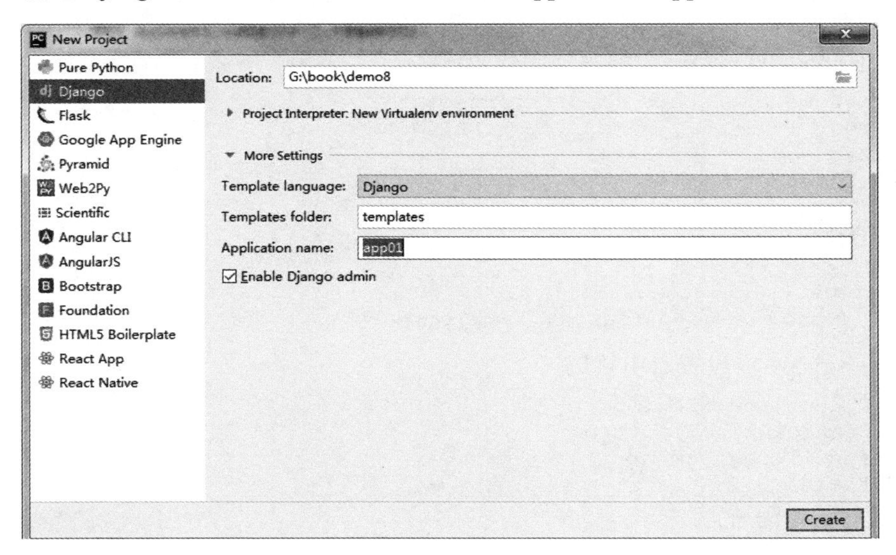

图 8-23 新建项目 demo8

（2）在 templates 目录下新建 HTML 文件 index.html。

```
<!DOCTYPE html>
<html lang="en">
<head>
    <meta charset="UTF-8">
    <title>Title</title>
</head>
<body>
<h4>小说章节内容页、视频播放页、博客访问页、网页广告页……</h4>
<h4>本网页代表了所有浏览量高能带来收益的网页。</h4>
</body>
</html>
```

（3）安装 Django REST framework 及其依赖包：

```
pip install djangorestframework markdown Django-filter
```

（4）在 settings.py 中添加注册代码：

```
INSTALLED_APPS = [
    'django.contrib.admin',
    'django.contrib.auth',
    'django.contrib.contenttypes',
    'django.contrib.sessions',
    'django.contrib.messages',
    'django.contrib.staticfiles',
    'app01.apps.App01Config',
    'rest_framework'
]
```

（5）执行数据更新命令：

```
python manage.py makemigrations
python manage.py migrate
```

（6）在 app01.views.py 中编写视图代码：

```
from django.shortcuts import render
from rest_framework.views import APIView
# Create your views here.
class IndexView(APIView):
    """
    演示视图
    """
    def get(self,request):
        return render(request,'index.html')
```

（7）在 urls.py 内设置路由代码：

```
from Django.contrib import admin
from Django.urls import path
from app01.views import IndexView
urlpatterns = [
    path('admin/', admin.site.urls),
    path('index/',IndexView.as_view(),name='index'),
]
```

（8）运行 demo8，然后使用浏览器访问 http://127.0.0.1:8000/index/，显示如图 8-24 所示的页面，代表新建成功。

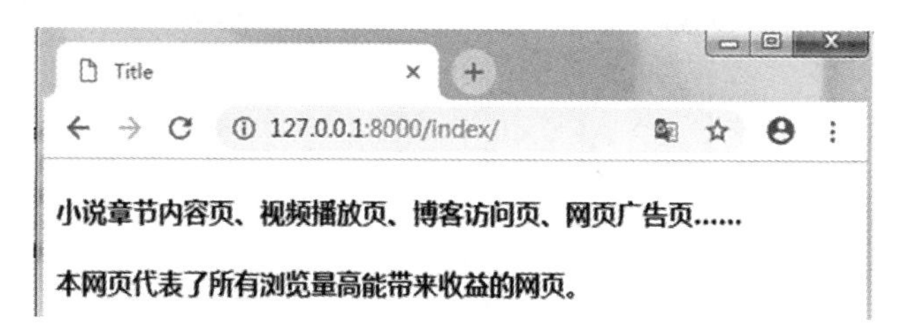

图 8-24　首页

8.3.2　网页客户端向服务端提交了多少信息

我们经常说在后台服务端设置代码，监测用户的 Cookie、IP，以及其他信息，好像只要用户访问了我们的网站，我们就可以获取用户的一切信息。那么我们到底可以通过“用户访问我们的网站”这一个行为，获取用户客户端多少信息呢？

其实用户通过网络请求所传到服务器的信息都封装在 request.META 中，我们可以改造一下视图类 IndexView，查看这些信息。

将 views.py 中的 IndexView 类改写如下：

```
class IndexView(APIView):
    """
    演示视图
    """
    def get(self,request):
        j=0
        for i in request.META:
            print(i,":",request.META[i])
            j+=1
        print("共",j,"条信息")
        return render(request,'index.html')
```

然后重启 demo8 项目，在浏览器端刷新访问：

```
http://127.0.0.1:8000/index/
```

在 Pycharm 中可以直接查看到后端打印的内容：

```
ALLUSERSPROFILE : C:\ProgramData
APPDATA : C:\Users\Administrator\AppData\Roaming
COMMONPROGRAMFILES : C:\Program Files\Common Files
COMMONPROGRAMFILES(X86) : C:\Program Files (x86)\Common Files
COMMONPROGRAMW6432 : C:\Program Files\Common Files
COMPUTERNAME : SKY-20190105GRY
COMSPEC : C:\Windows\system32\cmd.exe
DJANGO_SETTINGS_MODULE : demo8.settings
FP_NO_HOST_CHECK : NO
```

```
HOMEDRIVE : C:
HOMEPATH : \Users\Administrator
LOCALAPPDATA : C:\Users\Administrator\AppData\Local
LOGONSERVER : \\SKY-20190105GRY
NUMBER_OF_PROCESSORS : 4
OS : Windows_NT
PATH : G:\book\demo8\venv\Scripts;C:\Windows\system32;C:\Windows;C:\Windows\
System32\Wbem;C:\Windows\System32\WindowsPowerShell\v1.0\;C:\Program Files
\nodejs\;;D:\软件\Microsoft VS Code\bin;C:\Users\Administrator\AppData\
Roaming\npm
PATHEXT : .COM;.EXE;.BAT;.CMD;.VBS;.VBE;.JS;.JSE;.WSF;.WSH;.MSC
PROCESSOR_ARCHITECTURE : AMD64
PROCESSOR_IDENTIFIER : AMD64 Family 21 Model 48 Stepping 1, AuthenticAMD
PROCESSOR_LEVEL : 21
PROCESSOR_REVISION : 3001
PROGRAMDATA : C:\ProgramData
PROGRAMFILES : C:\Program Files
PROGRAMFILES(X86) : C:\Program Files (x86)
PROGRAMW6432 : C:\Program Files
PROMPT : (venv) $P$G
PSMODULEPATH : C:\Windows\system32\WindowsPowerShell\v1.0\Modules\
PUBLIC : C:\Users\Public
PYCHARM_HOSTED : 1
PYCHARM_MATPLOTLIB_PORT : 7541
PYTHONIOENCODING : UTF-8
PYTHONPATH : G:\book\demo8;D:\软件\PyCharm 2018.3.2\helpers\pycharm_
matplotlib_backend
PYTHONUNBUFFERED : 1
SESSIONNAME : Console
SYSTEMDRIVE : C:
SYSTEMROOT : C:\Windows
TEMP : C:\Users\ADMINI~1\AppData\Local\Temp
TMP : C:\Users\ADMINI~1\AppData\Local\Temp
USERDOMAIN : SKY-20190105GRY
USERNAME : Administrator
USERPROFILE : C:\Users\Administrator
VIRTUAL_ENV : G:\book\demo8\venv
WINDIR : C:\Windows
WINDOWS_TRACING_FLAGS : 3
WINDOWS_TRACING_LOGFILE : C:\BVTBin\Tests\installpackage\csilogfile.log
_OLD_VIRTUAL_PATH :
C:\Windows\system32;C:\Windows;C:\Windows\System32\Wbem;C:
\Windows\System32\WindowsPowerShell\v1.0\;C:\Program Files\nodejs\;
;D:\杞欢\Microsoft VS Code\bin;C:\Users\Administrator\AppData\Roaming\npm
_OLD_VIRTUAL_PROMPT : $P$G
__PYVENV_LAUNCHER__ : G:\book\demo8\venv\Scripts\Python.exe
RUN_MAIN : true
SERVER_NAME : SKY-20190105GRY
GATEWAY_INTERFACE : CGI/1.1
SERVER_PORT : 8000
REMOTE_HOST :
CONTENT_LENGTH :
SCRIPT_NAME :
SERVER_PROTOCOL : HTTP/1.1
SERVER_SOFTWARE : WSGIServer/0.2
```

```
REQUEST_METHOD : GET
PATH_INFO : /index/
QUERY_STRING :
REMOTE_ADDR : 127.0.0.1
CONTENT_TYPE : text/plain
HTTP_HOST : 127.0.0.1:8000
HTTP_CONNECTION : keep-alive
HTTP_CACHE_CONTROL : max-age=0
HTTP_UPGRADE_INSECURE_REQUESTS : 1
HTTP_USER_AGENT : Mozilla/5.0 (Windows NT 6.1; Win64; x64) AppleWebKit
/537.36 (KHTML, like Gecko) Chrome/70.0.3538.110 Safari/537.36
HTTP_ACCEPT : text/html,application/xhtml+xml,application/xml;q=0.9,image
/webp,image/apng,*/*;q=0.8
HTTP_ACCEPT_ENCODING : gzip, deflate, br
HTTP_ACCEPT_LANGUAGE : zh-CN,zh;q=0.9
HTTP_COOKIE : csrftoken=gAPUp654dnFm8WKdkhw0RTYbwyHVI7UrQhwvZg613y0B42cTl
WRF8ZuAlrXmZgnO
wsgi.input : <Django.core.handlers.wsgi.LimitedStream object at 0x0000000004AE46A0>
wsgi.errors : <_io.TextIOWrapper name='<stderr>' mode='w' encoding='UTF-8'>
wsgi.version : (1, 0)
wsgi.run_once : False
wsgi.url_scheme : http
wsgi.multithread : True
wsgi.multiprocess : False
wsgi.file_wrapper : <class 'wsgiref.util.FileWrapper'>
CSRF_COOKIE : gAPUp654dnFm8WKdkhw0RTYbwyHVI7UrQhwvZg613y0B42cTlWRF8ZuAlrXmZgnO
共 80 条信息
```

一共有 80 条信息，其中有网站程序本身的信息，还有客户端用户的信息，比如 Cookies、csrf_token，以及用户的 IP 地址和 user-agent 等。

8.3.3 频率限制功能开发

下面我们在上一节的基础上，对频率限制的核心功能逻辑做开发与配置，从而完整地实现整个频率限制的功能。步骤如下：

（1）在 settings.py 中增加频率限制的配置代码：

```
REST_FRAMEWORK = {
    'DEFAULT_THROTTLE_CLASSES': (
        'rest_framework.throttling.AnonRateThrottle',
        'rest_framework.throttling.UserRateThrottle'
    ),
    'DEFAULT_THROTTLE_RATES': {
        'anon': '2/day',
        'user': '1000/day'
    }
}
```

可以看到代码中有两种频率限制的配置 AnonRateThrottle 和 UserRateThrottle。

AnonRateThrottle 是对未登录用户的网络访问进行频率限制，判断是否为同一个用户的依据是访问用户的 IP 地址。

UserRateThrottle 是对已登录用户的网络访问进行频率限制，判断是否为同一个用户的依据是用户的身份验证。

在本节中，我们选择使用的是对未登录用户的网络访问进行频率限制的 AnonRateThrottle。在 DEFAULT_THROTTLE_RATES 中，配置的是对频率限制的具体限制要求，其中，anon 代表的是对未登录用户的频率限制，限制为每天最多访问两次（当然，这是为测试才如此设置）。

对于频率限制的单位，Django REST framework 给出了 second、minute、hour 和 day 4 个选择。

（2）改造 views.py 中的 IndexView，引入频率限制模块：

```
from django.shortcuts import render
from rest_framework.views import APIView
from rest_framework.response import Response
from rest_framework.throttling import AnonRateThrottle
# Create your views here.
class IndexView(APIView):
    """
    演示视图
    """
    throttle_classes = (AnonRateThrottle,)
    def get(self,request):
        return Response('本网页代表了所有浏览量高能带来收益的网页。')
```

（3）重启 demo8，浏览器访问 http://127.0.0.1:8000/index/，可以看到如图 8-25 所示的内容。

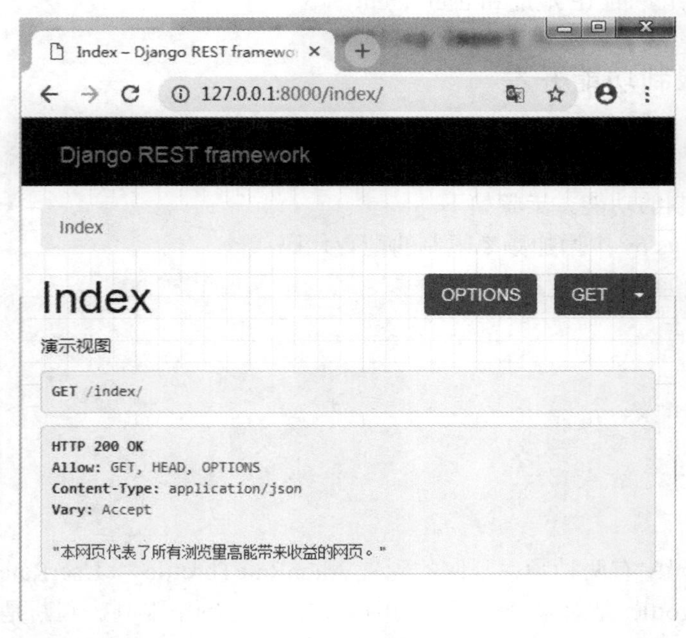

图 8-25　成功访问页面

然后刷新浏览器两次，会看到如图 8-26 所示的频率限制提示内容。

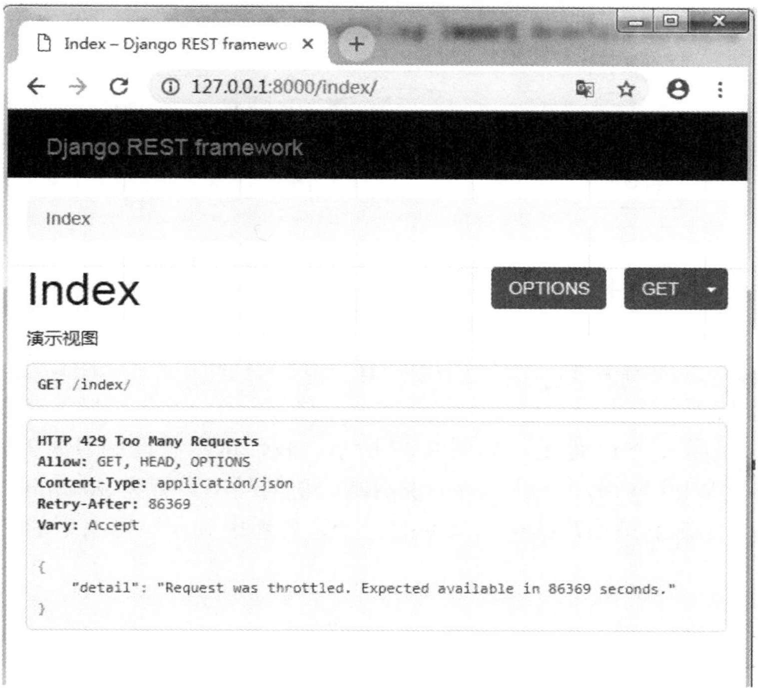

图 8-26　频率限制提示

网页端获取频率限制提示信息：

```
{
    "detail": "Request was throttled. Expected available in 86369 seconds."
}
```

提示访问被限制，需要 86369 秒以后才可以再次访问。至此，我们的频率限制功能开发成功了。

注意：本节中只介绍了对未登录用户访问的频率限制，对已登录用户访问的频率限制需要配合第 5 章介绍的身份验证功能一同使用，这个功能就留给读者结合本节的知识点进行实践吧。

8.3.4　频率限制该怎样确定

虽然能够开发出频率限制的功能，但是有一个新的问题，那就是频率限制为多少合适呢？以一个小说网站为例，假设一个用户看小说的速度极限为 2 秒钟看一章，那么设置访问频率为：

```
    'anon': '30/ minute ',
```

是否合理呢？答案是否定的。

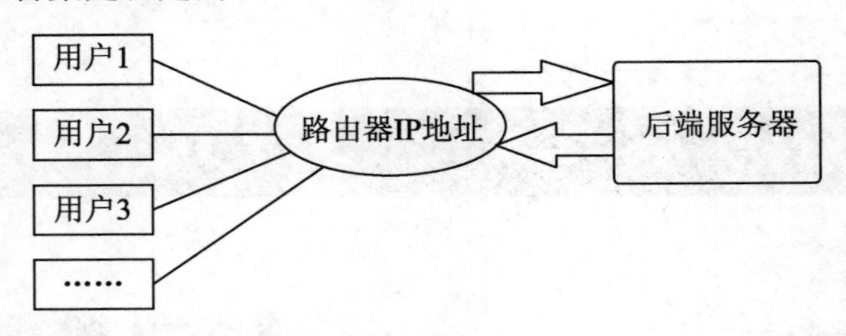

图 8-27　数据访问模型

对未登录用户的频率限制，是以用户的 IP 地址来判断用户身份的，所以网站程序默认一个 IP 地址代表一个用户。但事实并非如此，如果一个 WiFi 环境下有 10 个用户，那么这 10 个用户是同一个 IP 地址，如图 8-27 所示。我们可以假设最多每 30 个客户端连接同一个路由器的 WiFi 网络，所以，将小说网站的访问频率设置为 900/minute 更加合理。所以，我们在设定未登录用户的访问频率时，一定要考虑到同一网络下的用户数量。

第 9 章　关于跨域问题的解决办法

一说到跨域，相信开发过前后端分离项目的程序员都不会陌生。但是很大一部分程序员对于跨域是知其然而不知其所以然。也就是说，会使用，但是不知道为什么这么用。我们在本章将会详细分析关于跨域的问题。

9.1　什么是跨域

跨域问题是一个在开发前后端分离项目的时候几乎绕不开的问题。好在关于跨域的问题都有相应的解决方案。在这一节中，我们就来对跨域问题抽丝剥茧，深入探索。

9.1.1　浏览器的同源策略

当我们在前端项目通过网络请求从后端项目中获取数据时，在后端显示访问正常，没有任何报错，而在前端却收不到数据，还会出现报错。遇见这种情况，很大可能是出现了跨域问题。那么跨域问题发生在前端与后端的哪个阶段呢？下面我们来做个实验。

（1）如图 9-1 所示，我们新建 Django 项目命名为 demo9，同时新建 App，命名为 app01。

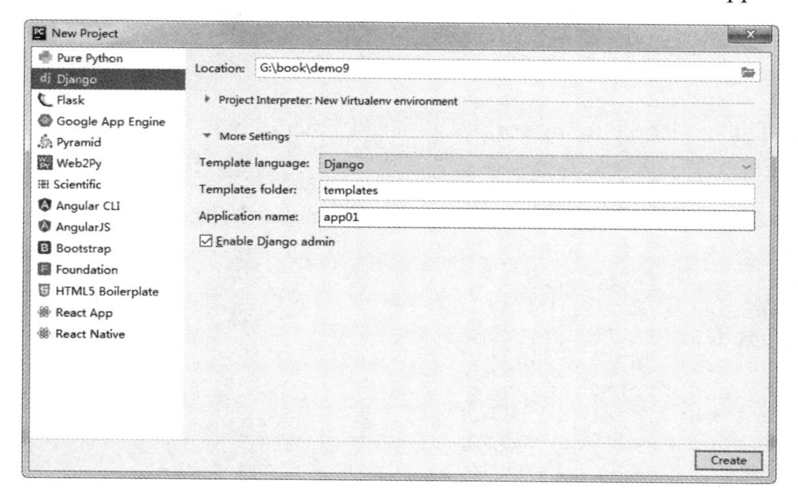

图 9-1　新建项目 demo9

（2）在 app01/models.py 中新建一个书籍类：

```
from django.db import models
from datetime import datetime
# Create your models here.
class Book(models.Model):
    """
    书籍
    """
    title=models.CharField(max_length=32,verbose_name='书名')
    author=models.CharField(max_length=10,verbose_name='作者名')
    add_time = models.DateTimeField(default=datetime.now, verbose_name='
添加时间')
    class Meta:
        verbose_name='书籍表'
        verbose_name_plural = verbose_name
    def __str__(self):
        return self.title
```

（3）执行数据更新命令：

```
python manage.py makemigrations
python manage.py migrate
```

（4）如图 9-2 所示，在书籍表格内输入两条书籍记录。

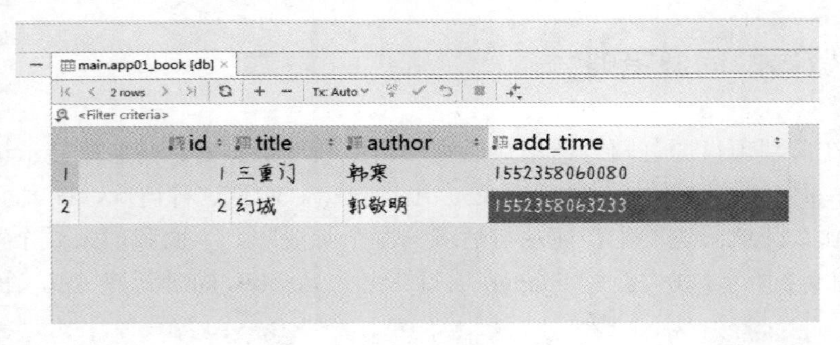

图 9-2　添加实验数据

（5）安装 Django REST framework 及其依赖包 markdown 和 django-filter。

```
pip install djangorestframework markdown Django-filter
```

（6）在 settings.py 中添加注册 app01 和 rest_framework 的代码：

```
INSTALLED_APPS = [
    'django.contrib.admin',
    'django.contrib.auth',
    'django.contrib.contenttypes',
    'django.contrib.sessions',
    'django.contrib.messages',
    'django.contrib.staticfiles',
    'app01.apps.App01Config',
    'rest_framework'
]
```

（7）在 demo9/app01/views.py 中编写视图函数：

```
from django.shortcuts import render
from .models import Book
from .serializers import BookSerializer
from rest_framework.views import APIView
from rest_framework.response import Response
from rest_framework.renderers import JSONRenderer,BrowsableAPIRenderer
# Create your views here.
class BookView(APIView):
    """
    书籍列表
    """
    renderer_classes = [JSONRenderer]                    # 渲染器
    def get(self,request):
        book_list = Book.objects.all()
        re = BookSerializer(book_list, many=True)
        return Response(re.data)
```

（8）在 demo9/urls.py 中配置路由代码：

```
from django.contrib import admin
from django.urls import path
from app01.views import BookView
urlpatterns = [
    path('admin/', admin.site.urls),
    path('book/',BookView.as_view(),name='book'),
]
```

（9）运行项目 demo9，然后通过浏览器访问 http://127.0.0.1:8000/book/，如图 9-3 所示，通过浏览器访问获取书籍列表信息之后，获得了书籍列表的数据。

图 9-3　获取到书籍数据

（10）我们使用 Vue 新建一个前端项目 test。如图 9-4 所示，搭建 Vue 开发环境，安装 Vue 的脚手架工具：

```
cnpm install --global vue-cli
```

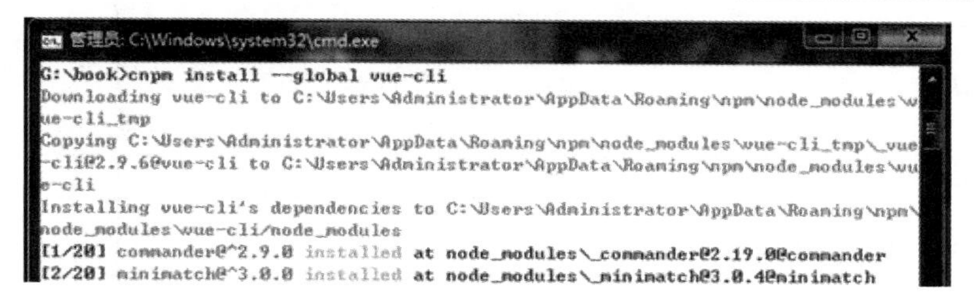

图 9-4　安装 Vue 脚手架

（11）创建项目 test：

```
vue init webpack-simple test
cd test
cnpm install
```

（12）安装 axios：

```
cnpm install axios -save
```

（13）在 test/src/App.vue 中编写代码，让前端项目加载完书籍列表数据：

```
<template>
  <div id="app">
    <img src="./assets/logo.png">
    <router-view/>
  </div>
</template>
<script>
import axios from 'axios'
export default {
  name: 'App',
  data(){
    return{
      msg:''
    }
  },
  methods:{
    getData(){
      axios({
        url:'http://127.0.0.1:8000/book/'
      }).then(res=>{
        console.log(res)
      })
    }
  },
  mounted(){
    this.getData()
  }
}
</script>
<style>
#app {
  font-family: 'Avenir', Helvetica, Arial, sans-serif;
  -webkit-font-smoothing: antialiased;
  -moz-osx-font-smoothing: grayscale;
  text-align: center;
  color: #2c3e50;
  margin-top: 60px;
}
</style>
```

（14）运行 test，如图 9-5 所示。

```
npm run dev
```

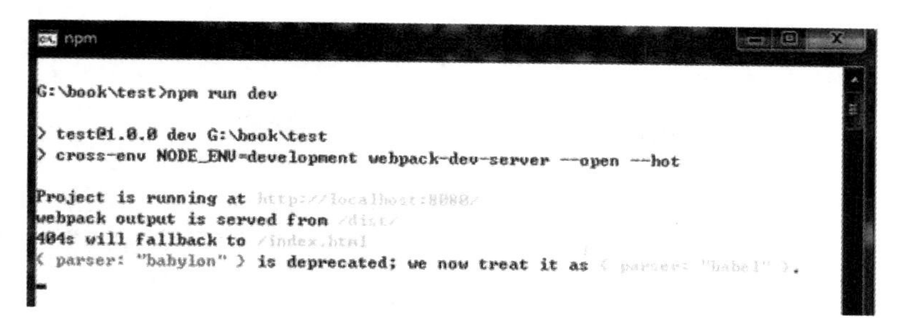

图 9-5　运行 test

（15）通过浏览器访问：http://localhost:8080/，如图 9-6 所示，访问的网页界面是 Vue 项目的默认展示页，然后按 F12 键，打开开发者模式，查看 Console 页面，可以看到如下报错信息：

```
    Failed to load http://127.0.0.1:8000/book/: No 'Access-Control-Allow-Origin' header is present on the requested resource. Origin 'http://localhost:8080' is therefore not allowed access.
    webpack-internal:///12:16 Uncaught (in promise) Error: Network Error
        at createError (webpack-internal:///12:16)
        at XMLHttpRequest.handleError (webpack-internal:///11:87)
```

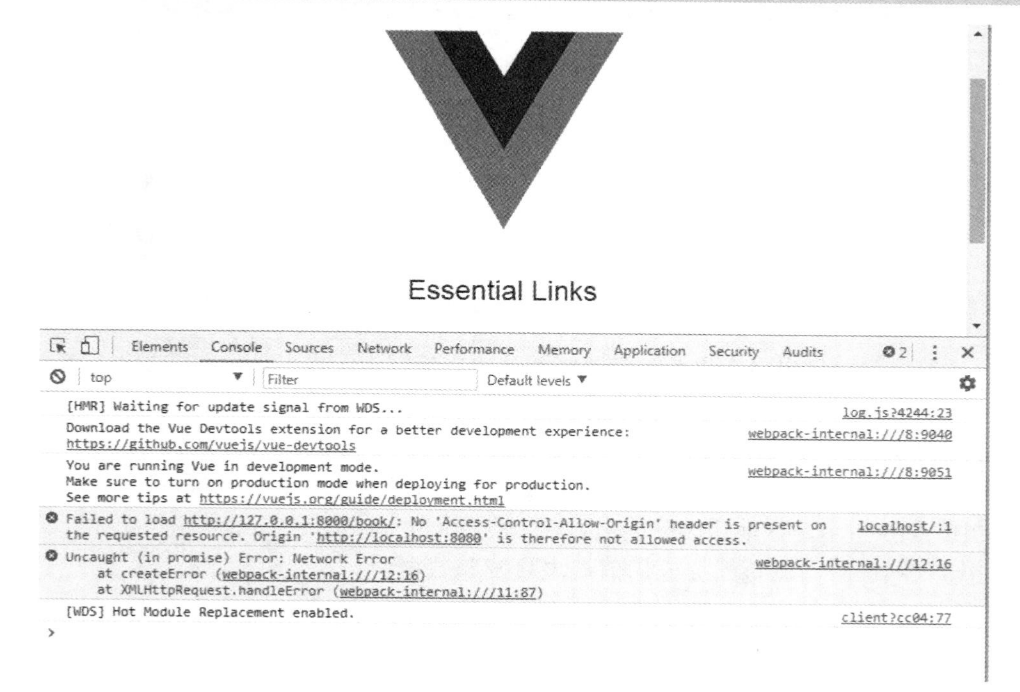

图 9-6　浏览器控制台

这段报错信息说明发生了跨域问题。跨域问题的出现，让浏览器无法打印书籍列表的数据信息，这是怎么回事呢？我们 PyCharm 看一下后端的访问情况。

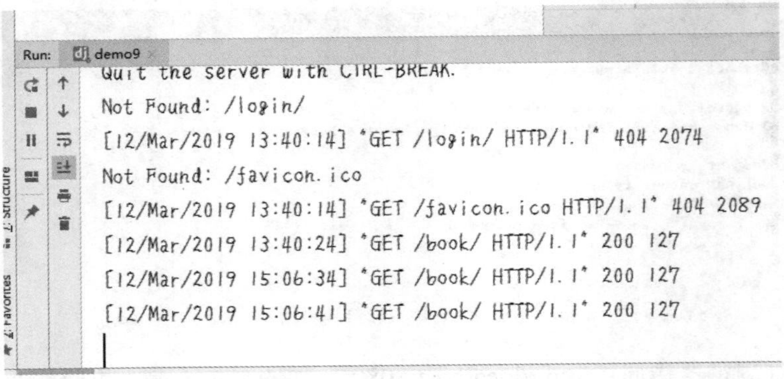

```
Run: demo9
Quit the server with CTRL-BREAK.
Not Found: /login/
[12/Mar/2019 13:40:14] "GET /login/ HTTP/1.1" 404 2074
Not Found: /favicon.ico
[12/Mar/2019 13:40:14] "GET /favicon.ico HTTP/1.1" 404 2089
[12/Mar/2019 13:40:24] "GET /book/ HTTP/1.1" 200 127
[12/Mar/2019 15:06:34] "GET /book/ HTTP/1.1" 200 127
[12/Mar/2019 15:06:41] "GET /book/ HTTP/1.1" 200 127
```

图 9-7　后端访问日志

如图 9-7 所示，在后端中显示，对来自于前端的数据请求的返回都是正常的，也就是说跨域问题并不是出自于后端。那么错误是否发生在前端呢？

让我们查看一下对前端项目 test 的运行监测日志。如图 9-8 所示，前端项目 test 的监测日志也没有任何报错。

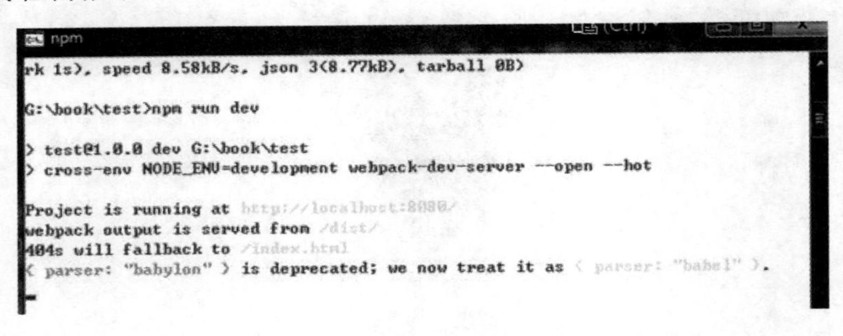

图 9-8　前端访问日志

前后端分离项目出现了报错，问题既不是出在后端上，也不是出在前端上，那么就只剩下一种可能：浏览器。

如图 9-9 所示，在传统网站项目中，如同第（9）步一样，浏览器端访问后端，然后从后端直接获取数据。浏览器所获取到的数据，全部都是来自于后端项目。

如图 9-10 所示，在前后端分离项目中，当我们在浏览器端输入网址时，浏览器会先向前端项目发起数据请求，然后前端项目向浏览器返回数据，而这些数据中，包含了让浏览器向后端项目继续获取数据的命令，这时，浏览器的确会执行这条命令，向后端项目获取数据请求，后端项目也会相应地将数据返回给浏览器，但是浏览器会选择拒绝接收此数据，并报出产生了跨域问题的错误信息。这个情况，就是浏览器同源策略起了作用。

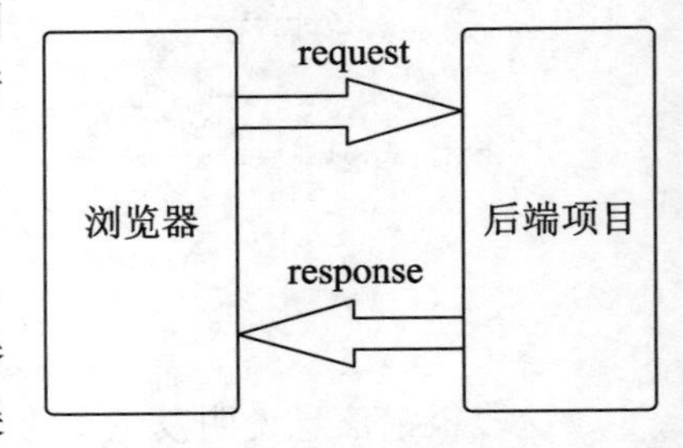

图 9-9　传统网络请求模型

浏览器同源策略，是浏览器最核心，也是最基本的安全功能，所谓同源是指域名、协议和端口相同。没有浏览器同源策略，也就不会有跨域问题。

跨域是所有的前后端分离项目都需要注意问题。浏览器的同源策略似乎在其中起到了很负面的作用，像这样一个“制造问题”的功能，真的有必要存在吗？当然有。

如图 9-11 所示，是浏览器访问前后端分离项目之后的网络传输流程。

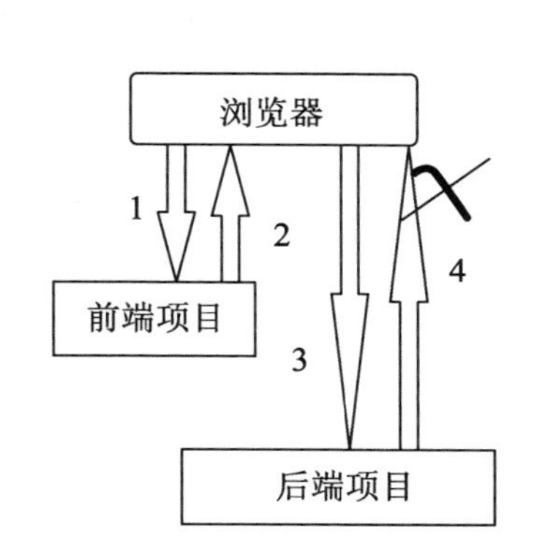

图 9-10　同源策略问题的出现原理

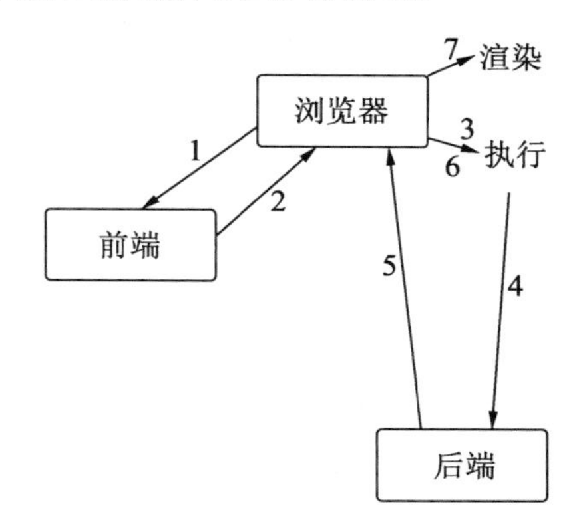

图 9-11　网络传输流程

图 9-11 所示的网络传输流程介绍如下：

（1）在浏览器端通过 URL 访问前端项目。

（2）前端项目返回数据。

（3）浏览器开始对前端返回的数据进行解析，对数据中包含的样式进行渲染，对数据中包含的逻辑代码进行执行。

（4）这时，在这些逻辑代码中，有一条命令，让浏览器端向后端项目的 URL 地址发送数据请求。

（5）浏览器执行这条命令，向后端发起了数据请求。

（6）后端项目向浏览器端返回请求的数据。

（7）浏览器端会对此数据进行解析，发现这些数据的来源与第（1）步中的 URL 不一样，于是拒绝对这些数据做进一步的执行与渲染，然后报出跨域问题的错误提示。

在这里，前端项目和后端项目，可以理解为两个网站，而浏览器，可以理解为用户的客户端。

如果没有同源策略，会存在安全问题。假如用户的电脑遭遇病毒攻击，病毒的功能是用户只要通过浏览器访问网站 A，就会在浏览器解析从网站 A 返回的数据之前，将让浏览器访问其他的非法网站 B 的命令塞进这些数据里，这样非法网站 B 就会获取用户在网站 A 的 Cookie。

这个时候，非法网站 B 只要带着用户的 Cookie 访问网站 A，就可以用户的身份，在网站 A 中进行操作了。如果网站 A 是购物网站，相对比较安全，毕竟在完成支付的时候，还需要进行手机验证码操作;假如网站 A 是一家网络借贷公司的网站后果不堪设想。所以,浏览器的同源策略非常重要。

9.1.2 什么情况下会发生跨域问题

一说到“域”,大家很容易联想到的一个概念是“域名”,那么是不是只要不跨域名,就不会出现跨域问题呢?答案是否定的。如图 9-12 是常见的跨域问题。

URL	说明	是否跨域
http://xxx.com/a.html	同一域名,不同文件路径	否
http://xxx.com/b.html		
http://xxx.com:8008/a.html	同一域名,不同端口	是
http://xxx.com:403/a.html		
http://xxx.com/a.html	同一域名,不同协议	是
https://xxx.com/a.html		
http://a.xxx.com/a.html	同一域名,不同子域	是
http://b.xxx.com/a.html		
http://xxx.com/a.html	不同域名	是
http://yyy.com/a.html		

图 9-12 常见的跨域问题

9.2 跨域问题的几种解决思路

因为有浏览器同源策略的存在,跨域问题在前后端分离的项目中是必然会出现的。那么解决跨域问题,也就成了所有前后端分离项目的开发者们都必须要面对的一项工作。其实想要解决跨域问题并不难,甚至有很多方案,这些方案有的是基于前端的配置,有的是基于后端的配置,甚至还有基于中间件的反向代理的方式。在本节中,我们会对 4 种常见的跨域问题的解决思路做介绍。

9.2.1 通过 jsonp 跨域

原理:<srcipt>标签不受浏览器同源策略限制。比如在线引用 jQuery,其实也是一种跨域的实现:

```
<script src="http://code.jquery.com/jquery-latest.js"></script>
```

将 src 对应的网址替换为后端项目的网址,即可实现前后端分离项目开发者想要达到的效果。

（1）原生写法实现：

```
<script>
```

（2）jQuery ajax 实现：

```
$.ajax({
    url: 'http://www.domain2.com:8080/login',
    type: 'get',
    dataType: 'jsonp',                         // 请求方式为jsonp
    jsonpCallback: "onBack",                   // 自定义回调函数名
    data: {}
});
```

（3）Vue.js 实现：

```
this.$http.jsonp('http://www.domain2.com:8080/login', {
    params: {},
    jsonp: 'onBack'
}).then((res) => {
    console.log(res);
})
```

注意： jsonp 有很大的一个局限性，就是只能实现 get 请求。

9.2.2　document.domain + iframe 跨域

原理：不同域指向的两个页面，都通过 JS 强制设置 document.domain 为基础主域，就可以实现同域。

（1）父窗口 www.domain.com/a.html：

```
<iframe id="iframe" src="http://child.domain.com/b.html"></iframe>
<script>
```

（2）子窗口 child.domain.com/b.html：

```
<script>
```

注意： 此方案仅限主域相同，子域不同的跨域应用场景。

9.2.3　CORS（跨域资源共享）

通过在服务端设置 Access-Control-Allow-Origin 即可解决跨域问题，前端无需设置。此方案目前是主流的跨域问题解决方案。

CORS（Cross-origin resource sharing 跨域资源共享），是一个 W3C 标准。

CORS 的原理是只需要向响应头 header 中注入 Access-Control-Allow-Origin，浏览器检测到 header 中的 Access-Control-Allow-Origin，就可以跨域操作了。

CORS 允许浏览器向跨源服务器发出 XMLHttpRequest 请求，从而克服 AJAX 只能同源使用的限制。

9.2.4 Nginx 代理跨域

（1）Nginx 配置解决 iconfont 跨域。浏览器跨域访问 JS、CSS 和 Img 等常规静态资源被同源策略许可，但 iconfont 字体文件（eot/otf/ttf/woff/svg）例外，此时可在 Nginx 的静态资源服务器中加入以下配置：

```
location / {
  add_header Access-Control-Allow-Origin *;
}
```

（2）Nginx 反向代理。

原理：通过 Nginx 配置一个代理服务器（域名与 domain1 相同，端口不同）做跳板机，反向代理访问 domain2 接口。服务器端调用 HTTP 接口只是使用 HTTP 协议，不会执行 JS 脚本，因为不需要同源策略，也就不存在跨越问题。

9.2.5 小结

本节中介绍了 4 种常见的跨域问题解决方案，其实还存在很多种解决方案，在本节中就不一一列举了。通过这些解决方案可以总结出一个规律，那就是所有的解决方案，基本上都在绕开一件事儿，那就是尽量绕开 JS 脚本中与网络请求有关的命令。浏览器对于 JS 脚本做网络请求的限制非常大，在浏览器中运行的 JS 脚本也因此不可以作为网络爬虫来运行，因为浏览器中运行的 JS 脚本在发送网络请求时，是不允许自定义协议头的。

9.3 前端项目解决跨域问题

在本节中，我们将通过一个前后端项目实例来演示如何通过前端项目的设置，解决跨域问题。但是前端项目并不等于前端，前端项目是在前后端项目中相对于后端项目而言的。严谨而言，在前端项目解决跨域问题，其实是在后端解决了跨域问题。对于前端、前端项目、后端项目、后端这 4 个概念，大家一定不要混淆。

9.3.1 webpack 与 webpack-simple 的区别

在前面的章节中，涉及的前后端分离项目业务需求比较简单，所以笔者一直选择使用 webpack-simple 建立前端项目。一般情况下，在实际生产项目中，大多数的情况，如果前端项目是基于 Vue 的，那么会选择使用 webpack 建立前端项目。那么，webpack 与 webpack-simple 有什么区别呢？

（1）新建时，Webpack 和 Webpack-Simple 安装依赖库的方式不同。

如图 9-13 所示，使用 webpack-simple 新建 Vue 项目 demo9_1：

```
cnpm install -global vue-cli
vue init webpack-simple demo9_1
cd demo9_1
cnpm install
```

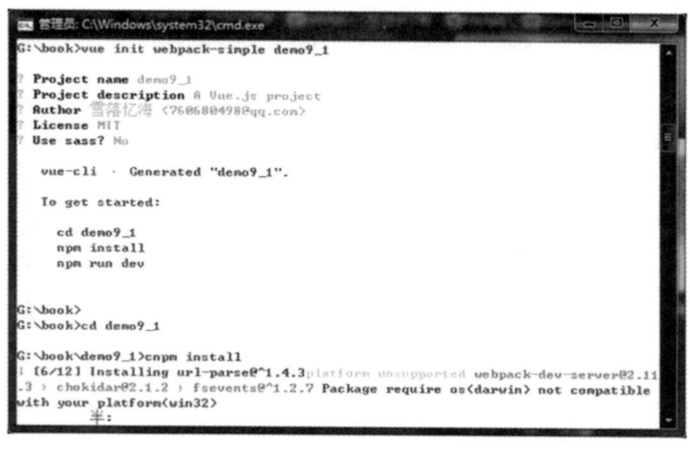

图 9-13　新建 demo9_1 项目

注意：我们默认电脑里已经安装了 Node.js 和淘宝镜像。

如图 9-14 所示，使用 webpack 新建 Vue 项目 demo9_2:

```
vue init webpack demo9_2
```

图 9-14　新建项目 demo9_2

执行这条命令，然后一直按回车键即可。如果在实际操作中就能感受到，这个执行过程是非常慢的。这是因为 webpack 与 webpack-simple 安装依赖包的顺序是不一样的，webpack-simple 是先新建项目，然后由用户手动进入项目目录，可以选择是使用 npm 还是使用 cnpm 安装依赖包，我们选择了 cnpm。

而 webpack 则是在新建项目的时候，就开始安装依赖包，并且默认是以 npm 安装依赖包，速度极慢。如图 9-15 所示，如果依赖包一直下载不完，我们可以按 Ctrl+C 键终止下载，然后改换用 cnpm 进行安装，很快就安装好了。

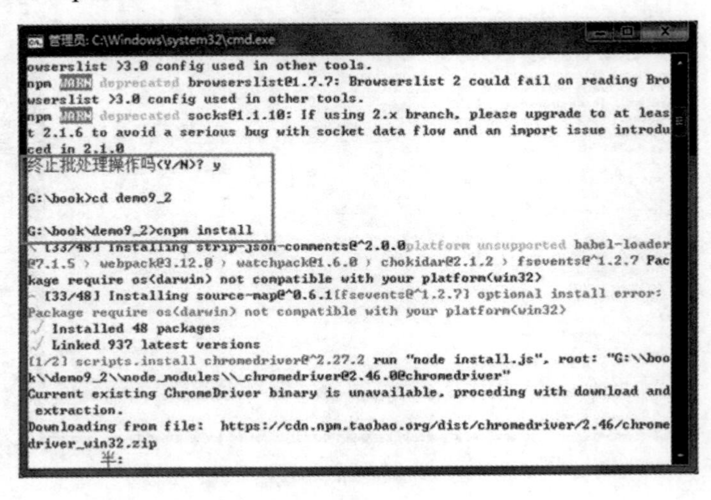

图 9-15　使用 cnpm 安装依赖

（2）目录结构不同。

如图 9-16 所示，是使用 webpack-simple 新建的项目目录。

如图 9-17 所示，是使用 webpack 新建的项目目录。

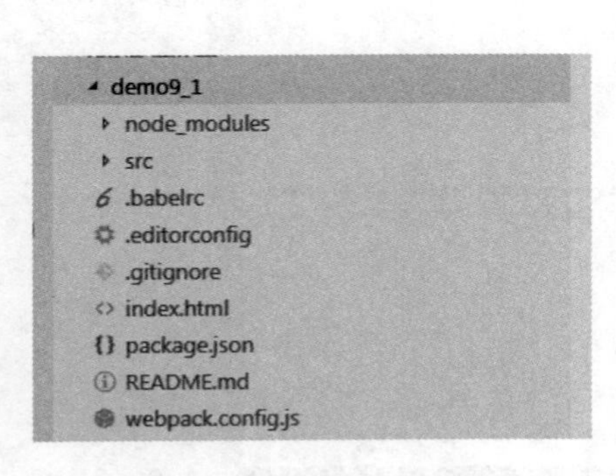

图 9-16　Webpack-Simple 目录结构

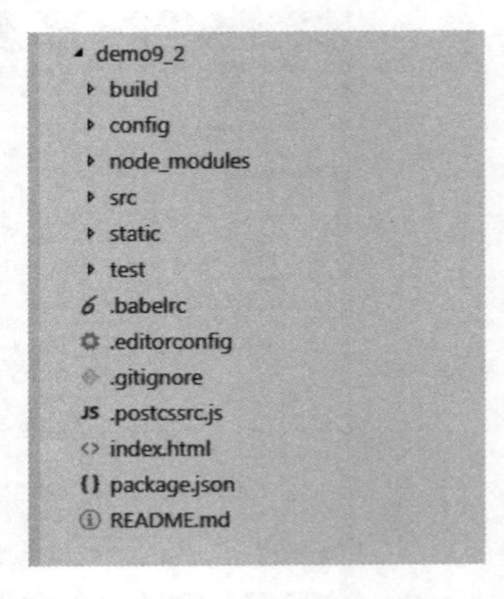

图 9-17　Webpack 目录结构

（3）解决跨域的难易程度不同。

解决跨域的难易程度不同，是 webpack 和 webpack-simple 的主要区别。在 webpack 的项目中，有 config 目录，该目录下有 index.js 文件，在这个文件内，进行简单的配置就可以解决跨域问题；而使用 webpack-simple 新建的项目，则没有这个目录，也没有这个文件。

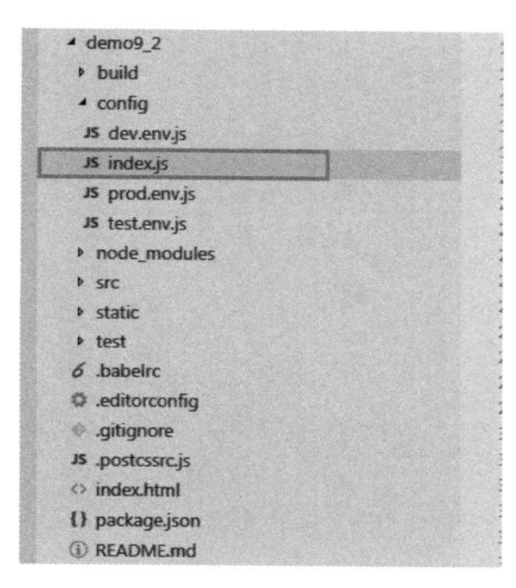

图 9-18　index.js 目录位置

注意： 虽然使用 webpack 新建的项目可以通过修改 index.js 文件中的一些配置代码轻松地解决跨域问题，而使用 webpack-simple 新建的项目没有这个文件，这并不是说，使用 webpack-simple 新建的项目就不可以在前端项目内解决跨域问题，只是解决方法的操作更麻烦一些。

9.3.2　在前端项目中解决跨域问题

从前端项目中解决跨域问题，首先在 index.js 中做相关配置，然后向后端发送数据请求，这样获取到的数据就可以避免跨域问题了。具体的操作步骤如下：

（1）如图 9-19 所示，打开 demo9_2/config/index.js，然后在 proxyTable 中添加代码：

```
'/api': {                                        //替换代理地址名称
    target: 'http://127.0.0.1:8000/',            //代理地址
    changeOrigin: true,                          //可否跨域
    pathRewrite: {
    '^/api': ''                                  //重写接口，去掉/api
    }
}
```

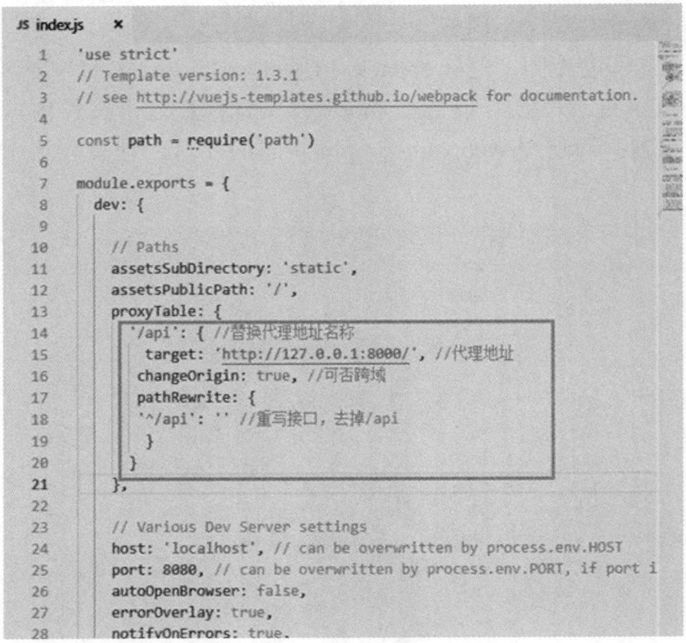

```
JS index.js  ×
1   'use strict'
2   // Template version: 1.3.1
3   // see http://vuejs-templates.github.io/webpack for documentation.
4
5   const path = require('path')
6
7   module.exports = {
8     dev: {
9
10      // Paths
11      assetsSubDirectory: 'static',
12      assetsPublicPath: '/',
13      proxyTable: {
14        '/api': { //替换代理地址名称
15          target: 'http://127.0.0.1:8000/', //代理地址
16        changeOrigin: true, //可否跨域
17        pathRewrite: {
18        '^/api': '' //重写接口，去掉/api
19          }
20        }
21      },
22
23      // Various Dev Server settings
24      host: 'localhost', // can be overwritten by process.env.HOST
25      port: 8080, // can be overwritten by process.env.PORT, if port i
26      autoOpenBrowser: false,
27      errorOverlay: true,
28      notifyOnErrors: true,
```

图 9-19　配置代理信息

（2）在 demo9_2 中安装 axios 模块：

```
cnpm install axios -save
```

（3）在 demo9_2/src/App.vue 中编写向后端请求数据的代码：

```
template>
  <div id="app">
    <img src="./assets/logo.png">
    <router-view/>
  </div>
</template>
<script>
//引入 axios 模块
import axios from 'axios'
export default {
  name: 'App',
  data(){
    return{
      msg:''
    }
  },
  methods:{
//向后端项目请求数据方法
    getData(){
      axios({
        url:'api/book/'
      }).then(res=>{
```

```
        console.log(res)
      })
    }
  },
  mounted(){
    this.getData()
  }
}
</script>
<style>
#app {
  font-family: 'Avenir', Helvetica, Arial, sans-serif;
  -webkit-font-smoothing: antialiased;
  -moz-osx-font-smoothing: grayscale;
  text-align: center;
  color: #2c3e50;
  margin-top: 60px;
}
</style>
```

（4）至此，我们在前端就已经将跨域问题解决了。接下来验证是否已解决跨域问题。如图 9-20 所示，启动 demo9_2 项目：

```
npm run dev
```

然后使用浏览器访问：http://127.0.0.1:8080/。

图 9-20　启动 demo9_2

（5）如图 9-21 所示，运行我们在本章新建的后端项目 demo9。

```
Run: demo9
System check identified no issues (0 silenced).
March 13, 2019 - 15:12:23
Django version 2.1.7, using settings 'demo9.settings'
Starting development server at http://127.0.0.1:8000/
Quit the server with CTRL-BREAK.
```

图 9-21　运行 demo9

（6）如图 9-22 所示，在浏览器中按 F12 键，打开开发者模式。

在浏览器的 Console 面板中，收到了来自后端项目的数据：

```
{data: Array(2), status: 200, statusText: "OK", headers: {…},
config: {…}, …}
config: {adapter: ƒ, transformRequest: {…}, transformResponse: {…}, timeout:
0, xsrfCookieName: "XSRF-TOKEN", …}
data: Array(2)
```

```
    0: {id: 1, title: "三重门", author: "韩寒", add_time: null}
    1: {id: 2, title: "幻城", author: "郭敬明", add_time: null}
    length: 2
    __proto__: Array(0)
    headers: {date: "Wed, 13 Mar 2019 07:13:29 GMT", allow: "GET, HEAD, OPTIONS",
server:  "WSGIServer/0.2  CPython/3.7.2",  x-frame-options:  "SAMEORIGIN",
x-powered-by: "Express", …}
    request: XMLHttpRequest {onreadystatechange: ƒ, readyState: 4, timeout: 0,
withCredentials: false, upload: XMLHttpRequestUpload, …}
    status: 200
    statusText: "OK"
    __proto__: Object
```

图 9-22　浏览器获取数据

9.4　在后端项目中解决跨域问题

在本节中，我们将在后端项目中实现跨域问题的解决。本节不需重新建立项目，可以使用在 9.3.1 节中新建的另一个前端项目 demo9_2，以及后端项目 demo9。

在 Django 项目中，使用 CORS（跨域资源共享）解决跨域问题非常方便。接下来就通过一个实例来演示如何使用 CORS 解决跨域问题。具体步骤如下：

（1）安装跨域模块：

```
pip install django-cors-headers
```

（2）在 settings.py 中注册模块：

```
INSTALLED_APPS = [
    'django.contrib.admin',
    'django.contrib.auth',
    'django.contrib.contenttypes',
    'django.contrib.sessions',
    'django.contrib.messages',
    'django.contrib.staticfiles',
    'app01.apps.App01Config',
    'rest_framework',
    'corsheaders'
]
```

（3）在 settings.py 中增加中间件的配置代码：

```
MIDDLEWARE = [
    'corsheaders.middleware.CorsMiddleware',              # 放到中间件顶部
    'django.middleware.security.SecurityMiddleware',
    'django.contrib.sessions.middleware.SessionMiddleware',
    'django.middleware.common.CommonMiddleware',
    'django.middleware.csrf.CsrfViewMiddleware',
    'django.contrib.auth.middleware.AuthenticationMiddleware',
    'django.contrib.messages.middleware.MessageMiddleware',
    'django.middleware.clickjacking.XFrameOptionsMiddleware',
]
```

（4）在 settings.py 中新增配置项，即可解决本项目中的跨域问题。

```
CORS_ORIGIN_ALLOW_ALL = True
```

（5）如图 9-23 所示，重新运行 demo9 项目。

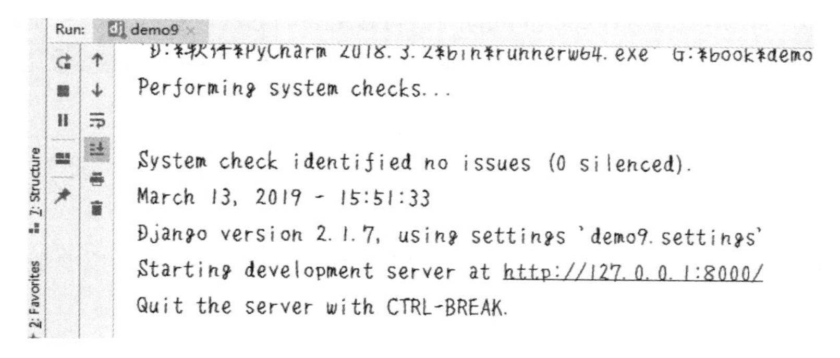

图 9-23　启动 demo9 项目

（6）在 demo9_1 中安装 axios 模块：

```
cnpm install axios -save
```

（7）在 demo9_1/src/App.vue 中编写向后端请求数据的代码：

```
<template>
  <div id="app">
  <!--……-->
  </div>
```

```
</template>
<script>
//引入 axios 模块
import axios from 'axios'
export default {
  name: 'App',
  data(){
    return{
      msg:''
    }
  },
  methods:{
//向后端发送数据请求
    getData(){
      axios({
        url:'http://127.0.0.1:8000/book/'
      }).then(res=>{
        console.log(res)
      })
    }
  },
  mounted(){
    this.getData()
  }
}
</script>
<style>
</style>
```

注意：这里的代码，<template>与<style>标签内容并没有做修改，保留了项目初始化的样子，与 9.3.2 节介绍的 demo9_2 中的<template>和<style>标签内容相同。但是在<script>标签中的 URL 却是不同的，大家要注意不要与 demo9_2 混淆。

（8）运行 demo9_1 项目：

```
npm run dev
```

（9）使用浏览器访问：http://127.0.0.1:8080/。

（10）如图 9-24 所示，按 F12 键，打开浏览器的开发者模式。可以看到 Console 控制台没有报错，而且获得了后端传来的数据：

```
{data: Array(2), status: 200, statusText: "OK", headers: {…}, config: {…}, …}
config: {adapter: ƒ, transformRequest: {…}, transformResponse: {…}, timeout: 0, xsrfCookieName: "XSRF-TOKEN", …}
data: (2) [{…}, {…}]
headers: {content-type: "application/json"}
request: XMLHttpRequest {onreadystatechange: ƒ, readyState: 4, timeout: 0, withCredentials: false, upload: XMLHttpRequestUpload, …}
status: 200
statusText: "OK"
__proto__: Object
```

图 9-24　浏览器端获取数据

至此，我们在后端项目中实现了解决跨域问题的功能。

第 10 章　用 Django 实现支付功能

通过前面几章的内容介绍，我们知道开发并运营一个网站是一笔不小的开销。就算不是以盈利为目的的网站开发者，也需要学习支付功能的相关知识。在本章中，我们将对目前国内主流支付平台的业务模式进行分析，并新建实际项目案例演示怎样实现支付功能。

10.1　分析目前主流的支付模式

目前，对于我国互联网用户而言，除了支付宝和微信支付两大巨头以外，其他的支付平台很难称得上是主流支付平台。本节中将对支付宝业务模式进行简要分析。

10.1.1　支付宝的业务模式

初次接触对接第三方支付接口，一般会感到无从下手。在本节中，我们将从登录支付宝开发者平台开始，一步一步向大家介绍与对接支付宝的支付接口有关的业务模式。具体步骤如下：

（1）如图 10-1 所示，作为开发者，在对接支付宝的支付接口时，登录的平台其实并不是支付宝的官方网站，而是蚂蚁金服的开放平台。网址为 https://open.alipay.com/platform/home.htm。

图 10-1　扫码登录

（2）如图 10-2 所示，当我们使用手机支付宝，通过扫描二维码登录，成功登录了蚂蚁金服开放平台之后，将进入蚂蚁金服开放平台的首页，然后单击“开发中心”，即可看到“开发者接入”的入口。

图 10-2　开发者入口

其中“网页&移动应用”代表是在 PC 端和手机 App 客户端对于支付宝第三方支付的接口接入；而“生活号”代表支付宝生活号的第三方支付接口的接入，支付宝小程序的第三方支付，就是通过“生活号”这个接口实现的。

（3）如图 10-3 所示，单击“网页&移动应用”选项，进入创建应用的页面。

图 10-3　创建应用

如果需要在实际生产中对接支付宝的第三方支付、创建应用、获取 APPID，以及提交信息，还要求开发者具有支付宝认证的企业资质（每年需要向支付宝公司缴纳一定的费用）。这是在网站和应用即将上线时，必须要提供的。

我们目前介绍的内容只是在开发调试的阶段，并不是真正上线使用，可以先不用创建应用。

（4）如图 10-4 所示，在开发阶段，需要选择“开发中心”下的“研发服务”选项。

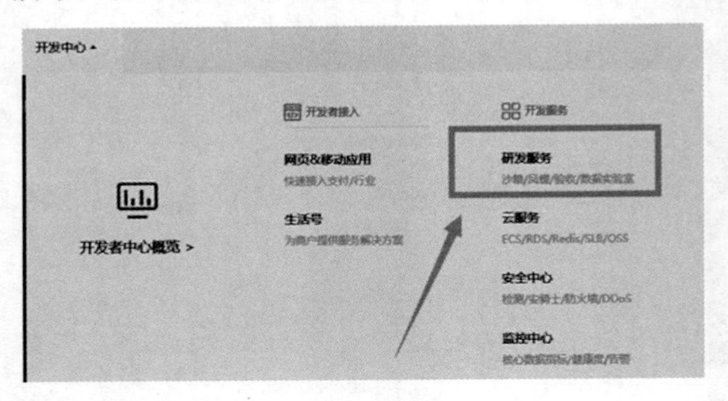

图 10-4　研发服务

（5）如图 10-5 所示，在研发服务页面中选择“沙箱环境”下的“沙箱应用”选项，这里提供了如 APPID、支付宝网关等多项应用相关的虚拟配置。

本页网址：HTTPS://openhome.alipay.com/platform/appDaily.htm?tab=info

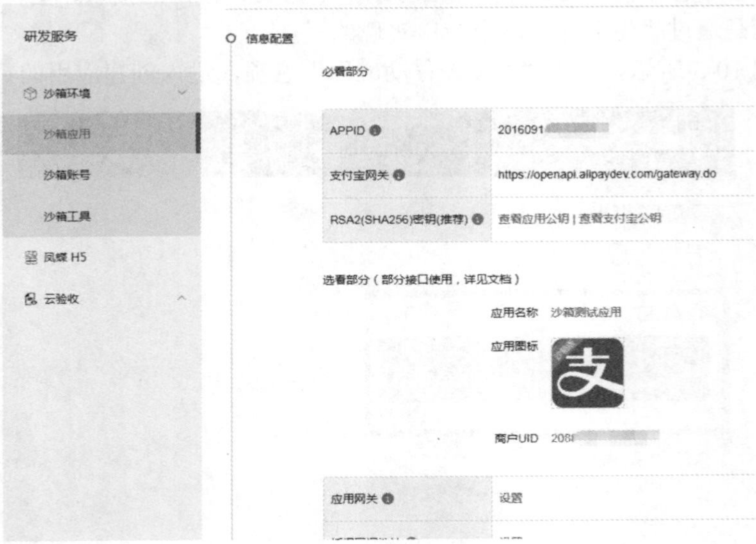

图 10-5　沙箱应用

（6）如图 10-6 所示，“沙箱账号”是指提供给开发者进行测试使用的虚拟账号，分为商家信息和买家信息，默认给商家账户内存入 345.13 元虚拟币，给买家账户内存入 99652.00 元虚拟币。

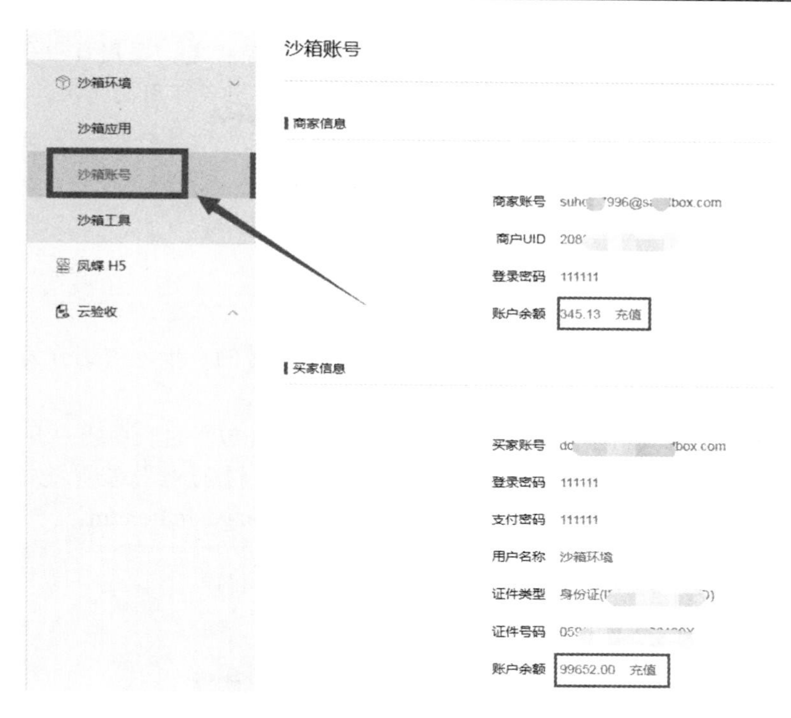

图 10-6　沙箱账号

（7）如图 10-7 所示，在“沙箱工具”页面中，通过手机扫描二维码下载“沙箱版钱包”应用。

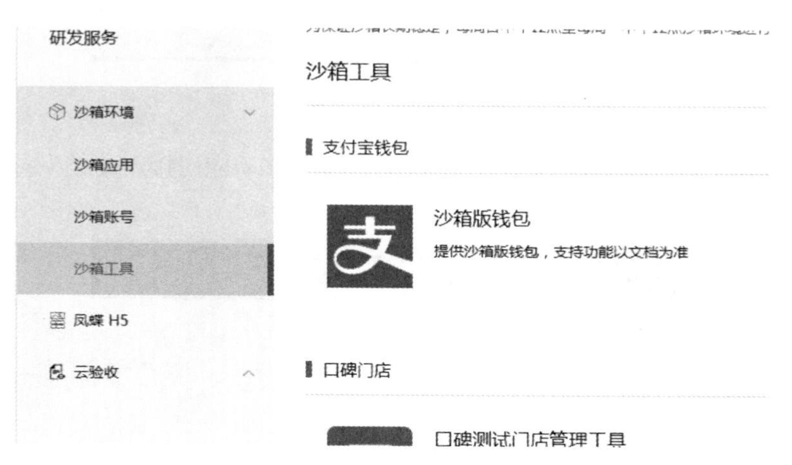

图 10-7　沙箱工具

在开发测试阶段，开发者可使用沙箱账号登录沙箱版钱包，对业务流程进行测试。

除了沙箱版钱包，还有口碑测试门店管理工具、芝麻信用产品沙箱工具、余额宝沙箱工具，可以用于相关业务的业务流程测试。

注意：根据蚂蚁金服开放平台的通知，为保证沙箱长期稳定，每周日中午 12 点至每周一中午 12 点进行沙箱环境维护，期间可能会出现不可用的情况。

另外，扫描沙箱版钱包的下载二维码，要使用手机浏览器的二维码扫描，如果使用包括支付宝在内的手机 App 的扫描功能，是无法进行下载的。

10.1.2 生成公钥和私钥

在对接第三方支付接口的过程中，生成密钥是最关键的一步，密钥分为公钥和私钥。本节就介绍如何生成公钥和私钥，具体步骤如下：

（1）通过使用手机支付宝扫描二维码登录蚂蚁金服开放平台。单击“开发中心”，在进入的开发中心页面中选择“网页&移动应用快速接入支付/行业”选项，如图 10-8 所示。开放平台 URL 地址为 https://open.alipay.com/platform/manageHome.htm。

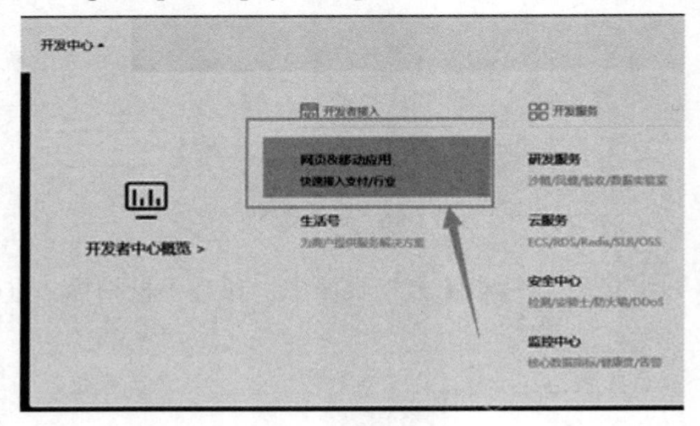

图 10-8　开发者接入

（2）在进入的接入文档入口页面中，选择“网页&移动应用接入文档”选项，如图 10-9 所示。

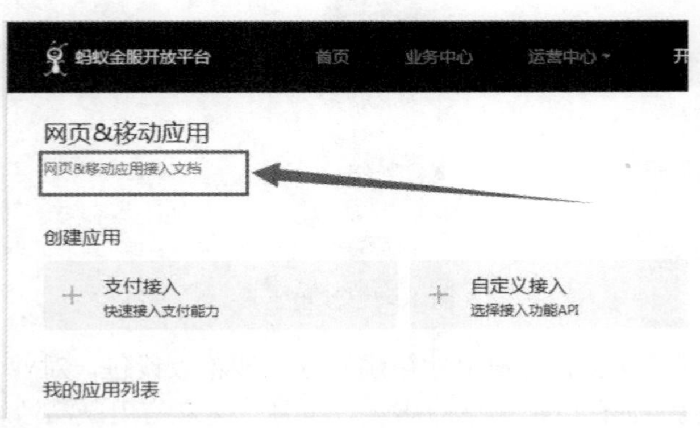

图 10-9　接入文档入口

（3）此时将进入文档专区页面，在“文档中心”下拉菜单中选择“开发文档”选项，如图 10-10 所示。本页面网址为 https://docs.open.alipay.com/399/106917/。

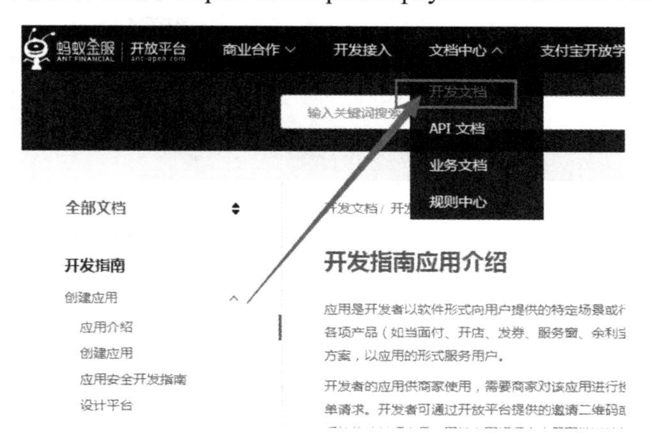

图 10-10　开发文档入口

（4）在开发文档页面中，可以选择“产品文档”下的“电脑网站支付”选项，如图 10-11 所示。本页面网址为 https://docs.open.alipay.com/catalog。

图 10-11　产品文档选择

（5）在 API 列表入口页面中，选择“API 列表”选项，如图 10-12 所示。本页面网址为 https://docs.open.alipay.com/270。

（6）在第一行文档中，单击“查看文档”，进入文档详情页，如图 10-13 所示。

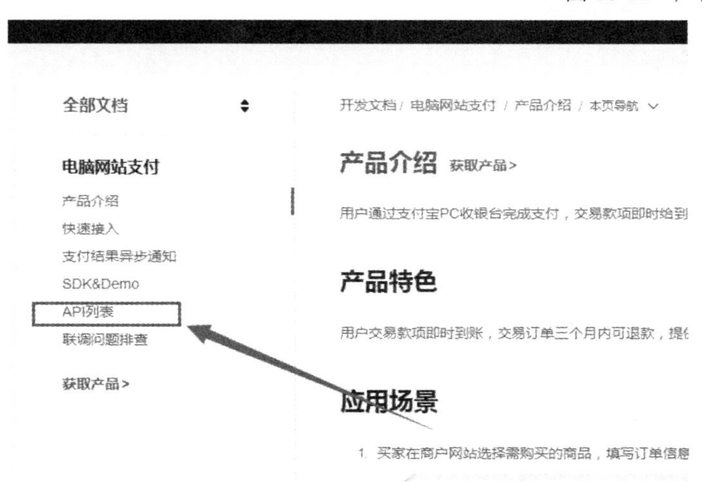

图 10-12　API 列表入口

本页面网址为 https://docs.open.alipay.com/270/105900/。

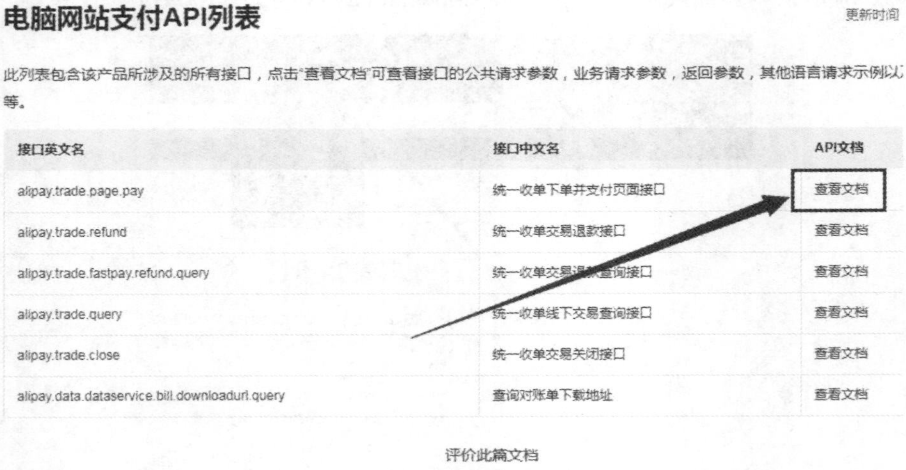

电脑网站支付API列表 更新时间

此列表包含该产品所涉及的所有接口，点击"查看文档"可查看接口的公共请求参数，业务请求参数，返回参数，其他语言请求示例以
等。

接口英文名	接口中文名	API文档
alipay.trade.page.pay	统一收单下单并支付页面接口	查看文档
alipay.trade.refund	统一收单交易退款接口	查看文档
alipay.trade.fastpay.refund.query	统一收单交易退款查询接口	查看文档
alipay.trade.query	统一收单线下交易查询接口	查看文档
alipay.trade.close	统一收单交易关闭接口	查看文档
alipay.data.dataservice.bill.downloadurl.query	查询对账单下载地址	查看文档

评价此篇文档

图 10-13 电脑网站支付 API 列表

注意： 这里选择第一行的文档是因为以支付情景中最常见的统一下单并支付的情景为例子，如果涉及交易退款、查询对账单等功能，大家可以根据不同的需求，选择查看不同的文档。

（7）进入统一收单下单并支付页面接口的开发文档页。页面网址为 https://docs.open.alipay.com/api_1/alipay.trade.page.pay/。

然后在"公共参数"下的"公共请求参数"页面中找到参数 Sign，并在"描述"列中单击"详见签名"，如图 10-14 所示。

公共请求参数

参数	类型	是否必填	最大长度	描述
app_id	String	是	32	支付宝分配给开发者的应用ID
method	String	是	128	接口名称
format	String	否	40	仅支持JSON
return_url	String	否	256	HTTP/HTTPS开头字符串
charset	String	是	10	请求使用的编码格式，如utf-8,gbk,gb2312等
sign_type	String	是	10	商户生成签名字符串所使用的签名算法类型，目前支持RSA2和RSA，推荐使用RSA2
sign	String	是	344	商户请求参数的签名串，详见签名
timestamp	String	是	19	发送请求的时间，格式"yyyy-MM-dd HH:mm:ss"

图 10-14 签名文档入口

（8）在“签名专区”的“教程”中选择“生成 RSA 密钥”选项，并单击进入其页面，如图 10-15 所示。本页面网址为 https://docs.open.alipay.com/291/105974。

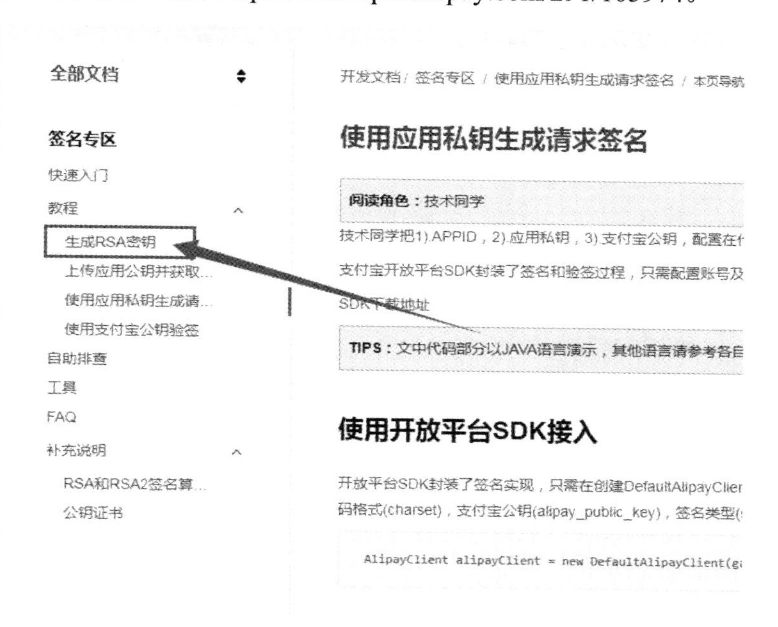

图 10-15　签名教程

（9）因为笔者的计算机是 Windows7 旗舰版的系统，所以选择 WINDOWS 选项下载 RSA 签名验签工具，如图 10-16 所示。本页面网址为 https://docs.open.alipay.com/291/105971/。

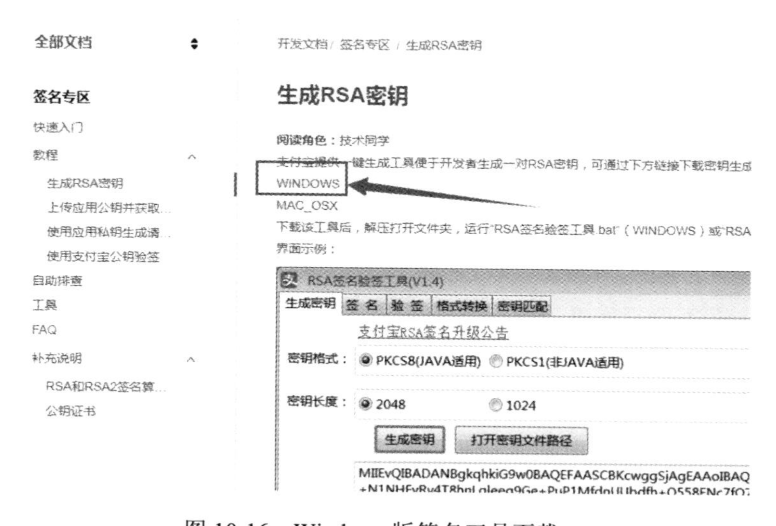

图 10-16　Windows 版签名工具下载

（10）将 RSA 签名验签工具压缩包下载后，解压文件，然后双击脚本文件 “RSA 签名验签工具.bat”即可运行 RSA 签名验签工具，如图 10-17 所示。

▸ BANQ (F:) ▸ secret_key_tools_RSA_win ▸ RSA签名验签工具windows_V1.4 ▸

V) 工具(T) 帮助(H)

新建文件夹

名称	修改日期	类型	大小
jre	2018/1/29 星期...	文件夹	
openssl	2018/1/29 星期...	文件夹	
RSA密钥	2018/2/5 星期一 ...	文件夹	
alipay_logo	2015/4/9 星期四 ...	PNG 图像	3 KB
openssl_tools	2018/2/5 星期一 ...	WinRAR 压缩文件	6,752 KB
RSA签名验签工具	2016/12/10 星期...	Windows 批处理...	1 KB
使用说明文档(请先阅读再操作)	2017/6/9 星期五 ...	文本文档	1 KB

图 10-17　RSA 签名验签

（11）在弹出的 RSA 签名验证工具对话框中，“密钥格式”选择“PKCS1（非 JAVA 适用）”选项，“密钥长度”选择 2048，然后单击 “生成密钥”按钮，就可以生成公钥和私钥了，如图 10-18 所示。

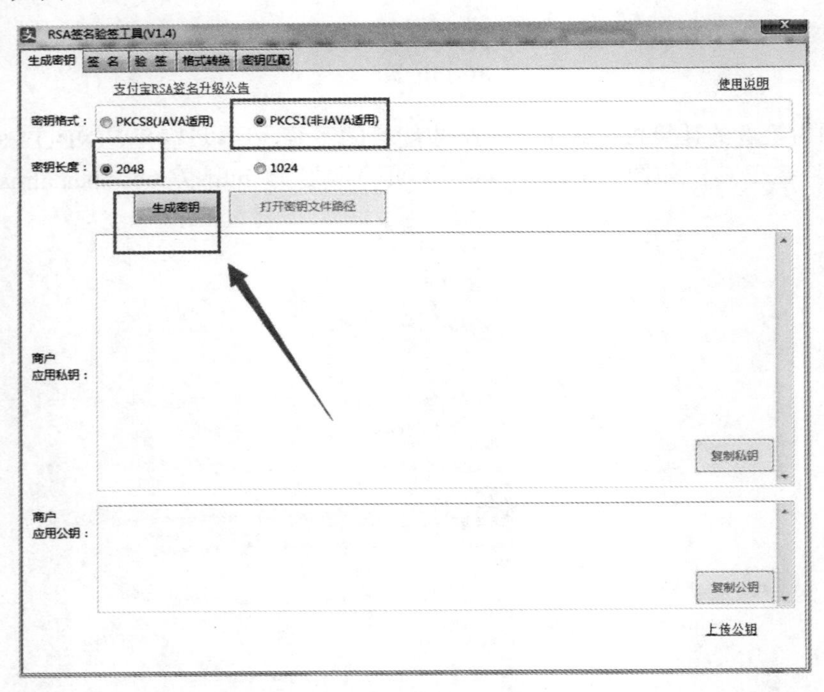

图 10-18　生成密钥

（12）在生成密钥以后，选择“打开密钥文件路径”选项，即可看到生成的公钥和私钥，如图 10-19 所示。

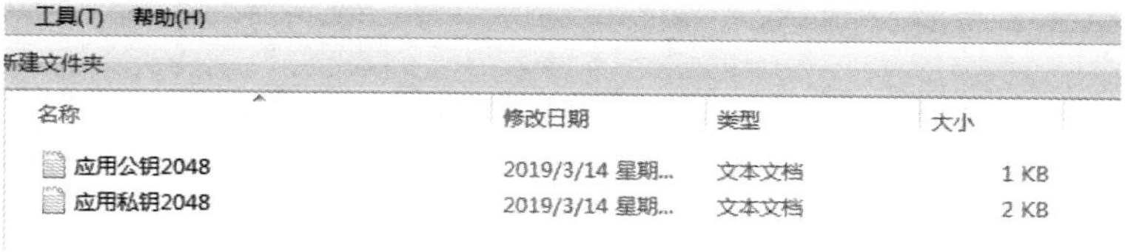

工具(T)　帮助(H)

新建文件夹

名称	修改日期	类型	大小
应用公钥2048	2019/3/14 星期...	文本文档	1 KB
应用私钥2048	2019/3/14 星期...	文本文档	2 KB

图 10-19　公钥和私钥

（13）访问 https://openhome.alipay.com/platform/appDaily.htm?tab=info，如图 10-20 所示。

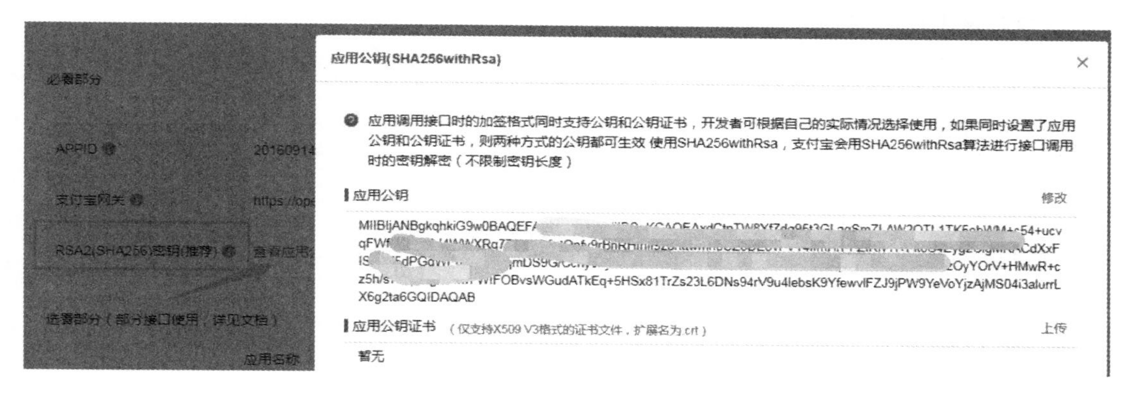

图 10-20　上传公钥

将生成的“应用公钥 2048”内的公钥内容，放入应用公钥中，然后单击“保存”按钮即可。

（14）保存应用公钥以后，单击“查看支付宝公钥”选项，如图 10-21 所示。

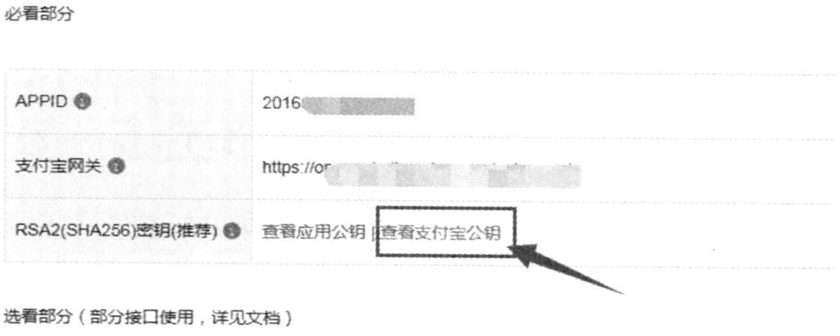

必看部分

APPID	2016
支付宝网关	https://o
RSA2(SHA256)密钥(推荐)	查看应用公钥 | 查看支付宝公钥

选看部分（部分接口使用，详见文档）

图 10-21　查看支付宝公钥

新建一个文本文件 alipay_key.txt，将支付宝公钥复制到该文件中并保存，如图 10-22 所示。这样在我们后面查看订单状态的时候就可以使用支付宝公钥了。

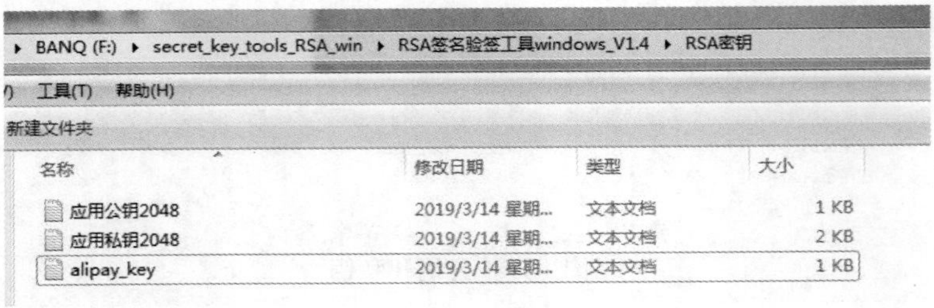

图 10-22　获取支付宝公钥

（15）将生成的公钥和私钥文件都重命名为英文名称，如图 10-23 所示。

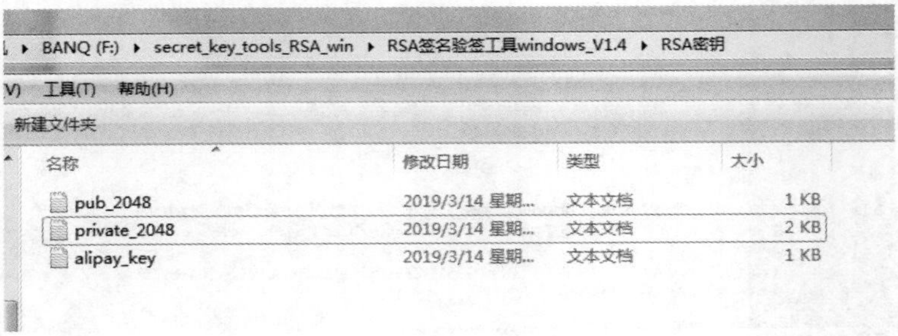

图 10-23　修改密钥文件名

注意：这里修改文件名，主要是为了防止中文有可能在运行中会出现编码问题的风险，具体的命名，大家可自定义。

我们在这里生成的三条密钥都非常重要，一定要妥善保管，尤其是私钥，一旦丢失，黑客完全可以通过爬虫配合密钥，在几分钟内就能搬空你所开发的电商网站的所有商品。密钥是支付安全的根本保障，密钥一旦泄露，支付过程就没有如下代码安全可言。

（16）如图 10-24 所示，在私钥文件开头和末尾分别加上如下代码：

```
-----BEGIN PRIVATE KEY-----
-----END PRIVATE KEY-----
```

（17）如图 10-25 所示，在公钥的开头和末尾，分别加上如下代码：

```
-----BEGIN PUBLIC KEY-----
-----END PUBLIC KEY-----
```

（18）如图 10-26 所示，在支付宝公钥的开头和末尾，分别加上如下代码：

```
-----BEGIN PUBLIC KEY-----
-----END PUBLIC KEY-----
```

图 10-24　私钥文件

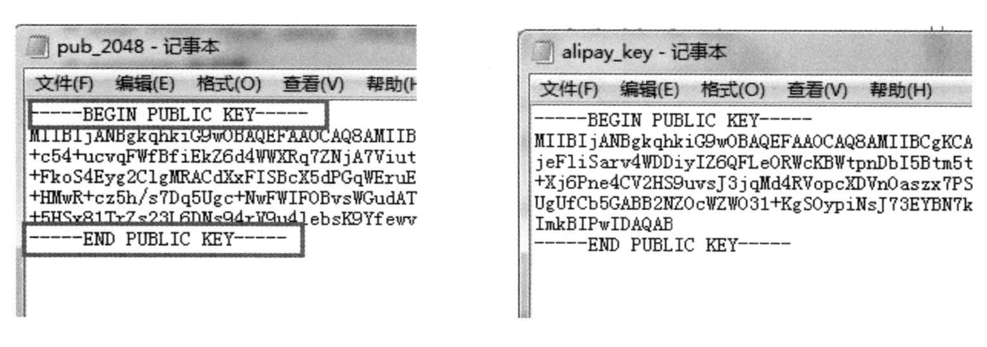

图 10-25　公钥内容　　　　图 10-26　支付宝公钥内容

10.2　支付宝文档分析

在支付宝的官方文档中，目前还并没有适用于 Python 的官方示例，我们需要根据支付宝的官方文档来自定义定制向支付宝接口请求的数据的各个值。在这一节中，我们将介绍所有对接支付宝第三方支付接口时所必填的参数设置。

10.2.1　请求地址

支付宝在完成支付业务的流程中，网关是不可或缺的一个环节，而在开发调试过程中，支付的网关与正式环境下的网关是不一样的。具体情况如下：

（1）正式环境，也就是指业务上线以后的情况。https 请求地址为 https://openapi.alipay.com/gateway.do。

（2）测试环境，指我们在开发测试阶段所使用的虚拟网关。如图 10-27 所示，测试环境（沙箱环境）下，支付宝的网关为 https://openapi.alipaydev.com/gateway.do。

本页面网址为 https://openhome.alipay.com/platform/appDaily.htm?tab=info。

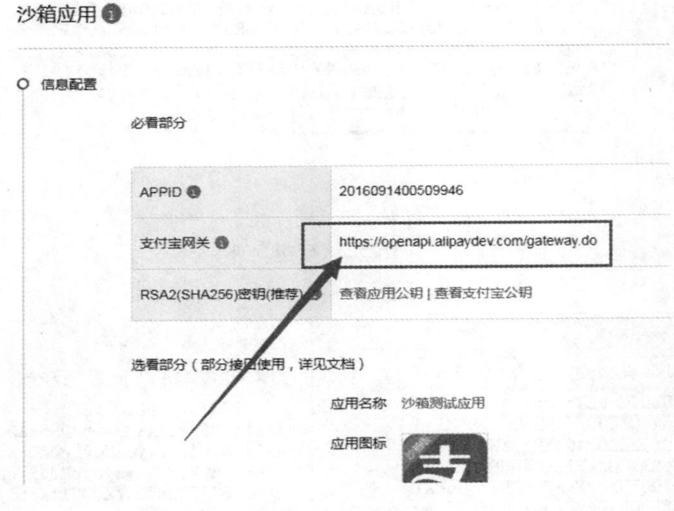

图 10-27　支付网关

10.2.2　必填的公共参数

在支付业务中，向网关提交的数据非常关键，这些数据中除了我们每一笔交易生成之后才会对应生成的请求数据以外，还有一些必填的公共参数，这些公共参数的作用是向支付宝表明开发者的身份。

（1）app_id：在实际业务上线时需提供新建项目应用的 app_id。

如图 10-28 所示，在开发测试（沙箱）阶段，使用的 app_id 为 2016091400509946。

（2）method：接口名称，默认为 alipay.trade.page.pay 即可。

（3）charset：请求使用的编码格式，如 utf-8，gbk，gb2312 等，默认为 UTF-8 即可。

（4）sign_type：商户生成签名字符串所使用的签名算法类型，目前支持 RSA2 和 RSA。

推荐使用 RSA2，默认为 RSA2 即可。

图 10-28　沙箱 APPID

（5）sign：商户请求参数的签名串，这个参数是关键的一个参数，将在 10.2.4 节详细分析。

（6）timestamp：发送请求的时间，格式"yyyy-MM-dd HH:mm:ss"。

（7）version：调用的接口版本，固定为 1.0 版。

（8）biz_content：请求参数的集合，最大长度不限，除公共参数外，所有请求参数都必须放在这个参数中传递，具体参照各产品快速接入文档。

注意：从本节的文档解读可以看出，除了 sign 和 biz_content 两个参数以外，基本上没有与数字加密和商户本身相关的参数。

10.2.3　必填的请求参数

每一笔交易订单的生成，都要生成对应的请求参数，结合公共参数一起通过网关向支付宝平台发送数据请求，才可以完成交易。下面向大家介绍这些请求参数。

（1）out_trade_no：商户订单号，64 个字符以内，可包含字母、数字、下画线；需保证在商户端中不重复。

（2）product_code：销售产品码（与支付宝签约的产品码名称）。目前仅支持 FAST_INSTANT_TRADE_PAY。

（3）total_amount：订单总金额，单位为元，精确到小数点后两位，取值范围为 [0.01,100000000]。

（4）subject：订单标题，比如 Iphone6 16G。

除了必填的请求参数之外，还有商户想要增加的比如订单描述、优惠参数等信息，这些都是可选填的参数，大家可以参考文档按需选用。

文档网址为 https://docs.open.alipay.com/api_1/alipay.trade.page.pay/。

10.2.4 签名加密

其实对接支付接口最大的难点，也是支付业务的最关键所在就是签名加密。如果签名加密被破译了，那么第三方支付也就不成立了。下面向大家介绍如何进行签名加密。

（1）签名专区网址 https://docs.open.alipay.com/291/105974。如图 10-29 所示，对于数字加密签名，支付宝目前并没有向 Python 语言的开发者提供 SDK，我们在“未使用开放平台 SDK”中单击“参考此处流程”，进入详情页。

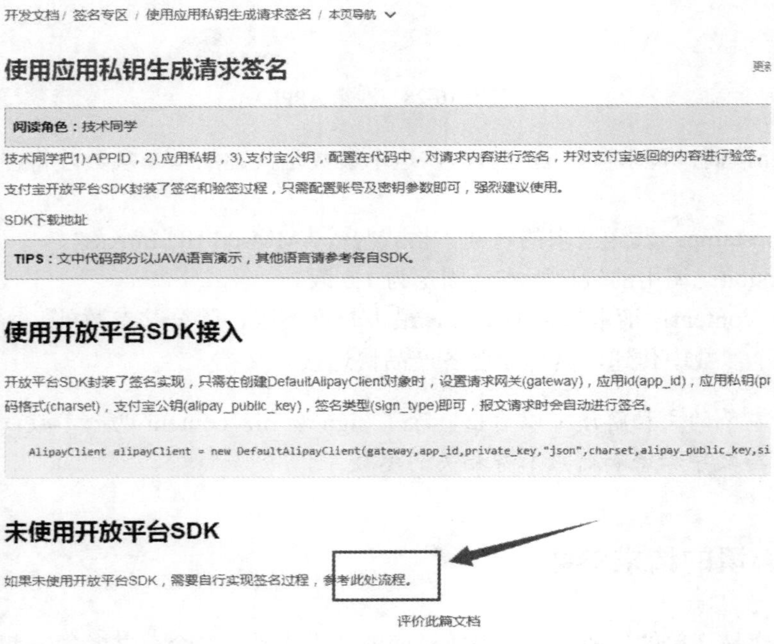

开发文档 / 签名专区 / 使用应用私钥生成请求签名 / 本页导航

使用应用私钥生成请求签名

阅读角色：技术同学

技术同学把1).APPID，2).应用私钥，3).支付宝公钥，配置在代码中，对请求内容进行签名，并对支付宝返回的内容进行验签。

支付宝开放平台SDK封装了签名和验签过程，只需配置账号及密钥参数即可，强烈建议使用。

SDK下载地址

TIPS：文中代码部分以JAVA语言演示，其他语言请参考各自SDK。

使用开放平台SDK接入

开放平台SDK封装了签名实现，只需在创建DefaultAlipayClient对象时，设置请求网关(gateway)，应用id(app_id)，应用私钥(pr
码格式(charset)，支付宝公钥(alipay_public_key)，签名类型(sign_type)即可，报文请求时会自动进行签名。

```
AlipayClient alipayClient = new DefaultAlipayClient(gateway,app_id,private_key,"json",charset,alipay_public_key,si
```

未使用开放平台SDK

如果未使用开放平台SDK，需要自行实现签名过程，参考此处流程。

评价此篇文档

图 10-29 签名专区

（2）在自行实现签名页中，介绍了如何进行签名，即排序、拼接、调用签名函数、赋值给 sign 参数。详情可参考网址 https://docs.open.alipay.com/291/106118。

注意：自行实现签名只通过文档解读是很难理解的，大家可以将文档介绍与下面实际项目中的实例代码进行对照分析，深入理解整个流程。

10.3　Django 实现支付宝的对接

在本节中，我们将使用 Django 开发一个实例项目，向大家展示支付宝第三方支付是如何对接到 Django 项目中的。

10.3.1　演示对接支付宝的实例项目

在前面的几节中我们已经学习了对接支付宝第三方支付接口的理论基础，但是这具体在实际 Django 项目中怎样应用呢？下面就通过新建一个项目实例 demo10，来演示怎样对接支付宝，具体步骤如下：

（1）如图 10-30 所示，新建 Django 项目命名为 demo10，新建 App，命名 app01。

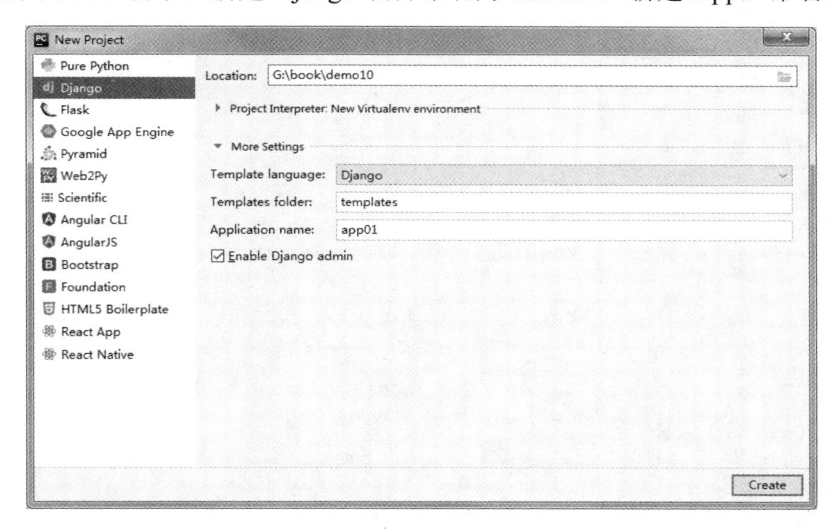

图 10-30　新建 demo10

（2）在 app01/models.py 内创建相关类：

```
from django.db import models
from django.contrib.auth.models import AbstractUser
from datetime import datetime
# Create your models here.
class UserProfile(AbstractUser):
    """
    用户
    """
    name = models.CharField(max_length=30, null=True, blank=True, verbose_
name="姓名")
```

```
        mobile = models.CharField(null=True, blank=True, max_length=11, verbose_
name="电话")
        class Meta:
            verbose_name = "用户"
            verbose_name_plural = verbose_name
        def __str__(self):
            return self.username
    class Good(models.Model):
        """
        商品表
        """
        name=models.CharField(max_length=30,verbose_name='商品名称')
        price=models.FloatField(default=0,verbose_name='商品价格',help_text='
单位：元')
        add_time = models.DateTimeField(default=datetime.now, verbose_name='
添加时间')
        class Meta:
            verbose_name='商品表'
            verbose_name_plural = verbose_name
        def __str__(self):
            return self.name
    class ShoppingCart(models.Model):
        """
        购物车
        """
        user = models.ForeignKey(UserProfile,on_delete=models.CASCADE,verbose_
name="用户")
        good = models.ForeignKey(Good,on_delete=models.CASCADE, verbose_name="
商品")
        nums = models.IntegerField(default=0, verbose_name="购买数量")
        add_time = models.DateTimeField(default=datetime.now, verbose_name="
添加时间")
        class Meta:
            verbose_name = '购物车'
            verbose_name_plural = verbose_name
        def __str__(self):
            return "%s(%d)".format(self.good.name, self.nums)
    class OrderInfo(models.Model):
        """
        订单
        """
        ORDER_STATUS = (
            ("TRADE_SUCCESS", "成功"),
            ("TRADE_CLOSED", "超时关闭"),
            ("WAIT_BUYER_PAY", "交易创建"),
            ("TRADE_FINISHED", "交易结束"),
            ("paying", "待支付"),
        )
        user = models.ForeignKey(UserProfile,on_delete=models.CASCADE,verbose_
name="用户")
        order_sn  =  models.CharField(max_length=30,  null=True,  blank=True,
```

```
unique=True, verbose_name="订单号")
        trade_no = models.CharField(max_length=100, unique=True, null=True,
blank=True, verbose_name="交易号")
        pay_status = models.CharField(choices=ORDER_STATUS, default="paying",
max_length=30, verbose_name="订单状态")
        post_script = models.CharField(max_length=200, verbose_name="订单留言")
        order_mount = models.FloatField(default=0.0, verbose_name="订单金额")
        pay_time = models.DateTimeField(null=True, blank=True, verbose_name="
支付时间")
        # 用户信息
        address = models.CharField(max_length=100, default="", verbose_name="
收货地址")
        signer_name = models.CharField(max_length=20, default="", verbose_
name="签收人")
        singer_mobile = models.CharField(max_length=11, verbose_name="联系电话")
        add_time = models.DateTimeField(default=datetime.now, verbose_name="
添加时间")
        class Meta:
            verbose_name = "订单"
            verbose_name_plural = verbose_name
        def __str__(self):
            return str(self.order_sn)
    class OrderGoods(models.Model):
        """
        订单的商品详情
        """
        order = models.ForeignKey(OrderInfo,on_delete=models.CASCADE, verbose_
name="订单信息", related_name="goods")
        goods = models.ForeignKey(Good,on_delete=models.CASCADE,verbose_name=
"商品")
        goods_num = models.IntegerField(default=0, verbose_name="商品数量")
        add_time = models.DateTimeField(default=datetime.now, verbose_name="
添加时间")
        class Meta:
            verbose_name = "订单商品"
            verbose_name_plural = verbose_name
        def __str__(self):
            return str(self.order.order_sn)
```

（3）在 demo10/settings.py 中添加代码：

```
    AUTH_USER_MODEL='app01.UserProfile'
```

（4）执行数据更新命令：

```
    Python manage.py makemigrations
    Python manage.py migrate
```

（5）如图 10-31 所示，支付功能所必需的表，除用户表和商品表之外，还有购物车表。通过对购物车表的分析可以看出，电商平台中的购物车与我们现实中的购物车是不同的概念。现实中，每个购物车可以放很多不同的商品，每一种商品有可能数量不同，而电商平台中的购物车表，每一条记录，都只能是数量不定的一种商品。

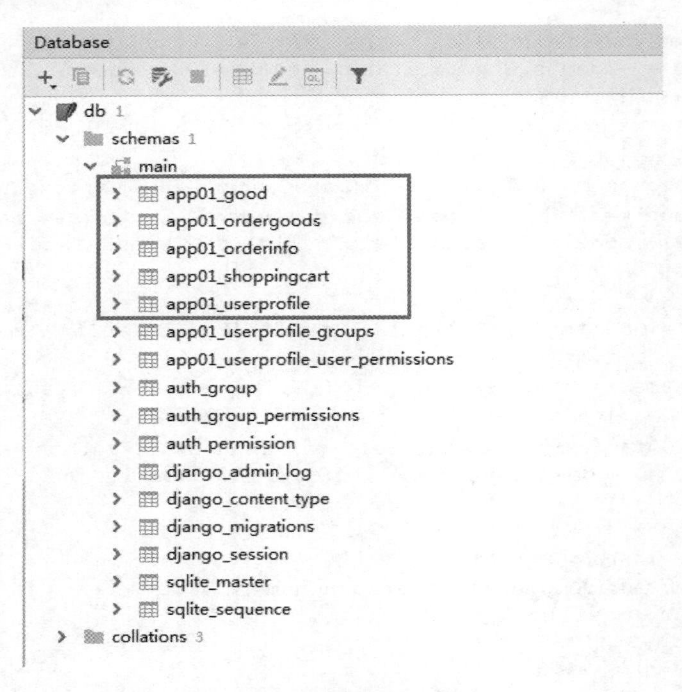

图 10-31　演示支付所需的数据表

10.3.2　开发注册和登录功能

为了方便演示，我们为 demo10 开发最简单的注册和登录功能。

注意：因为本章主要介绍支付功能，注册和登录功能都只是为了演示而开发的简洁版，只能实现演示功能，并没有达到在实际项目中的需求。关于怎样开发适用于实际项目中的注册和登录功能，请参考本书其他相关的章节。

（1）在 app01/views.py 内添加相关视图代码：

```
from django.shortcuts import render,redirect,HttpResponse
from django.views.generic.base import View
from django.contrib.auth.hashers import make_password
from django.contrib.auth import authenticate, login, logout
from .utils.mixin_utils import LoginRequiredMixin
from .models import UserProfile
# Create your views here.
class RegisterView(View):
    """
    注册视图
    """
    def get(self, request):
        return render(request, 'register.html')
```

```
    def post(self,request):
        user=request.POST.get('username')
        pwd=request.POST.get('pwd')
        print(user,pwd)
        if user and pwd:
            had_reg=UserProfile.objects.filter(username=user)
            if had_reg:
                return HttpResponse('用户名已被注册')
            else:
                new_user=UserProfile()
                new_user.username=user
                new_user.password=make_password(pwd)
                new_user.save()
                return redirect('/login/')
        else:
            return HttpResponse('未收到注册数据')
class LoginView(View):
    """
    登录视图
    """
    def get(self,request):
        return render(request,'login.html')
    def post(self,request):
        user_name = request.POST.get('username', '')
        password = request.POST.get('pwd', '')
        if user_name and password:
            user = authenticate(username=user_name, password=password)
            if user:
                login(request, user)
                return redirect('/shop/')
        return HttpResponse('有错误')
class ShopView(LoginRequiredMixin,View):
    """
    购物视图
    """
    def get(self,request):
        return render(request,'shop.html')
    def post(self,request):
        return HttpResponse('200')
```

（2）在 app01 目录下新建目录 utils，然后在 utils 目录下新建文件 mixin_utils.py，用于验证用户是否已经登录。

```
from Django.contrib.auth.decorators import login_required
from Django.utils.decorators import method_decorator
class LoginRequiredMixin(object):
    @method_decorator(login_required(login_url='/login/'))
    def dispatch(self, request, *args, **kwargs):
        return  super(LoginRequiredMixin,  self).dispatch(request,  *args,
**kwargs)
```

（3）在 demo10/urls.py 内增加路由代码：

```
from Django.contrib import admin
from Django.urls import path
```

```
from app01.views import RegisterView,LoginView,ShopView
urlpatterns = [
    path('admin/', admin.site.urls),
    path('register/',RegisterView.as_view(),name='register'),
    path('login/',LoginView.as_view(),name='login'),
    path('shop/',ShopView.as_view(),name='shop'),
]
```

（4）如图 10-32 所示，在 templates 目录下新建 3 个 HTML 文件。

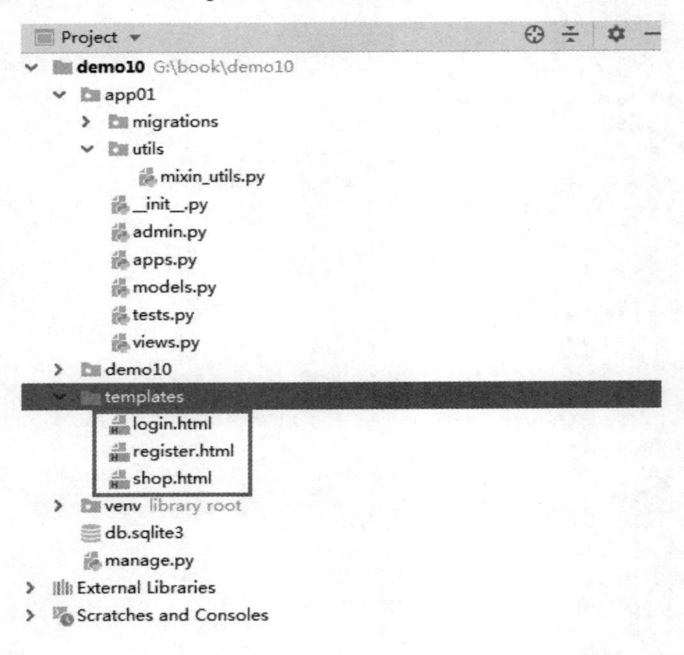

图 10-32　演示使用的 HTML 文件

用于登录的网页 login.html 文件如下：

```
<!DOCTYPE html>
<html lang="en">
<head>
    <meta charset="UTF-8">
    <title>Title</title>
</head>
<body>
登录
<form action="/login/" method="post">
    <div>
        用户名：
        <input name="username" type="text">
    </div>
    <div>
        密码：
        <input name="pwd" type="text">
```

```
    </div>
    {% csrf_token %}
    <div>
        <input type="submit" value="提交">
    </div>
</form>
</body>
</html>
```

用于注册的网页 register.html 文件如下：

```
<!DOCTYPE html>
<html lang="en">
<head>
    <meta charset="UTF-8">
    <title>Title</title>
</head>
<body>
注册
<form action="/register/" method="post">
    <div>
        用户名：
        <input name="username" type="text">
    </div>
    <div>
        密码：
        <input name="pwd" type="text">
    </div>
    {% csrf_token %}
    <div>
        <input type="submit" value="提交">
    </div>
</form>
</body>
</html>
```

用于展示商品购物的网页 shop.html 文件如下：

```
<!DOCTYPE html>
<html lang="en">
<head>
    <meta charset="UTF-8">
    <title>Title</title>
</head>
<body>
购物
</body>
</html>
```

（5）运行 demo10，用浏览器访问：http://127.0.0.1:8000/register/。注册一个新用户，用户名为 user1，密码为 111。

注意： 如果注册成功，会自动跳转到登录页面。如果登录成功，会自动跳转到购物页面；如果用户没有登录就访问购物页面，则会系统被重定向到登录页面。

10.3.3 Django 开发支付宝的支付功能

在本章中，我们采用的是以计算机网页的第三方支付接口接入作为例子，移动端的支付与之类似，具体可以参照支付宝开发文档。在前两节中已经准备好了实验数据和登录机制，接下来就要开发支付功能的核心逻辑部分了。具体步骤如下：

（1）如图 10-33 所示，在 demo10 目录下新建目录 static/img，并且将商品图片导入 static/img 目录下。

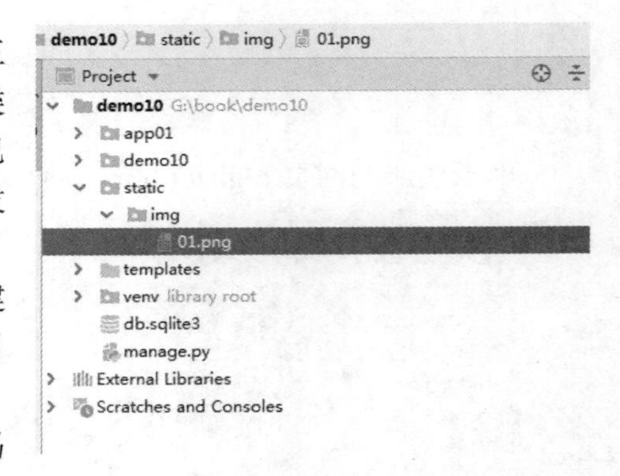

图 10-33 导入演示图片

（2）在 settings.py 中追加配置静态目录代码如下：

```
STATICFILES_DIRS = (
    os.path.join(BASE_DIR, "static"),
)
```

（3）对 templates 目录下的 shop.html 代码进行改造：

```
<!DOCTYPE html>
<html lang="en">
<head>
    <meta charset="UTF-8">
    <title>Title</title>
{#    引入静态文件#}
    {% load staticfiles %}
    <style>
        .good{
            width: 200px;
            margin: 0 auto;
            background-color: bisque;
        }
        .good img{
            width: 200px;
            height: 200px;
        }
        .num{
            width: 100px;
        }
        .btn{
            width: 100px;
            height: 30px;
            margin-left: 50px;
            margin-top: 20px;
            margin-bottom: 20px;
        }
    </style>
</head>
```

```
<body>
<div class="good">
    <img src="{% static '/img/01.png' %}">
    <div >用户名：{{ user.username }} </div>
    <div>商品名：你的背包</div>
    <form action="/shop/" method="post">
        {% csrf_token %}
        <div>
            数量：
<input class="num" type="number" name="num">个
        </div>
        <div>
            <input class="btn" type="submit" value="立即付款购买">
        </div>
    </form>
</div>
</body>
</html>
```

（4）在 app01/views.py 中对 ShopView 视图类的 get 方法进行改造，用来在购买页面内显示用户名：

```
class ShopView(LoginRequiredMixin,View):
    """
    购物视图
    """
    def get(self,request):
        return render(request,'shop.html',{'user':request.user})
    def post(self,request):
        return HttpResponse('200')
```

（5）如图 10-34 所示，重启 demo10，然后访问 http://127.0.0.1:8000/shop/，即可看到简洁版的商品购买页面效果。

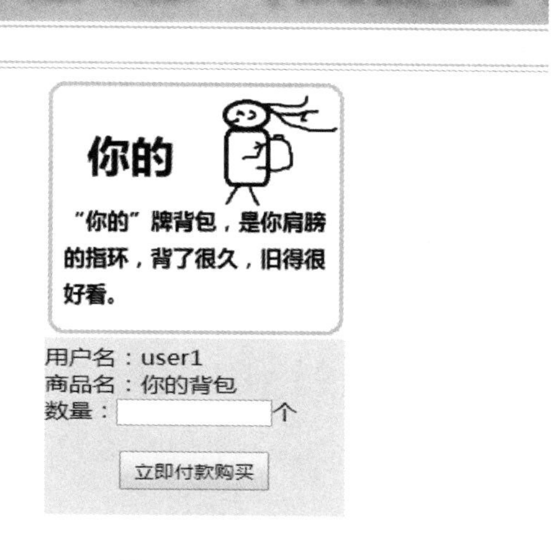

图 10-34　购买页面

（6）如图 10-35 所示，在 app01 目录下新建目录 key，然后将上一节中所生成的 3 个密钥文件导入到 key 目录下。

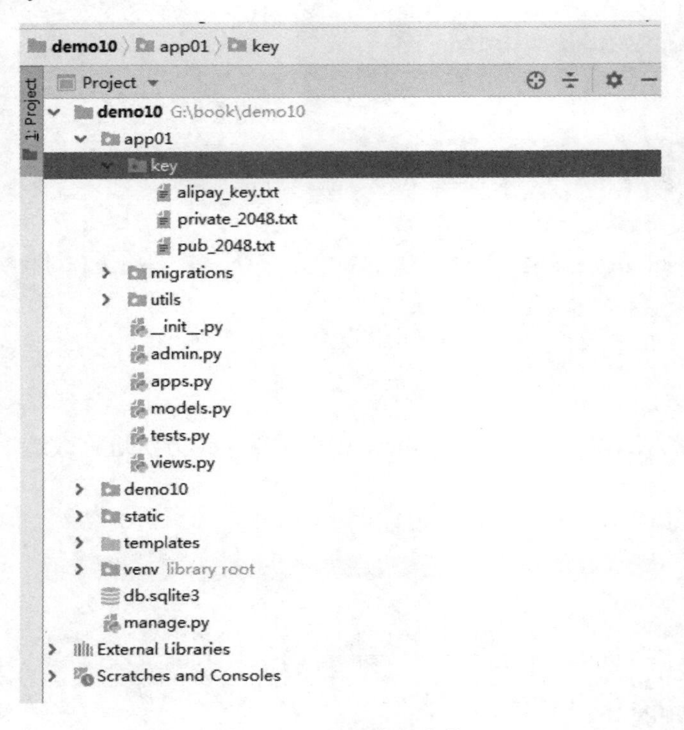

图 10-35　导入密钥文件

（7）安装制作签名时所需的加密模块：

```
pip install pycryptodome
```

（8）在 app01/utils 目录下新建 alipay.py 文件：

模块功能开发部分如下：

```
from datetime import datetime
#导入加密相关的模块
from Crypto.PublicKey import RSA
from Crypto.Signature import PKCS1_v1_5
from Crypto.Hash import SHA256
from base64 import b64encode, b64decode
#导入网络请求相关的模块
from urllib.parse import quote_plus
from urllib.parse import urlparse, parse_qs
from urllib.request import urlopen
from base64 import decodebytes, encodebytes
#导入 json 模块
import json
class AliPay(object):
    """
```

```
    支付宝支付接口
    """
    def __init__(self, appid, app_notify_url, app_private_key_path,
                 alipay_public_key_path, return_url, debug=False):
        self.appid = appid
        self.app_notify_url = app_notify_url
        self.app_private_key_path = app_private_key_path
        self.app_private_key = None
        self.return_url = return_url
        with open(self.app_private_key_path) as fp:
            self.app_private_key = RSA.importKey(fp.read())
        self.alipay_public_key_path = alipay_public_key_path
        with open(self.alipay_public_key_path) as fp:
            self.alipay_public_key = RSA.import_key(fp.read())
        if debug is True:
            self.__gateway = "HTTPS://openapi.alipaydev.com/gateway.do"
        else:
            self.__gateway = "HTTPS://openapi.alipay.com/gateway.do"
    def direct_pay(self, subject, out_trade_no, total_amount, return_url=
None, **kwargs):
        biz_content = {
            "subject": subject,
            "out_trade_no": out_trade_no,
            "total_amount": total_amount,
            "product_code": "FAST_INSTANT_TRADE_PAY",
            # "qr_pay_mode":4
        }
        biz_content.update(kwargs)
        data = self.build_body("alipay.trade.page.pay", biz_content, self.
return_url)
        return self.sign_data(data)
    def build_body(self, method, biz_content, return_url=None):
        data = {
            "app_id": self.appid,
            "method": method,
            "charset": "utf-8",
            "sign_type": "RSA2",
            "timestamp": datetime.now().strftime("%Y-%m-%d %H:%M:%S"),
            "version": "1.0",
            "biz_content": biz_content
        }
        if return_url is not None:
            data["notify_url"] = self.app_notify_url
            data["return_url"] = self.return_url
        return data
    def sign_data(self, data):
        data.pop("sign", None)
        # 排序后的字符串
        unsigned_items = self.ordered_data(data)
        unsigned_string = "&".join("{0}={1}".format(k, v) for k, v in
unsigned_items)
        sign = self.sign(unsigned_string.encode("utf-8"))
        # ordered_items = self.ordered_data(data)
        quoted_string = "&".join("{0}={1}".format(k, quote_plus(v)) for k,
v in unsigned_items)
```

```
        # 获得最终的订单信息字符串
        signed_string = quoted_string + "&sign=" + quote_plus(sign)
        return signed_string
    def ordered_data(self, data):
        complex_keys = []
        for key, value in data.items():
            if isinstance(value, dict):
                complex_keys.append(key)
        # 将字典类型的数据 dump 出来
        for key in complex_keys:
            data[key] = json.dumps(data[key], separators=(',', ':'))
        return sorted([(k, v) for k, v in data.items()])
    def sign(self, unsigned_string):
        # 开始计算签名
        key = self.app_private_key
        signer = PKCS1_v1_5.new(key)
        signature = signer.sign(SHA256.new(unsigned_string))
        # 将 Base64 编码转换为 unicode 格式并移除回车
        sign = encodebytes(signature).decode("utf8").replace("\n", "")
        return sign
    def _verify(self, raw_content, signature):
        # 开始计算签名
        key = self.alipay_public_key
        signer = PKCS1_v1_5.new(key)
        digest = SHA256.new()
        digest.update(raw_content.encode("utf8"))
        if signer.verify(digest, decodebytes(signature.encode("utf8"))):
            return True
        return False
    def verify(self, data, signature):
        if "sign_type" in data:
            sign_type = data.pop("sign_type")
        # 排序后的字符串
        unsigned_items = self.ordered_data(data)
        message = "&".join(u"{}={}".format(k, v) for k, v in unsigned_items)
        return self._verify(message, signature)
```

在模块内对相关功能进行验证：

```
if __name__ == "__main__":
    return_url = 'http://127.0.0.1:8000/?total_amount=100.00&timestamp=
2017-08-15+23%3A53%3A34&sign=e9E9UE0AxR84NK8TP1CicX6aZL8VQj68ylugWGHnM79zA7
BKTIuxxkf%2FvhdDYz4XOLzNf9pTJxTDt8tTAAx%2FfUAJln4WAeZbacf1Gp4IzodcqU%2FsIc4
z93xlfIZ7OLBoWW0kpKQ8AdOxrWBMXZck%2F1cffy4Ya2dWOYM6Pcdpd94CLNRPlH6kFsMCJCbh
qvyJTflxdpVQ9kpH%2B%2Fhpqrqvm678vLwM%2B29LgqsLq0lojFWLe5ZGS1iFBdKiQI6wZiisB
ff%2BdAKT9Wcao3XeBUGigzUmVyEoVIcWJBH0Q8KTwz6IRC0S74FtfDWTafplUHlL%2Fnf6j%2F
Qd1y6Wcr2A5Kl6BQ%3D%3D&trade_no=2017081521001004340200204115&sign_type=RSA2
&auth_app_id=2016080600180695&charset=utf-8&seller_id=2088102170208070&meth
od=alipay.trade.page.pay.return&app_id=2016080600180695&out_trade_no=201702
02185&version=1.0'
    o = urlparse(return_url)
    query = parse_qs(o.query)
    processed_query = {}
    ali_sign = query.pop("sign")[0]
    alipay = AliPay(
```

```
        appid="2016091400509946",
        app_notify_url="http://127.0.0.1:8000/shop/",
        app_private_key_path="../key/private_2048.txt",
        alipay_public_key_path="../key/alipay_key.txt",
                            # 支付宝的公钥，验证支付宝回传消息时使用，不是你自己的公钥
        debug=True,  # 默认为 False
        return_url="http://127.0.0.1:8000/shop/"
    )
    for key, value in query.items():
        processed_query[key] = value[0]
    print (alipay.verify(processed_query, ali_sign))
    url = alipay.direct_pay(
        subject="测试订单 2",
        out_trade_no="20190316sss",
        total_amount=100,
        return_url="http://127.0.0.1:8000/alipay/return/"
    )
    re_url = "HTTPS://openapi.alipaydev.com/gateway.do?{data}".format(data=url)
    print(re_url)
```

注意：因为蚂蚁金服开放平台目前只提供了 Java、PHP 和.NET 的 SDK，所以 Python 的 SDK 只能我们自己写，大家可以将上面这个文件作为以后自己对接支付宝第三方支付接口时使用的一个模块。

（9）在 settings.py 内追加代码：

```
#支付宝相关配置
private_key_path = os.path.join(BASE_DIR, 'app01/key/private_2048.txt')
ali_pub_key_path = os.path.join(BASE_DIR, 'app01/key/alipay_key.txt')
```

（10）在 app01/views.py 中，对 ShopView 的 post 方法进行改造，加入支付功能：

```
from .utils.alipay import AliPay
from demo10.settings import private_key_path,ali_pub_key_path
class ShopView(LoginRequiredMixin,View):
    """
    购物视图
    """
    def get(self,request):
        return render(request,'shop.html',{'user':request.user})
    def post(self,request):
        alipay = AliPay(
            appid="2016091400509946",
            app_notify_url="http://127.0.0.1:8000/shop/",
            app_private_key_path=private_key_path,
            alipay_public_key_path=ali_pub_key_path,
                            # 支付宝的公钥，验证支付宝回传消息时使用，不是你自己的公钥
            debug=True,  # 默认为 False
            return_url="http://127.0.0.1:8000/shop/"
        )
        url = alipay.direct_pay(
            # 根据来自前端的数据确定 subject(商品名称),生成不重复的交易号 out_trade_no
            # 根据商品和数量算出总价 total_amount
            subject="你的背包",
```

```
                out_trade_no="20190316sss1",
                total_amount=100,
                return_url="http://127.0.0.1:8000/alipay/return/"
            )
            re_url = "HTTPS://openapi.alipaydev.com/gateway.do?{data}".format
(data=url)
            print(re_url)
            return redirect(re_url)
```

注意：在本例中，只写了与支付相关的逻辑部分，并没有在后端接收前端传过来的数据，而是完全以模拟数据的方式进行模拟支付的开发。在实际项目中，支付是与用户购买的商品信息、商品的价格、商品的数量相关的，不过这些都是在完成支付以后，开发者根据支付结果，在开发者的后端所做的数据操作管理，并不是支付功能的核心逻辑。这些就留给大家结合支付功能，再对本项目进一步完善和优化。另外，订单号也是由开发者在后端自定义生成的，需要保证绝对唯一，不然支付链接会生成失败，并提示此订单号已支付。

（11）此时，运行项目 demo10，然后访问 http://127.0.0.1:8000/login/，在页面中输入用户名 user1，密码 111，完成登录后跳转到 http://127.0.0.1:8000/shop/。

（12）为了演示方便，使用的是自定义的数据，所以并不需要在“数量”输入框内填写信息，只要单击“立即付款购买”按钮即可，如图 10-36 所示。

（13）此时会直接跳转到支付宝的支付页面。这时，使用我们在前面下载的沙箱版支付宝，使用测试账号（买家）登录，即可完成扫码支付测试，如图 10-37 所示。

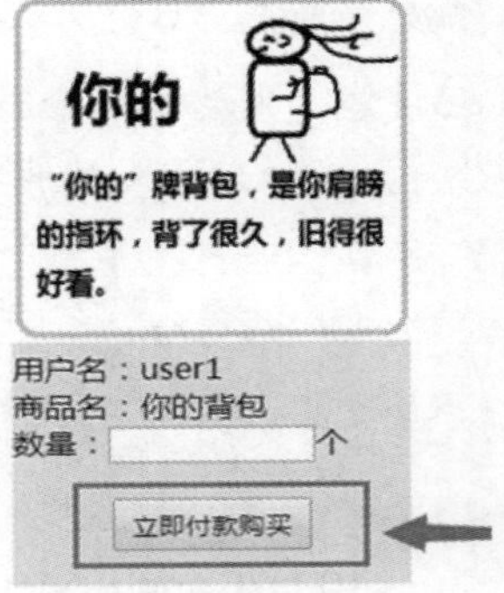

图 10-36　购买页面

图 10-37　支付扫码页面

至此，我们就完成了使用 Django 实现支付宝第三方支付功能的接入。

第 11 章　Redis 缓存——解决亿万级别的订单涌进

随着 5G 时代的到来，我们距离“万物互联”的生活，又近了几步。毫无疑问，在未来，我国的互联网终端将不仅仅局限于手机和电脑，终端数量也将成指数级上涨，这就要求网站的服务端配以更大的开销，消耗更高的运维成本。

在开发阶段，如何让网站服务器在面临巨大压力的时候，能够举重若轻地处理这些数据请求，同时将必要的服务器开销降到最低，这已经成为开发者避不开的一个问题。在本章中，我们就来为解决这个问题，分析目前市场上针对此问题比较通用的解决方案。

11.1　Django 实现缓存机制

在本节中，我们将介绍缓存机制，以及 Django 怎样实现缓存机制。其实实现缓存机制的方式有很多，缓存机制存在的意义，绝不仅仅在于降低服务器开销，提升网站响应速度这么简单。在反爬虫的领域，缓存机制也具有很重要的意义。

11.1.1　缓存的介绍

在网站上线后，用户在客户端向服务器端发送的所有数据请求，服务器都会在数据库中进行相应的管理操作，然后经过渲染模板，执行业务逻辑，最后生成用户看到的页面。

当一个网站的用户访问量很大的时候，服务器端的数据操作量也会很大，这会消耗很多服务端资源。所以必须使用缓存来减轻后端服务器的压力。

缓存是将一些常用的数据保存在内存或者 Memcache 中，在一定的时间内再次访问这些数据时，不用执行数据库及渲染等操作，而是直接从缓存中取得数据，返回给客户端。

11.1.2　Django 提供的 6 种缓存方式

Django 提供的 6 种缓存方式如下：

（1）开发调试缓存；

（2）内存缓存；

（3）文件缓存；

（4）数据库缓存；

（5）Memcache 缓存（使用 Python-memcached 模块）；

（6）Memcache 缓存（使用 pylibmc 模块）。

常用的缓存方式是文件缓存和 Mencache 缓存。

注意：其中开发调试缓存，只用于开发调试期间，在正式应用时并不执行任何操作。Memcache 相关的缓存，属于比较早期的解决方案，所以在本节中不做过多的分析。

11.1.3 演示 Django 缓存机制项目

下面通过新建一个 Django 项目 demo11 来演示 Django 框架本身的缓存机制。在本节中，我们要构建一个能实现缓存机制的项目模型，为下一节中对缓存机制的核心逻辑开发做准备。具体步骤如下：

（1）如图 11-1 所示，新建 Django 项目，命名 demo11，新建 App，命名为 app01：

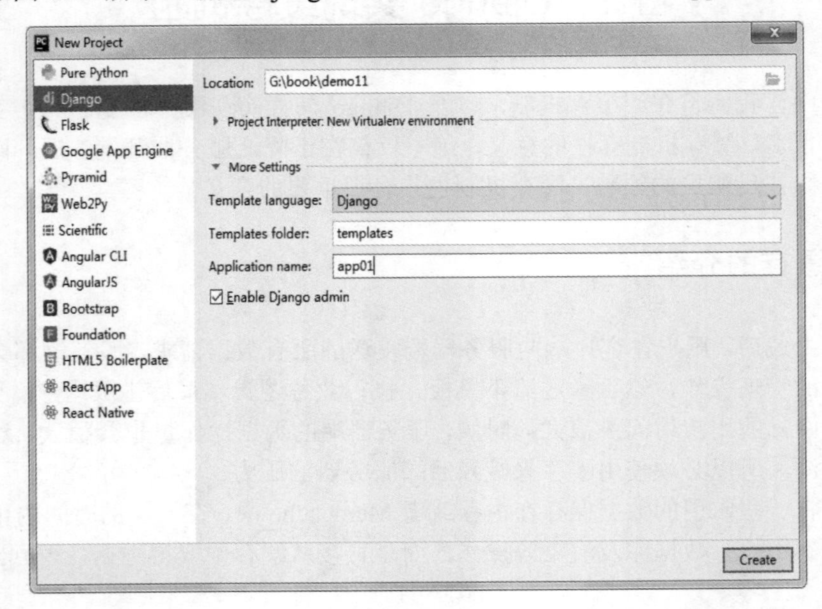

图 11-1　新建 demo11

（2）在 app01/models.py 内新建数据表类：

```
from django.db import models
# Create your models here.
```

```
class Books(models.Model):
    """
    图书表
    """
    title=models.CharField(max_length=64,verbose_name='书名')
    pv=models.IntegerField(default=0,verbose_name='浏览量')
    class Meta:
        verbose_name='图书表'
        verbose_name_plural = verbose_name
    def __str__(self):
        return self.title
```

（3）执行数据更新命令：

```
Python manage.py makemigrations
Python manage.py migrate
```

（4）如图 11-2 所示，在图书表内手动添加两条实验数据：

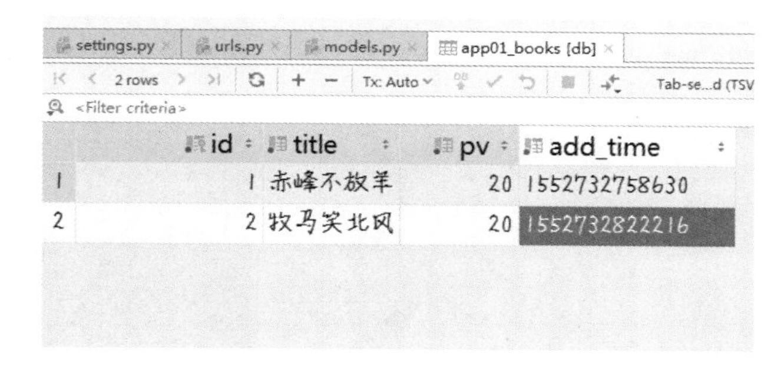

图 11-2　放入实验数据

（5）在 Templates 目录下新建文件 booklist.html：

```
<!DOCTYPE html>
<html lang="en">
<head>
    <meta charset="UTF-8">
    <title>Title</title>
</head>
<body>
{% for t in list %}
    <div>
    <a href="/book/{{ t.id }}/">
        书名：《{{ t.title }}》
        </a>
    </div>
    <div>
        浏览量：{{ t.pv }}
    </div>
{% endfor %}
</body>
</html>
```

（6）在 Templates 目录下新建文件 book.html：

```
<head>
    <meta charset="UTF-8">
    <title>Title</title>
</head>
<body>
    <div>
       书名：《{{ t.title }}》
    </div>
    <div>
        浏览量：{{ t.pv }}
    </div>
</body>
</html>
```

（7）在 app01/views.py 中编写逻辑代码：

```
from django.shortcuts import render
from django.views.generic.base import View
from .models import Books
# Create your views here.
class BookListView(View):
    """
    获取图书列表
    """
    def get(self,request):
        list=Books.objects.all()
        return render(request,'booklist.html',{'list':list})
class GetBookView(View):
    """
    获取单个图书
    """
    def get(self,request,id):
        book=Books.objects.filter(id=id).first()
        print(book.pv)
        book.pv+=1
        book.save()
        return render(request,'book.html',{'t':book})
```

（8）在 demo11/urls.py 内配置路由代码：

```
from django.contrib import admin
from django.urls import path
from app01.views import BookListView,GetBookView
urlpatterns = [
    path('admin/', admin.site.urls),
    path('booklist/',BookListView.as_view(),name='booklist'),
    path('book/<id>/',GetBookView.as_view(),name='book')
]
```

（9）启动 demo11，然后使用浏览器访问：http://127.0.0.1:8000/booklist/，如图 11-3 所示，为图书列表的效果。我们可以通过单击书名，跳转到单本图书的页面。

注意：因为笔者已经进行了一些测试，所以导致第一本书的浏览量增加了 2，原本应该是 20。

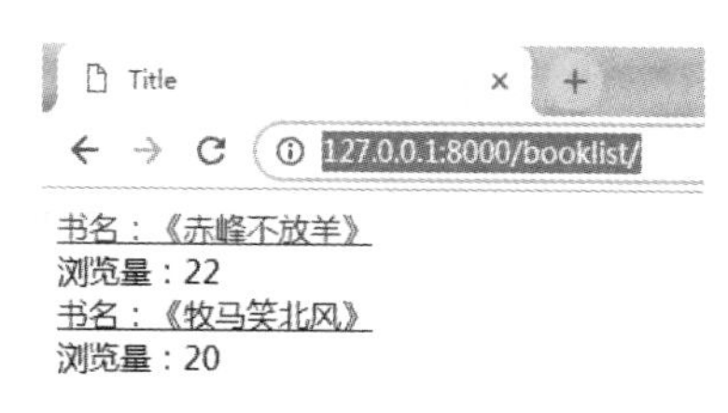

图 11-3　图书页面

（10）如图 11-4 和图 11-5 所示，通过单击书名链接，进入：http://127.0.0.1:8000/book/1/页面，《赤峰不放羊》的浏览量就增加了 1，然后刷新一次，浏览量又增加了 1。

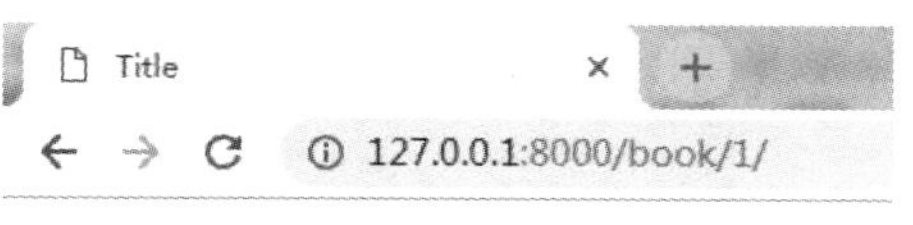

图 11-4　浏览前页面

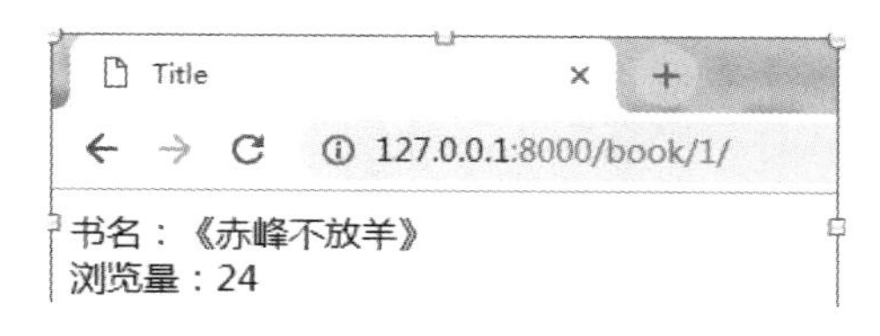

图 11-5　浏览后页面

11.1.4　Django 开发缓存功能

在这一节中，我们来对缓存功能的核心逻辑进行开发，然后重启项目，测试缓存机制的效果，具体步骤如下所述。

（1）在 app01/views.py 中对 GetBookView 进行改写：

```
from django.views.decorators.cache import cache_page
from django.utils.decorators import method_decorator
class GetBookView(View):
    """
    获取单个图书
    """
    @method_decorator(cache_page(3))
    def get(self,request,id):
        book=Books.objects.filter(id=id).first()
        print(book.pv)
        book.pv+=1
        book.save()
        return render(request,'book.html',{'t':book})
```

（2）重新启动项目 demo11，然后使用浏览器直接访问：http://127.0.0.1:8000/book/1/。如图 11-6 所示，此时的浏览量是 29。

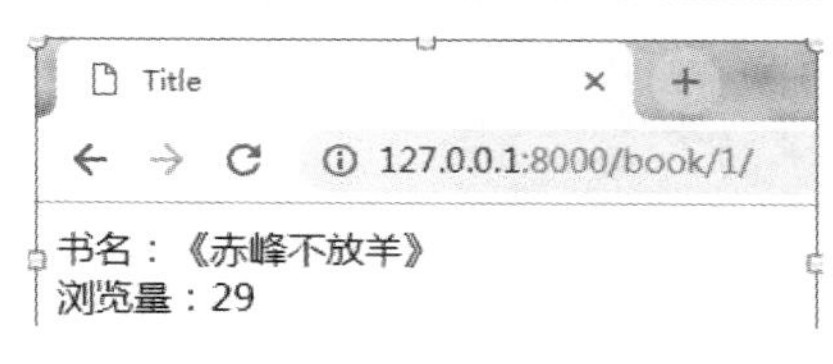

图 11-6　浏览前页面

此时，我们立刻刷新网页，发现浏览量并没有像上一节介绍的那样增加，依然是 29 如图 11-7 所示。

等待 3 秒以后，再次刷新网页，发现浏览量变成了

30，如图 11-8 所示。

图 11-7　浏览后立即刷新后页面

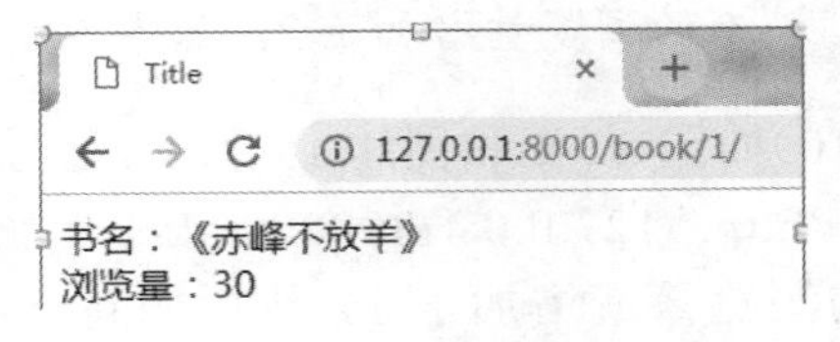

图 11-8　3 秒后刷新页面

注意：虽然我们已经在开发测试阶段实现了缓存的功能，但是这种效果其实只能存在于开发测试阶段，一旦项目上线，这种缓存的功能就会消失。原因是，Django 默认的缓存配置是开发调试模式，如果想要在项目上线以后还能继续使用缓存的功能，需要在 settings.py 中添加配置代码，用来指定缓存的存储方式。

11.1.5　各种缓存配置

缓存的存储位置，可以通过在项目的 settings 中配置，指定存储的位置。开发者可以根据项目的大小和业务模型的不同来决定将缓存具体存储在哪里。下面就来介绍将缓存存储在不同位置所需要做的配置。

（1）开发调试(此模式为开发调试时使用，在项目上线后不再执行任何操作)settings.py 中的文件配置：

```
CACHES = {
 'default': {
  'BACKEND': 'Django.core.cache.backends.dummy.DummyCache',
                                    # 缓存后台使用的引擎
  'TIMEOUT': 300,    # 缓存超时时间（默认 300 秒，None 表示永不过期，0 表示立即过期）
  'OPTIONS':{
   'MAX_ENTRIES': 300,              # 最大缓存记录的数量（默认 300）
   'CULL_FREQUENCY': 3,             # 缓存到达最大数量之后，剔除缓存数量的比例，即：
                                      1/CULL_FREQUENCY（默认 3）
  },
 }
}
```

（2）内存缓存（将缓存内容保存至内存区域中），settings.py 中的文件配置：

```
CACHES = {
 'default': {
  'BACKEND': 'Django.core.cache.backends.locmem.LocMemCache',
                                    # 指定缓存使用的引擎
  'LOCATION': 'unique-snowflake',         # 写在内存中的变量的唯一值
  'TIMEOUT':300,                    # 缓存超时时间（默认为 300 秒,None 表示永不过期）
  'OPTIONS':{
   'MAX_ENTRIES': 300,              # 最大缓存记录的数量（默认 300）
```

```
    'CULL_FREQUENCY': 3,              # 缓存到达最大数量之后，剔除缓存数量的比例，即：
                                        1/CULL_FREQUENCY（默认 3）
   }
  }
}
```

（3）文件缓存（把缓存数据存储在文件中），settings.py 中的文件配置：

```
CACHES = {
 'default': {
  'BACKEND': 'Django.core.cache.backends.filebased.FileBasedCache',
                                      #指定缓存使用的引擎
  'LOCATION': '/var/tmp/Django_cache',        #指定缓存的路径
  'TIMEOUT':300,                      #缓存超时时间（默认为 300 秒，None 表示永不过期）
  'OPTIONS':{
   'MAX_ENTRIES': 300,                # 最大缓存记录的数量（默认 300）
   'CULL_FREQUENCY': 3,               # 缓存到达最大个数之后，剔除缓存个数的比例，即：
                                        1/CULL_FREQUENCY（默认 3）
  }
 }
}
```

（4）数据库缓存（把缓存数据存储在数据库中），settings.py 中的文件配置：

```
CACHES = {
 'default': {
  'BACKEND': 'Django.core.cache.backends.db.DatabaseCache',
                                      # 指定缓存使用的引擎
  'LOCATION': 'cache_table',          # 数据库表
  'OPTIONS':{
   'MAX_ENTRIES': 300,                # 最大缓存记录的数量（默认 300）
   'CULL_FREQUENCY': 3,               # 缓存到达最大数量之后，剔除缓存数量的比例，即：
                                        1/CULL_FREQUENCY（默认 3）
  }
 }
}
```

创建缓存的数据库表使用语句：

```
Python manage.py createcachetable
```

（5）Memcache 缓存（使用 Python-memcached 模块连接 Memcache）。

Memcached 是 Django 原生支持的缓存系统。要使用 Memcached，需要下载 Memcached 的支持库 Python-memcached 或 pylibmc，settings.py 中的文件配置：

```
CACHES = {
 'default': {
  'BACKEND': 'Django.core.cache.backends.memcached.MemcachedCache',
                                      # 指定缓存使用的引擎
  'LOCATION': '222.169.10.100:11211',
                                      # 指定 Memcache 缓存服务器的 IP 地址和端口
  'OPTIONS':{
   'MAX_ENTRIES': 300,                # 最大缓存记录的数量（默认 300）
```

```
      'CULL_FREQUENCY': 3,           # 缓存到达最大数量之后，剔除缓存数量的比例，即：
                                       1/CULL_FREQUENCY（默认 3）
    }
  }
}
```

LOCATION 也可以配置成如下：

```
'LOCATION': 'unix:/tmp/memcached.sock',
                        # 指定局域网内的主机名加 socket 套接字为 Memcache 缓存服务器
'LOCATION': [           # 指定一台或多台其他主机 IP 地址加端口为 Memcache 缓存服务器
 '222.169.10.100:11211',
 '222.169.10.101:11211',
 '222.169.10.102:11211',
]
```

（6）Memcache 缓存（使用 pylibmc 模块连接 Memcache），settings.py 中的文件配置：

```
CACHES = {
  'default': {
   'BACKEND': 'Django.core.cache.backends.memcached.PyLibMCCache',
                                              # 指定缓存使用的引擎
   'LOCATION':'192.168.10.100:11211',         # 指定本机的 11211 端口为 Memcache 缓存
                                                服务器
   'OPTIONS':{
    'MAX_ENTRIES': 300,                       # 最大缓存记录的数量（默认 300）
    'CULL_FREQUENCY': 3,                      # 缓存到达最大数量之后,剔除缓存数量的比
                                                例，即：1/CULL_FREQUENCY（默认 3）
   },
  }
 }
```

LOCATION 也可以配置成如下：

```
'LOCATION': '/tmp/memcached.sock',            # 指定某个路径为缓存目录
'LOCATION': [         # 分布式缓存，在多台服务器上运行 Memcached 进程，程序会把多台服
                        务器当作单独的缓存，而不会在每台服务器上复制缓存值
 '192.168.10.100:11211',
 '192.168.10.101:11211',
 '192.168.10.102:11211',
]
```

注意：Memcached 是基于内存的缓存，数据存储在内存中，如果服务器死机，数据就会丢失，所以 Memcached 一般与其他缓存配合使用。

11.2　Django REST framework 实现缓存机制

Django REST framework 的缓存机制，是在 Django 的缓存机制的基础之上开发的。从用户体验角度上来说，缓存机制可以提升用户访问网站的响应速度。我们在这一节中，通

过一个实例项目，向大家介绍如何使用 Django REST framework 来实现缓存机制。

11.2.1　新建演示 Django REST framework 实现缓存机制的项目

Django REST framework 的缓存机制是 Django REST framework 比较经典的一个功能。在这一节中新建一个 Django 项目 demo11_drf，然后安装和配置 Django REST framework 及其依赖库。具体步骤如下：

（1）如图 11-9 所示，新建 Django 项目 demo11_drf，新建 App，命名为 app01。

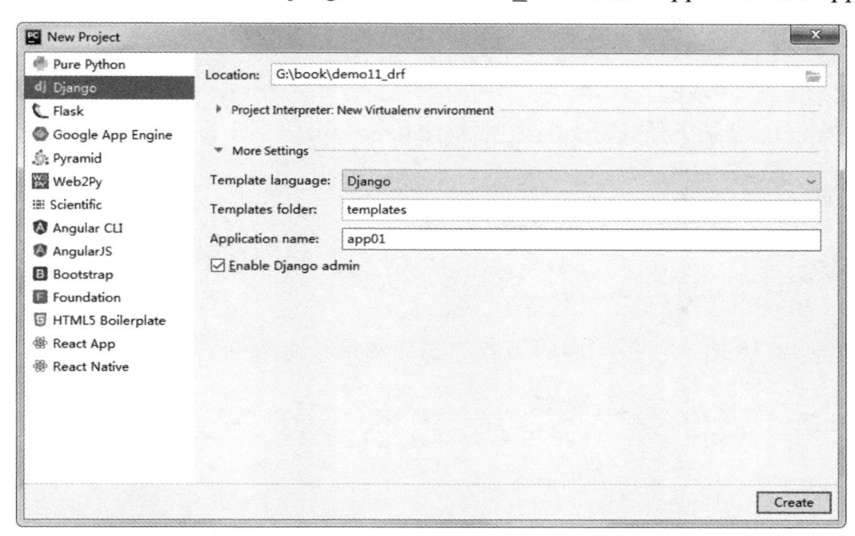

图 11-9　新建 demo11_drf

（2）安装 Django REST framework 及其依赖包 markdown 和 django-filter。

```
pip install djangorestframework markdown Django-filter
```

（3）在 settings 中注册如下：

```
INSTALLED_APPS = [
    'django.contrib.admin',
    'django.contrib.auth',
    'django.contrib.contenttypes',
    'django.contrib.sessions',
    'django.contrib.messages',
    'django.contrib.staticfiles',
    'users.apps.UsersConfig',
    'rest_framework'
]
```

（4）在 app01/models.py 中构建商品表类：

```
from django.db import models
# Create your models here.
```

```
class Goods(models.Model):
    """
    商品表
    """
    title=models.CharField(max_length=64,verbose_name='商品名')
    pv=models.IntegerField(default=0,verbose_name='浏览量')
    class Meta:
        verbose_name='商品表'
        verbose_name_plural = verbose_name
    def __str__(self):
        return self.title
```

（5）执行数据更新命令：

```
python manage.py makemigrations
python manage.py migrate
```

（6）在 app01 目录下新建序列化文件 serializers.py：

```
from rest_framework import serializers
from .models import Goods
class GoodsModelSerializer(serializers.ModelSerializer):
    class Meta:
        model = Goods
        fields="__all__"
```

（7）如图 11-10 所示，手动向商品表内添加两条实验数据。

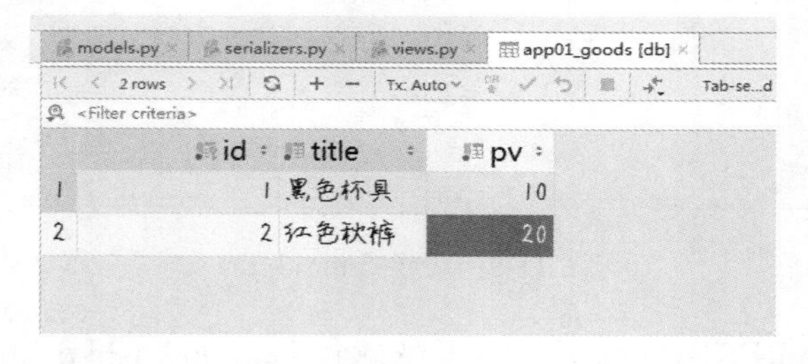

图 11-10　插入实验数据

11.2.2　Django REST framework 开发缓存机制

在本节中对 demo11_drf 做进一步完善，开发 Django REST framework 实现缓存机制的核心逻辑代码，并且进行实验监测。具体步骤如下：

（1）安装依赖 drf-extensions：

```
pip install drf-extensions
```

（2）在 app01/views.py 中，在不加入缓存机制的情况下，查看商品列表的逻辑：

```
from django.shortcuts import render
from .models import Goods
from .serializers import GoodsModelSerializer
```

```
from rest_framework.views import APIView
from rest_framework.response import Response
from rest_framework_extensions.cache.mixins import CacheResponseMixin
# Create your views here.
class GetGoodListView(APIView):
    """
    获取商品列表
    """
    def get(self,request):
        good_list=Goods.objects.all()
        re=GoodsModelSerializer(good_list,many=True)
        return Response(re.data)
```

（3）在 demo11_drf/urls.py 中配置路由：

```
from django.contrib import admin
from django.urls import path
from app01.views import GetGoodListView
urlpatterns = [
    path('admin/', admin.site.urls),
    path('goodlist/',GetGoodListView.as_view(),name='goodlist')
]
```

（4）在 settings.py 中配置：

```
# DRF 扩展
REST_FRAMEWORK_EXTENSIONS = {
    # 缓存时间
    'DEFAULT_CACHE_RESPONSE_TIMEOUT': 6
    # 缓存存储
    'DEFAULT_USE_CACHE': 'default',
}
```

在上述代码中，DEFAULT_CACHE_RESPONSE_TIMEOUT 为缓存有效期，单位为秒。DEFAULT_USE_CACHE 为缓存的存储方式，与配置文件中的 CACHES 的键对应。

（5）运行项目 demo11_drf，然后用浏览器访问：http://127.0.0.1:8000/goodlist/，如图 11-11，在没有加入缓存机制的情况下，每次刷新网页，访问获取商品列表所使用的时间，都在 80~100ms。

（6）在 app01/views.py 中，给 GetGoodListView 添加缓存机制。

```
from django.shortcuts import render
from .models import Goods
from .serializers import GoodsModelSerializer
from rest_framework.views import APIView
from rest_framework.response import Response
from rest_framework_extensions.cache.mixins import CacheResponseMixin
# Create your views here.
class GetGoodListView(CacheResponseMixin,APIView):
    """
    获取商品列表
    """
    def get(self,request):
        good_list=Goods.objects.all()
```

```
        re=GoodsModelSerializer(good_list,many=True)
        return Response(re.data)
```

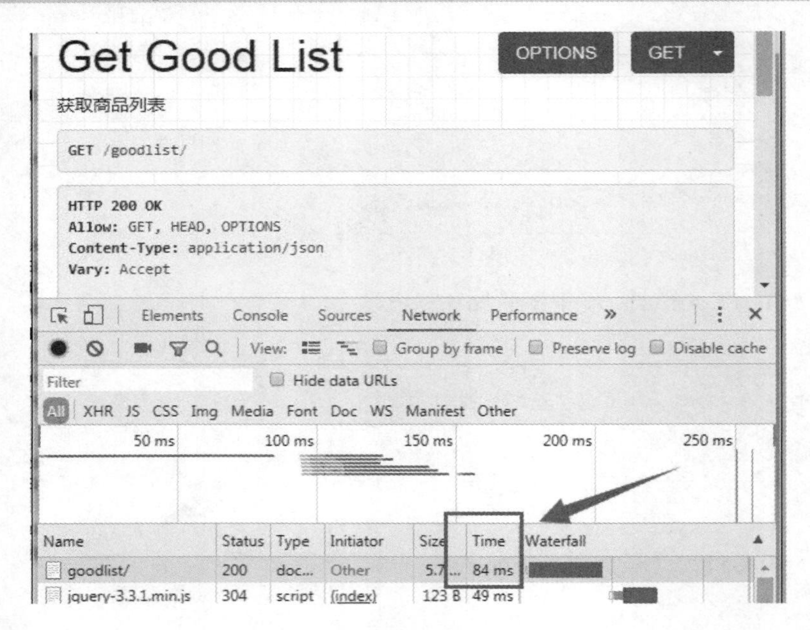

图 11-11　访问耗时 84ms

（7）还有另外一种给 GetGoodListView 添加缓存机制的写法：

```
from django.shortcuts import render
from .models import Goods
from .serializers import GoodsModelSerializer
from rest_framework.views import APIView
from rest_framework.response import Response
from rest_framework_extensions.cache.mixins import CacheResponseMixin
from rest_framework_extensions.cache.decorators import cache_response
# Create your views here.
class GetGoodListView(APIView):
    """
    获取商品列表
    """
    @cache_response()
    def get(self,request):
        good_list=Goods.objects.all()
        re=GoodsModelSerializer(good_list,many=True)
        return Response(re.data)
```

cache_response 装饰器可以接收两个参数：

```
@cache_response(timeout=60*60, cache='default')
```

（8）再次运行 demo11_demo11_drf，然后使用浏览器访问：http://127.0.0.1:8000/ goodlist/。

如图 11-12 所示，使用缓存机制以后，多次刷新网页，每次访问数据所需时间都在 25~45ms 之间。

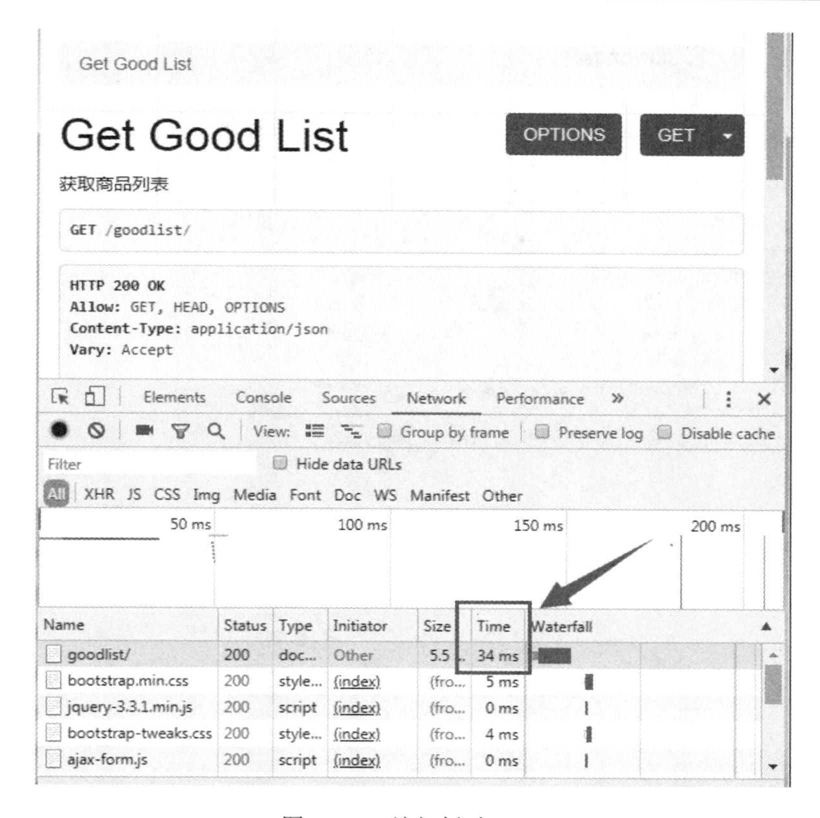

图 11-12　访问耗时 34ms

注意：本例中通过增加缓存的机制，让我们访问网页的速度提升了一倍。其实缓存能够提升的访问速度远不止这些，随着网页所获取的数据量越来越大，同时向网站服务器发送网络请求的数量越来越多，有缓存机制的网页访问速度可能会比没有缓存机制的网页快几百上千倍。

11.2.3　缓存配置使用 Redis

Redis 是一种非关系型数据库。如果对 Redis 有所了解就会知道，因为本身代码逻辑的不同，非关系型数据库的运行速度要比关系型数据库快，所以如果想要让缓存更快，建议使用 Redis 来储存缓存。

注意：因 Redis 的知识不属于本书的主要内容，此处不做详述，有兴趣的读者可以查阅相关资料。Redis 数据库的表现形式，对于 Python 开发者来说非常友好，掌握 Redis 要比掌握 SQL 简单得多。

（1）确保 Redis 的 server 运行。

（2）安装 django-redis 依赖。

```
pip install django-redis
```

（3）在 settings.py 中增加配置代码：

```
# 配置 Redis 缓存
CACHES = {
    "default": {
        "BACKEND": "Django_redis.cache.RedisCache",
        # 如果 redis server 设置了密码，则写成 "LOCATION": "密码@redis://127.
0.0.1:6379",
        "LOCATION": "redis://127.0.0.1:6379",
        "OPTIONS": {
            "CLIENT_CLASS": "Django_redis.client.DefaultClient",
        }
    }
}
```

至此，我们实现了 Django REST framework 缓存机制。

第 12 章　前后端分离项目上线部署到云服务器

当一个项目开发完成后，接下来要做的事情就是将项目上线部署到云服务器上。国内的网站部署到云服务器上，一般都会选择两个比较主流的系统，一个是 Ubuntu 系统，另一个是 CentOS 系统。这两个系统都是基于 Linux 的系统，交互方式也都是基于 Linux 命令行的形式。本章就来新建一个前后端分离的项目实例，然后部署到 Ubuntu 系统上，以此分析 Django 项目上线部署到云服务器相关的知识点。

12.1　准备一个前后端分离项目

项目上线部署的前提是我们需要有一个项目。在之前的章节中，虽然也有新建的项目，但都是为了最直观、最简洁地演示相对应章节所要介绍的知识点而建立的，与我们实际工作中的项目有所区别。本节将新建一个有代表性的前后端分离项目，为下一节的上线部署演示做好准备。

12.1.1　准备一个最基础的前后端分离项目

一个前后端分离项目，其实是由两个相对独立的项目组成。不论是前端项目，还是后端项目，如果独立运行，理论上都可以完成一个网站所需的一切功能。所以，新建一个最基础的前后端分离项目，其本质就是分别建立一个后端项目和一个前端项目。具体步骤如下：

（1）如图 12-1 所示，使用 PyCharm 新建 Django 项目，命名为 demo12a，新建 App 并名为 app01。

（2）安装 Django REST framework 及其依赖包 markdown 和 Django-filter。

```
pip install djangorestframework markdown Django-filter
```

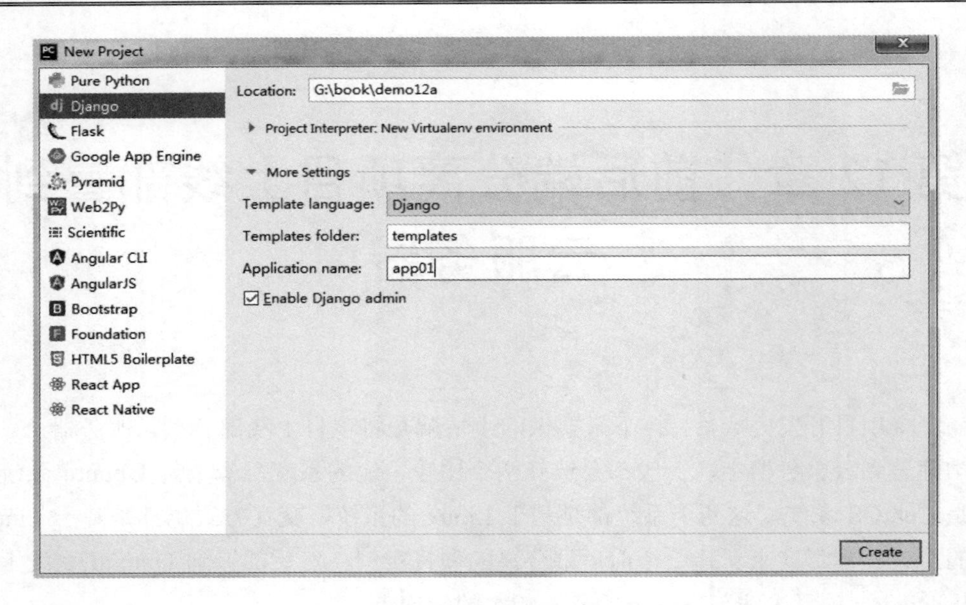

图 12-1 新建 demo12a

（3）在 settings 中注册 rest_framework，如下：

```
INSTALLED_APPS = [
    'django.contrib.admin',
    'django.contrib.auth',
    'django.contrib.contenttypes',
    'django.contrib.sessions',
    'django.contrib.messages',
    'django.contrib.staticfiles',
    'users.apps.UsersConfig',
    'rest_framework'
]
```

注意： 目前为止，Ubuntu 系统 18.04 版本内置了 Python 2.7 和 Python 3.6。为了方便起见，我们在新建 Django 项目的时候，可以把 Python 环境切换成 Python 3.6，这样在部署的时候可以方便很多。当然，也可以在 Ubuntu 系统上安装 Python 3.7，只是多了一些步骤。

（4）如图 12-2 所示，新建 Vue 项目 demo12b：

```
cnpm install -global vue-cli
vue init webpack demo12b
cd demo12b
cnpm install
```

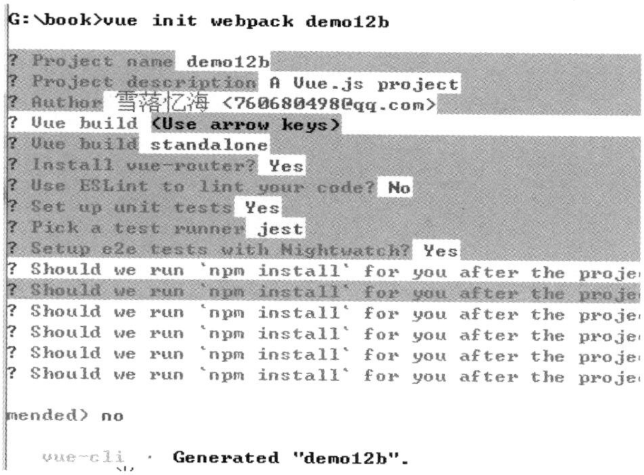

```
G:\book>vue init webpack demo12b

? Project name demo12b
? Project description A Vue.js project
? Author 雪落忆海 <760680498@qq.com>
? Vue build (Use arrow keys)
? Vue build standalone
? Install vue-router? Yes
? Use ESLint to lint your code? No
? Set up unit tests Yes
? Pick a test runner jest
? Setup e2e tests with Nightwatch? Yes
? Should we run `npm install` for you after the proje
? Should we run `npm install` for you after the proje
? Should we run `npm install` for you after the proje
? Should we run `npm install` for you after the proje
? Should we run `npm install` for you after the proje
? Should we run `npm install` for you after the proje

mended> no

   vue-cli · Generated "demo12b".
```

图 12-2　新建 demo12b

（5）如图 12-3 所示，在 demo12 中安装 axios：

```
cnpm install axios --save
```

```
G:\book\demo12b>cnpm intall --save axios
√ Installed 1 packages
√ Linked 2 latest versions
√ Run 0 scripts
√ All packages installed (1 packages installed from npm registry, used 878ms(ne
twork 871ms), speed 10.07kB/s, json 3(8.77kB), tarball 0B)

G:\book\demo12b>
```

图 12-3　安装 axios

（6）初始化 demo12 项目，将 src/App.vue 内的代码修改为：

```
<template>
  <div id="app">
    <div class="t">{{title}}</div>
  </div>
</template>
<script>
import Axios from 'axios';
export default {
  name: 'App',
    data () {
    return {
      title:'首页'
    }
  },
  methods: {
    GetData(){
      const host='http://127.0.0.1:8000'
      var api=host+'/getgoodlist/';
      Axios.get(api)
```

```
      .then(function (response) {
         console.log(response)
      })
      .catch(function (error) {
      console.log(error);
      });
    }
  },
  mounted() {
    // this.GetData()
  }
}
</script>
<style>
.t{
 width: 100px;
 height: 100px;
 background-color: brown;
 line-height: 100px;
 text-align: center;
}
</style>
```

（7）启动项目 demo12b：

```
npm run dev
```

如图 12-4 所示，使用浏览器访问 http://127.0.0.1:8080/#/，即显示我们所初始化的前端首页。

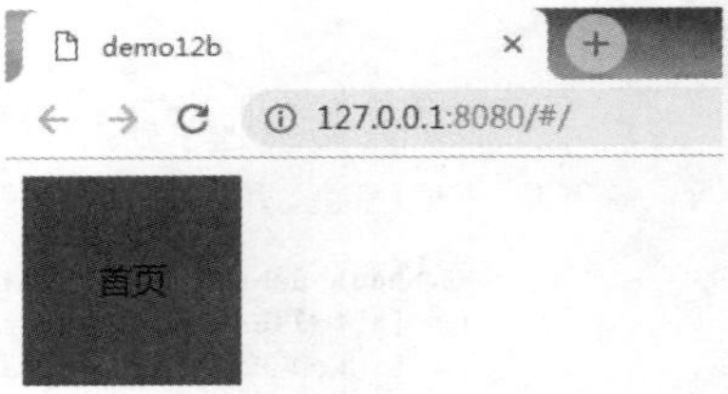

图 12-4 初始化首页

12.1.2 对前后端分离项目进行改造

实际上，一个公司开发一款用于商业的前后端分离项目，很少会像我们在上一节所新建的那样，前端部分要从后端获取数据和媒体文件，后端项目也极少只有一个 App 的情况，而且使用的数据库也不会是 Django 自带的 SQLite3，大多为 MySQL。本节就来对我们上一节所新建的前后端分离项目进行完善和改造，让这个项目更贴近实际项目的需求，步骤如下所述。

（1）下载和安装 MySQL5.7，下载地址为 https://dev.mysql.com/downloads/mysql/5.7.html#downloads，对于 MySQL 的安装，网上有很多教程各不相同，笔者建议采用最方便的方法进行安装，即双击安装包以后，所有的选项都选择默认的，提示设置密码的时候自行设置密码，然后一直单击“下一步”按钮直到安装完成。安装成功后，在 WindowsF 的程序目录，如图 12-5 所示。

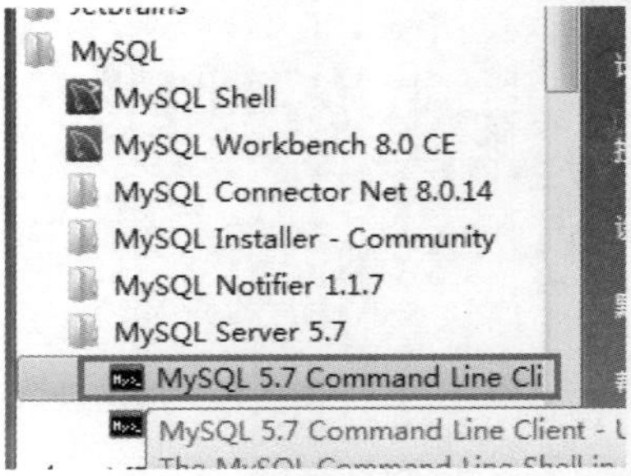

图 12-5 MySQL 目录

注意： 之所以选择 MySQL5.7 版本，而不是选择最新的 8.0 版本，是因为在上线部署的时候，本地基于 8.0 版所建立的数据库，会产生很多因为版本不统一而产生的兼容性错误。5.7 版相对比较稳定，可以避免很多潜在的问题。

（2）新建 MySQL 数据库 12a，如下：

```
show databases;
create database 12a default character set utf8 collate utf8_general_ci;
show databases;
```

（3）demo12a 连接 MySQL 数据库，在 settings 中将数据库配置代码修改为：

```
DATABASES = {
    'default': {
        'ENGINE': 'Django.db.backends.mysql',
        'NAME': '12a',
        'USER':'root',
        'PASSWORD':'mysql 密码',
        'HOST':'127.0.0.1',
        "OPTIONS":{"init_command":"SET default_storage_engine=INNODB;"}#第三方登录功能必须加上
    }
}
```

如图 12-6 所示，将原本的数据库配置代码注释掉，然后填入新的配置代码，否则后面填入的配置代码是不起作用的。

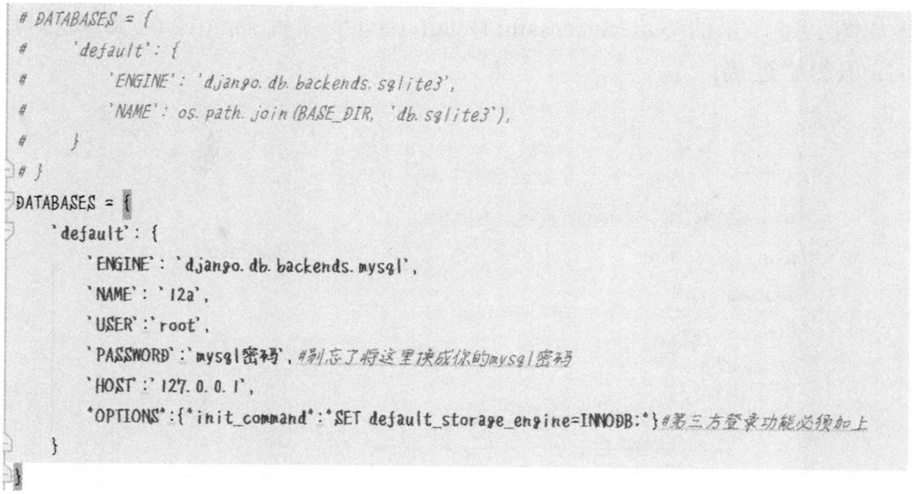

```
# DATABASES = {
#     'default': {
#         'ENGINE': 'django.db.backends.sqlite3',
#         'NAME': os.path.join(BASE_DIR, 'db.sqlite3'),
#     }
# }
DATABASES = {
    'default': {
        'ENGINE': 'django.db.backends.mysql',
        'NAME': '12a',
        'USER':'root',
        'PASSWORD':'mysql密码',#别忘了将这里换成你的mysql密码
        'HOST':'127.0.0.1',
        "OPTIONS":{"init_command":"SET default_storage_engine=INNODB;"}#第三方登录功能必须加上
    }
}
```

图 12-6　数据库配置

然后，安装 PyMYSQL：

```
pip install PyMYSQL
```

在 demo12a/demo12a/ __init__.py 中加入代码：

```
import pymysql
pymysql.install_as_MySQLdb()
```

如图 12-7 所示，在 PyCharm 的 Database 面板中可以打开与 MySQL 管理连接的面板。

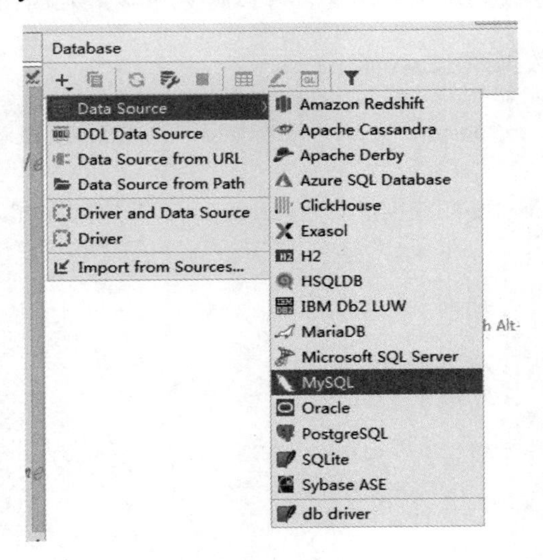

图 12-7　Database 面板

在连接面板中，输入要连接的 MySQL 数据库信息，然后单击 Test Connection 按钮，如果出现如图 12-8 所示的提示：Successful Detail，则证明项目 demo12a 已经成功与 MySQL 数据库 12a 取得了连接。

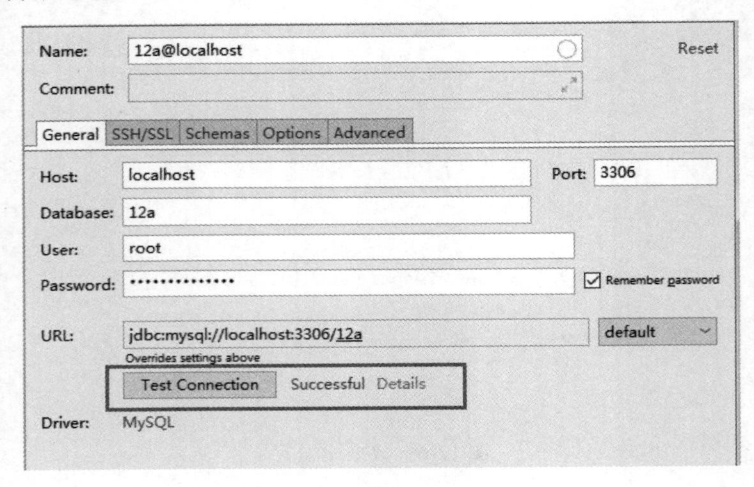

图 12-8　连接测试

（4）因为在实际项目中，很少有一个后端项目中只有一个 App 的情况，所以我们要新建一个 App 命名为 goods，作为实验使用。

```
Python manage.py startapp goods
```

（5）整理 demo12a 项目的目录。如图 12-9 所示，新建目录 apps，然后将 app01 和 goods 目录都导入 apps 目录下；新建 extra_apps 目录，用来存放第三方应用文件；新建 static 目录，用来存放静态文件；新建 media 目录，用来存放媒体文件。

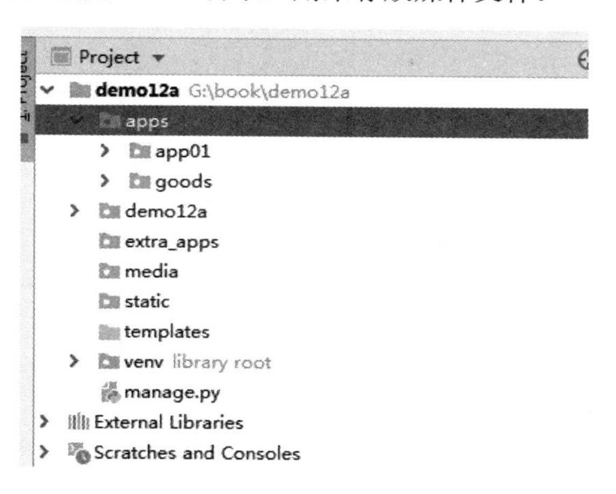

图 12-9　项目目录

（6）配置 demo12a 相关的目录。

首先，在 settings 文件中追加代码，配置静态文件和媒体文件路径：

```
STATIC_ROOT=os.path.join(BASE_DIR,'static')
STATICFILES_DIR=[os.path.join(BASE_DIR,'static'),]
MEDIA_URL='/media/'
MEDIA_ROOT=os.path.join(BASE_DIR,'media')
```

然后，如图 12-10 所示，在 settings 文件中插入路径配置代码：

```
import sys
sys.path.insert(0,BASE_DIR)
sys.path.insert(0,os.path.join(BASE_DIR,'apps'))
sys.path.insert(0,os.path.join(BASE_DIR,'extra_apps'))
```

```
import os


# Build paths inside the project like this: os.path.join(BASE_DIR, ...)
BASE_DIR = os.path.dirname(os.path.dirname(os.path.abspath(__file__)))


import sys
sys.path.insert(0,BASE_DIR)
sys.path.insert(0,os.path.join(BASE_DIR,'apps'))
sys.path.insert(0,os.path.join(BASE_DIR,'extra_apps'))
```

图 12-10　配置路径

最后，如图 12-11 所示，分别 Mark 一下 apps 和 extra_apps 目录。

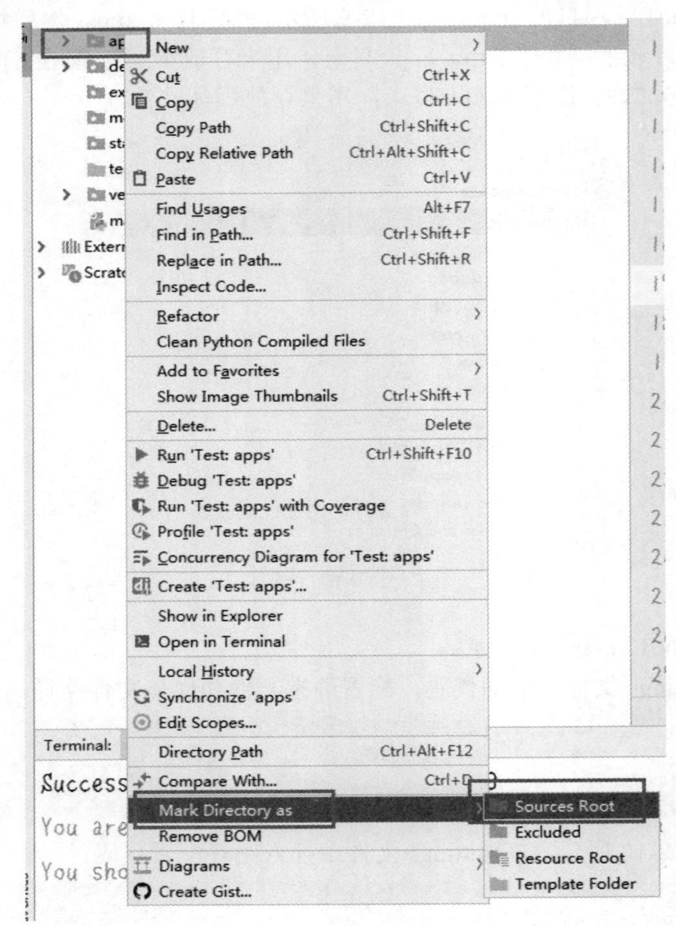

图 12-11　Mark 路径

（7）在 apps/goods/models.py 内新建一个图文的数据类，代码如下：

```
from datetime import datetime
# Create your models here.
class TuWen(models.Model):
    """
    图文表
    """
    image = models.ImageField(max_length=200, upload_to='images/',verbose_
name='图片')
    title=models.CharField(max_length=200,blank=True,null=True,verbose_
name='文本')
    add_time = models.DateTimeField(default=datetime.now, verbose_name='
添加时间')
    class Meta:
```

```
        verbose_name = "图文信息"
        verbose_name_plural = verbose_name
    def __str__(self):
        return self.title
```

安装处理图片的依赖包 Pillow，如下：

```
pip install Pillow
```

执行数据更新命令：

```
python manage.py makemigrations
python manage.py migrate
```

（8）加入实验数据。如图 12-12 所示，建立超级用户，用户名 root，密码 root1234：

```
python manage.py createsuperuser
Username: root
邮箱:
Password:
Password (again):
```

```
Terminal:  Local  +
Username (leave blank to use 'administrator'): root
Email address:
Password:
Password (again):
Superuser created successfully.
```

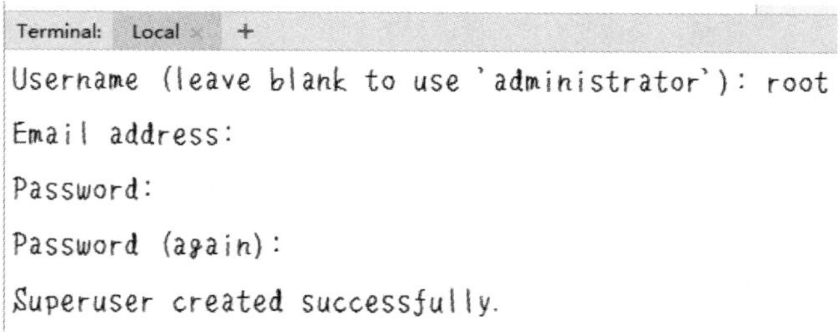

图 12-12　建立超级用户

如图 12-13 所示，运行 demo12a，然后使用浏览器访问 http://127.0.0.1:8000/admin，使用超级用户的用户名和密码登录。

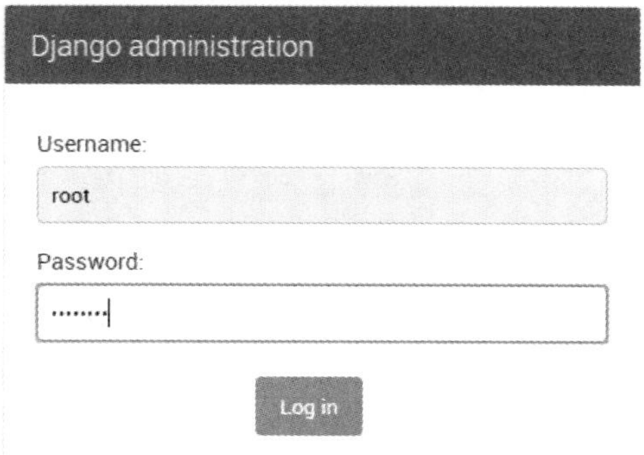

Django administration
Username:
root
Password:
Log in

图 12-13　登录后台

如图 12-14 所示，在 apps/goods/admin.py 中加入 models 的注册信息：

```
from Django.contrib import admin
```

```
from .models import TuWen
# Register your models here.
admin.site.register(TuWen)
```

然后刷新浏览器，即可看到图文信息。

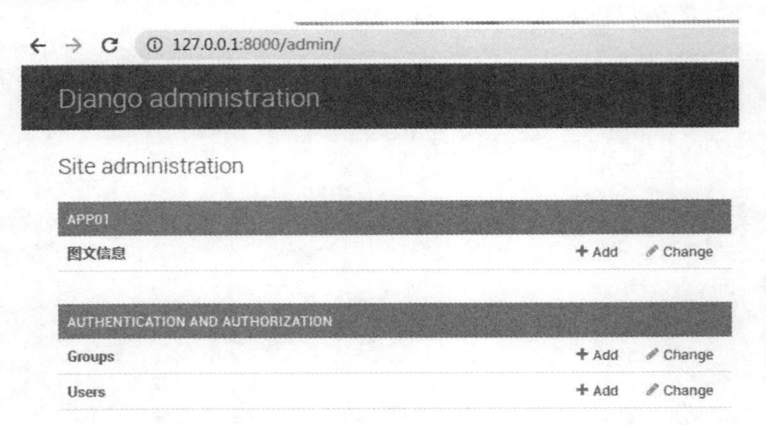

图 12-14　后台管理界面

如图 12-15 所示，添加一条图文信息记录作为实验数据。

图 12-15　提价实验数据

（9）在 apps/app01 目录下新建序列化文件 serializers.py，序列化图文表，代码如下：

```
from rest_framework import serializers
from .models import TuWen
class TuWenModelSerializer(serializers.ModelSerializer):
    class Meta:
        model = TuWen
        fields="__all__"
```

（10）在 apps/app01/views.py 中编写获取图文列表的视图类，代码如下：

```
from django.shortcuts import render
from .models import TuWen                                    #引入图文表
from .serializers import TuWenModelSerializer                #引入图文表的序列化类
#引入 drf 的功能组件
from rest_framework.views import APIView
from rest_framework.response import Response
from rest_framework.renderers import JSONRenderer
# Create your views here.
class GetTuWenView(APIView):
    """
    获取图文列表
    """
    renderer_classes = [JSONRenderer]                        # 渲染器
    def get(self,request):
        t_list=TuWen.objects.all()
        re=TuWenModelSerializer(t_list,many=True)
        return Response(re.data)
```

（11）在 urls.py 内配置路由代码如下：

```
from django.contrib import admin
from django.urls import path
#配置媒体文件路径
from django.views.static import serve
from demo12a.settings import MEDIA_ROOT
#获取图文信息的视图类
from app01.views import GetTuWenView
urlpatterns = [
    path('admin/', admin.site.urls),
    path('media/<path:path>',serve,{'document_root':MEDIA_ROOT}),
    path('getdata/',GetTuWenView.as_view())
]
```

（12）测试。启动项目，访问：http://127.0.0.1:8000/getdata/，即可获取图文数据，如图 12-16 所示。

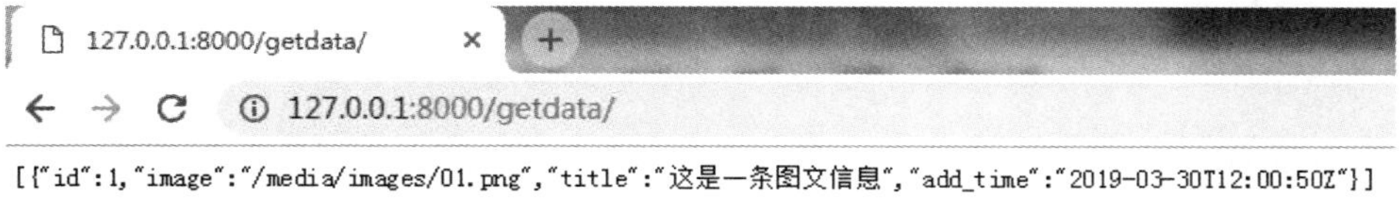

127.0.0.1:8000/getdata/

127.0.0.1:8000/getdata/

[{"id":1,"image":"/media/images/01.png","title":"这是一条图文信息","add_time":"2019-03-30T12:00:50Z"}]

图 12-16　返回数据

（13）解决跨域。安装跨域模块：

```
pip install django-cors-headers
```

在 settings 中注册跨域模块：

```
INSTALLED_APPS = [
    'django.contrib.admin',
    'django.contrib.auth',
```

```
    'django.contrib.contenttypes',
    'django.contrib.sessions',
    'django.contrib.messages',
    'django.contrib.staticfiles',
    'app01.apps.App01Config',
    'rest_framework',
    'corsheaders'
]
```

在 settings.py 增加中间件的配置代码：

```
MIDDLEWARE = [
    'corsheaders.middleware.CorsMiddleware',            # 放到中间件顶部
    'django.middleware.security.SecurityMiddleware',
    'django.contrib.sessions.middleware.SessionMiddleware',
    'django.middleware.common.CommonMiddleware',
    'django.middleware.csrf.CsrfViewMiddleware',
    'django.contrib.auth.middleware.AuthenticationMiddleware',
    'django.contrib.messages.middleware.MessageMiddleware',
    'django.middleware.clickjacking.XFrameOptionsMiddleware',
]
```

在 settings.py 中新增配置项，即可解决本项目中的跨域问题。

```
CORS_ORIGIN_ALLOW_ALL = True
```

（14）修改前端项目 demo12b/src/App.vue 中的代码，让其访问后端 API：

```
<template>
  <div id="app">
    <div class="t">{{title}}</div>
    <div v-for="(item,index) in twdata" :key="index">
      <div>{{item.title}}</div>
      <img :src="item.image" alt="">
    </div>
  </div>
</template>
<script>
import Axios from 'axios';
export default {
  name: 'App',
    data () {
    return {
      title:'首页',
      twdata:[]
    }
  },
  methods: {
    GetData(){
      var that=this
      const host='http://127.0.0.1:8000'
      var api=host+'/getdata/';
      Axios.get(api)
      .then(function (response) {
          // console.log(response.data)
          for(var i=0;i<response.data.length;i++){
            response.data[i].image=host+response.data[i].image
```

```
            }
            // console.log(response.data)
            that.twdata=response.data
        })
        .catch(function (error) {
        console.log(error);
        });
      }
  },
  mounted() {
    this.GetData()
  }
}
</script>
<style>
.t{
  width: 100px;
  height: 100px;
  background-color: brown;
  line-height: 100px;
  text-align: center;
}
img{
  width: 200px;
  height: 200px;
}
</style>
```

（15）测试。运行 demo12b，访问 http://127.0.0.1:8080/#/，可以看到从后端传过来的图文信息，如图 12-17 所示。

图 12-17　测试效果图

12.2 云服务器的准备

随着云计算技术的普及，目前已经很少有企业选择将项目部署在传统的服务器上了。云服务器成为了互联网企业的首选。国内的提供云计算服务器的企业有很多家，比如阿里云、腾讯云、金山云、百度云、华为云等。在本章中，我们选择使用华为云进行项目的上线部署的演示。

12.2.1 购买华为云服务器

如图 12-18 所示，进入华为云服务器的购买页面，网址为：https://www.huaweicloud.com/product/ecs.html。

图 12-18 华为云购买页面

如图 12-19 所示，华为云服务器默认的最低套餐价格是 1.599.10 元人民币每年。

在配置方面，规格为 1GB 内存，系统盘为 40GB 的硬盘，系统选择 Ubuntu18.04，带宽为 5Mbit/s。

注意： 这个配置完全是为了项目演示使用，并不适合用于商业项目。40GB 的硬盘比市面上普通规格的优盘还小，很容易出现硬盘存储空间不足的问题。大家可以根据自己的项目体量，选择配置更高的云服务器。

当前配置

计费模式	包年/包月
地域	上海二
可用区	可用区3
云服务器名称	ecs-dffb
规格	通用计算型 | s3.small.1 | 1vCPUs | 1GB
镜像	Ubuntu 18.04 server 64bit
系统盘	高IO, 40GB
虚拟私有云	
安全组	Sys-default
网卡	
弹性公网IP	规格: 全动态BGP 计费方式: 按带宽计费 带宽: 5 Mbit/s
购买时长	1年
购买数量	1

配置费用

¥1,599.10 省: ¥335.30

以上是参考价格，具体扣费请以账单为准。

了解计费详情

立即购买

图 12-19　华为云结算界面

如图 12-20 所示，购买云服务器之后，进入云服务器控制台，选择“弹性云服务器”选项，就可以看到购买的服务器了。在这个页面，可以看到服务器的公网 IP，可以用于在本地与服务器端进行数据交互。

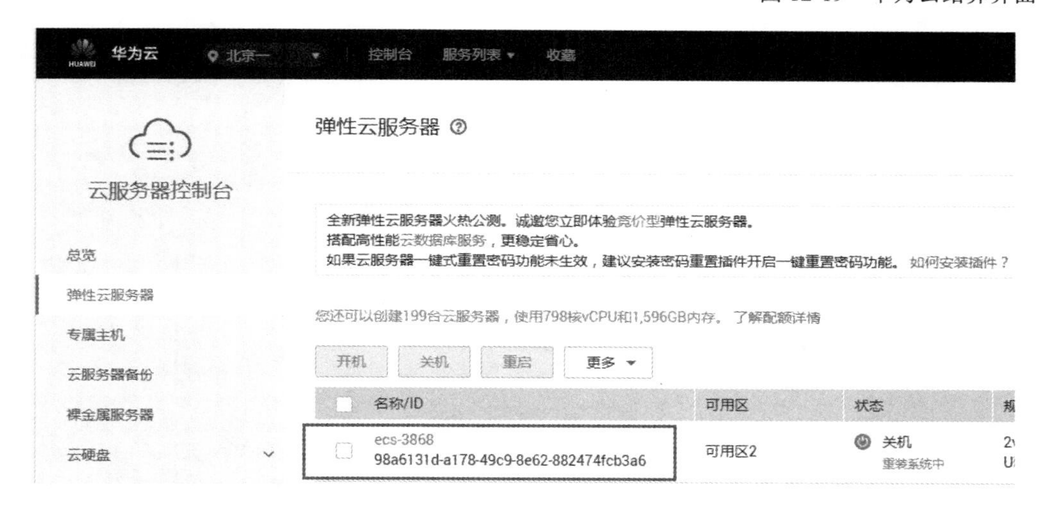

图 12-20　控制台

12.2.2　服务器端安装 MySQL 5.7

在云服务器端安装 MySQL 数据库，是本地数据库远程同步到服务器端的前提。我们需要使用软件 Xshell 从本地与服务器取得连接，才可以对服务器进行操作命令。

（1）使用 Xshell 在本地与服务器端连接。

如图 12-21 所示，打开 Xshell 软件，选择“文件”菜单下的“新建”命令创建新的会话。

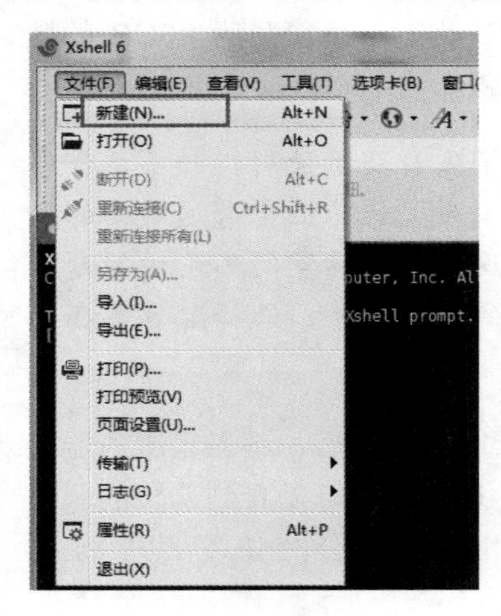

图 12-21　新建会话

如图 12-22 所示，配置会话信息，在“名称”文本框中输入名称“华为云”，在“主机”文本框中输入在华为云控制台可以查看到的公网 IP，然后单击“连接”按钮。

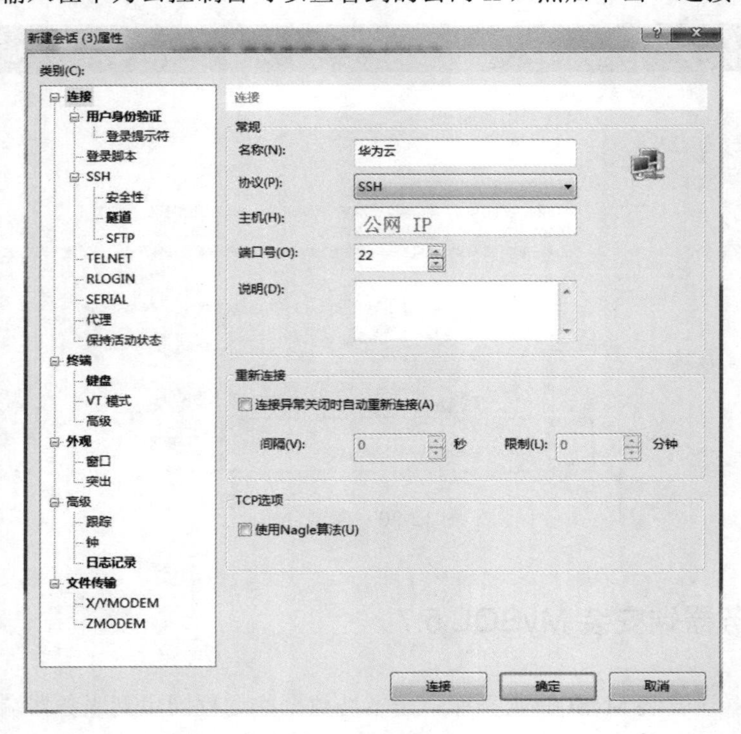

图 12-22　配置会话信息

如图 12-23 所示，在弹出对话框内，输入登录的用户名 root，然后单击“确定”按钮。

如图 12-24 所示，如果连接成功，则可以看到服务器 Ubuntu 系统下的命令行界面。

（2）服务器安装 MySQL 代码如下：

```
apt-get install mysql-server
y
apt-get install mysql-client
apt-get install libmysqlclient-dev
y
```

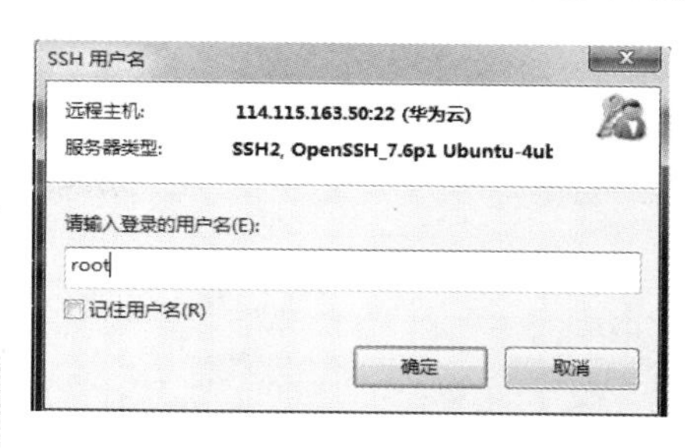

图 12-23　输入用户名

```
System load:  0.0               Processes:           93
Usage of /:   11.3% of 39.12GB  Users logged in:     0
Memory usage: 5%                IP address for eth0: 1
Swap usage:   0%

 * 'snap info' now shows the freshness of each channel.
   Try 'snap info microk8s' for all the latest goodness.


81 packages can be updated.
40 updates are security updates.



      Welcome to Huawei Cloud Service

/usr/bin/xauth:  file /root/.Xauthority does not exist
root@ecs-3868:~#
```

图 12-24　连接成功界面

（3）配置 MySQL 密码。如图 12-25 所示，安装 MySQL 5.7 的过程中是没有让用户输入初始密码这一步骤的，成功安装 MySQL 5.7 之后，以 root 的身份，输入命令：

```
mysql
```

```
root@ecs-3868:~# mysql
Welcome to the MySQL monitor.  Commands end with ; or \g.
Your MySQL connection id is 2
Server version: 5.7.25-0ubuntu0.18.04.2 (Ubuntu)

Copyright (c) 2000, 2019, Oracle and/or its affiliates. All rights reserved.

Oracle is a registered trademark of Oracle Corporation and/or its
affiliates. Other names may be trademarks of their respective
owners.

Type 'help;' or '\h' for help. Type '\c' to clear the current input statement.

mysql>

ssh://                                   SSH2  xterm  102x19  19,8
```

图 12-25　进入 MySQL

如图 12-26 所示，然后一条一条执行以下命令：

```
show databases;
use mysql;
update user set authentication_string=PASSWORD("与本地数据库密码一致") where
```

```
user='root';
    update user set plugin="mysql_native_password";
    flush privileges;
    quit;
```

```
mysql> use mysql
Reading table information for completion of table and column names
You can turn off this feature to get a quicker startup with -A

Database changed
mysql> update user set authentication_string=PASSWORD("kou53231323123") where user='root';
Query OK, 1 row affected, 1 warning (0.00 sec)
Rows matched: 1  Changed: 1  Warnings: 1

mysql> update user set plugin="mysql_native_password";
Query OK, 1 row affected (0.00 sec)
Rows matched: 4  Changed: 1  Warnings: 0

mysql> flush privileges;
Query OK, 0 rows affected (0.00 sec)

mysql> quit;
Bye
```

图 12-26　修改数据库密码

重新启动 MySQL 服务：

```
    /etc/init.d/mysql restart
```

如图 12-27 所示，使用修改后的密码登录 MySQL，然后退出：

```
    mysql -u root -p
    //输入设置的密码+回车
    quit;
```

```
root@ecs-3868:~# /etc/init.d/mysql restart
[ ok ] Restarting mysql (via systemctl): mysql.service.
root@ecs-3868:~# mysql -u root -p
Enter password:
Welcome to the MySQL monitor.  Commands end with ; or \g.
Your MySQL connection id is 2
Server version: 5.7.25-0ubuntu0.18.04.2 (Ubuntu)

Copyright (c) 2000, 2019, Oracle and/or its affiliates. All rights reserved.

Oracle is a registered trademark of Oracle Corporation and/or its
affiliates. Other names may be trademarks of their respective
owners.

Type 'help;' or '\h' for help. Type '\c' to clear the current input statement.

mysql>
```

图 12-27　验证数据库密码

12.2.3　压缩项目

通过文件夹的形式将项目从本地迁移到服务器端并不是不可以的，但是会很麻烦。所以我们需要将项目压缩为 zip 包，方便从本地传输到服务器端。在这之前，还需要对 demo12a 进行一些操作。

（1）如图 12-28 所示，在 demo12a/settings 中配置：

```
DEBUG = False
ALLOWED_HOSTS = ["公网 IP"]
```

```
DEBUG = False

ALLOWED_HOSTS = ['公网IP']
```

图 12-28　上线前配置

（2）将项目的所有依赖库导出为文本文件，执行命令：

```
pip freeze >requirements.txt
```

在项目目录下会生成一个文件名为 requirements. txt 的文本文件，内容为：

```
django==2.1.7
django-cors-headers==2.5.2
django-filter==2.1.0
djangorestframework==3.9.2
Markdown==3.1
Pillow==5.4.1
PyMySQL==0.9.3
pytz==2018.9
```

（3）如图 12-29 所示，将 demo12a 压缩为一个 zip 包。

（4）如图 12-30 所示，将 demo12b 目录下的 node_modules 目录删除，然后将 demo12b 压缩为一个 zip 包。

图 12-29　demo12a 压缩包

图 12-30　demo12b 压缩包

12.2.4　使用 FileZilla 将 demo12a.zip 和 demo12b.zip 传到服务器端

如图 12-31 所示，打开 FileZilla，在“主机”文本框中输入公网 IP；输入用户名 root；密码就是主机的登录密码，云服务器会在自动安装操作系统之后，通过用户的控制台将密码通知给客户。每个云服务器实例的登录密码不同，比如笔者的登录密码为 NW6253#1；在“端口号”中选择默认的 22 端口号，然后单击“快速连接”按钮。

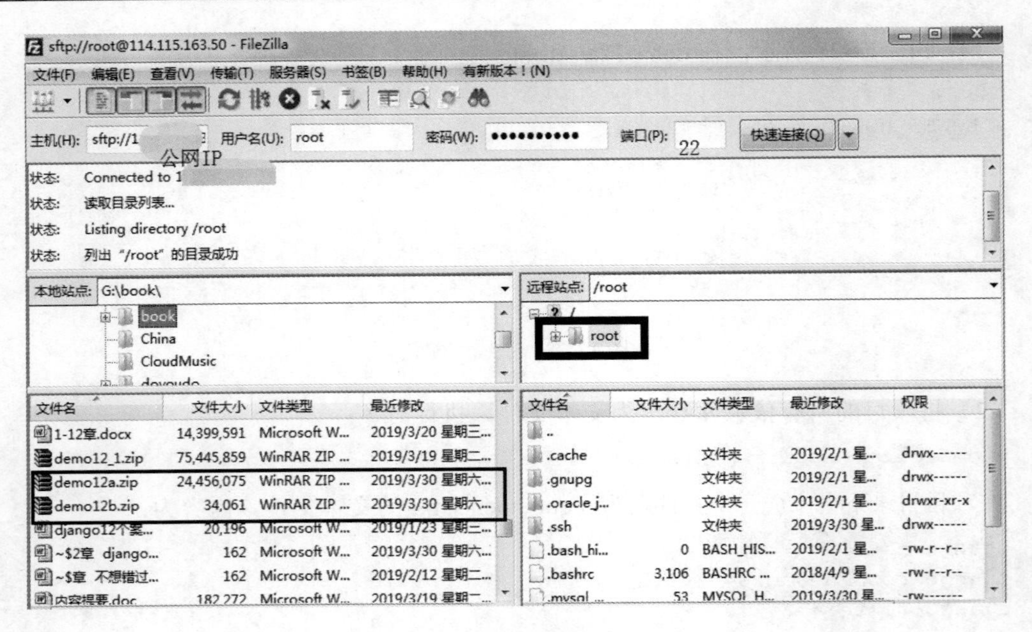

图 12-31 连接服务器成功

如图 12-32 所示，因为是以 root 用户登录的服务器，所以连接服务器默认会切换到/root 目录下，所以需要手动修改切换/home 目录。

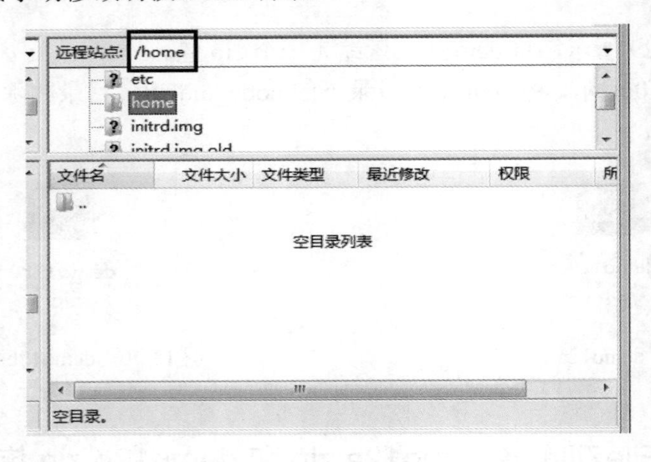

图 12-32 home 目录

注意： 这一步非常关键，不然很容易部署到最后才发现静态文件用户无权访问，造成网页没有静态文件。

通过右键单击 demo12a.zip 文件包和 demo12b.zip 文件包，然后选择上传，即可将这两个文件包上传到服务器的/home 目录下。

如图 12-33 所示，通过 Xshell 切换到/home 命令即可查看到：

```
cd /home
ls
```

```
root@ecs-3868:~# cd /home
root@ecs-3868:/home# ls
demo12a.zip  demo12b.zip
root@ecs-3868:/home#
```

图 12-33　查看上传的文件包

12.3　远程同步数据库

将本地的 MySQL 数据库同步到服务器的 MySQL 中，是很重要的一步。我们已经在服务器上安装了 MySQL 数据库，接下来要做的就是通过配置让服务器端的 MySQL 数据库可以通过本地进行连接，然后将本地的数据库传输到服务器端。

（1）如图 12-34 所示，修改 MySQL 的配置文件，注释掉绑定本地 IP 的语句：

```
vim /etc/mysql/mysql.conf.d/mysqld.cnf
# 英文输入环境下，按 I 键，进入插入模式
#通过上、下、左、右键移动光标，注释掉 bind-address = 127.0.0.1
#英文输入环境下，按 Esc 键，输入:wq 保存并退出
```

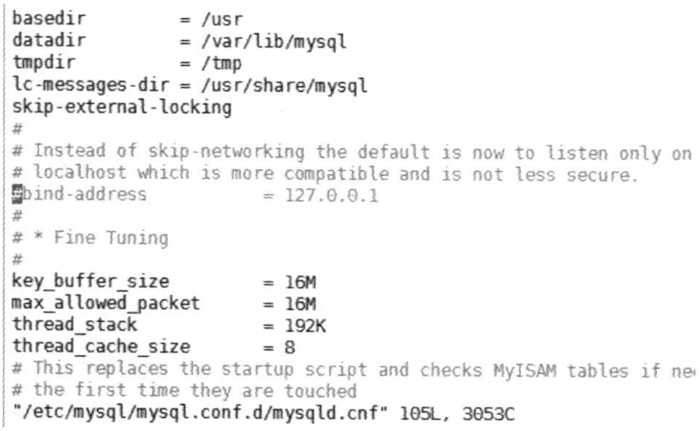

```
basedir         = /usr
datadir         = /var/lib/mysql
tmpdir          = /tmp
lc-messages-dir = /usr/share/mysql
skip-external-locking
#
# Instead of skip-networking the default is now to listen only on
# localhost which is more compatible and is not less secure.
#bind-address           = 127.0.0.1
#
# * Fine Tuning
#
key_buffer_size         = 16M
max_allowed_packet      = 16M
thread_stack            = 192K
thread_cache_size       = 8
# This replaces the startup script and checks MyISAM tables if ne
# the first time they are touched
"/etc/mysql/mysql.conf.d/mysqld.cnf" 105L, 3053C
```

图 12-34　取消本地绑定

（2）设置远程密码：

```
mysql -u root -p
#输入密码（不显示），登录 MySQL
GRANT ALL PRIVILEGES ON *.* TO 'root'@'%' IDENTIFIED BY '123456' WITH GRANT OPTION;
flush privileges;
quit;
```

（3）如图 12-35 所示，打开华为云控制台中的“安全组”页面，查看入口的端口，至少要保证图中所示的端口都是开着的，如果没有打开，可以单击“添加规则”选项将其打开。

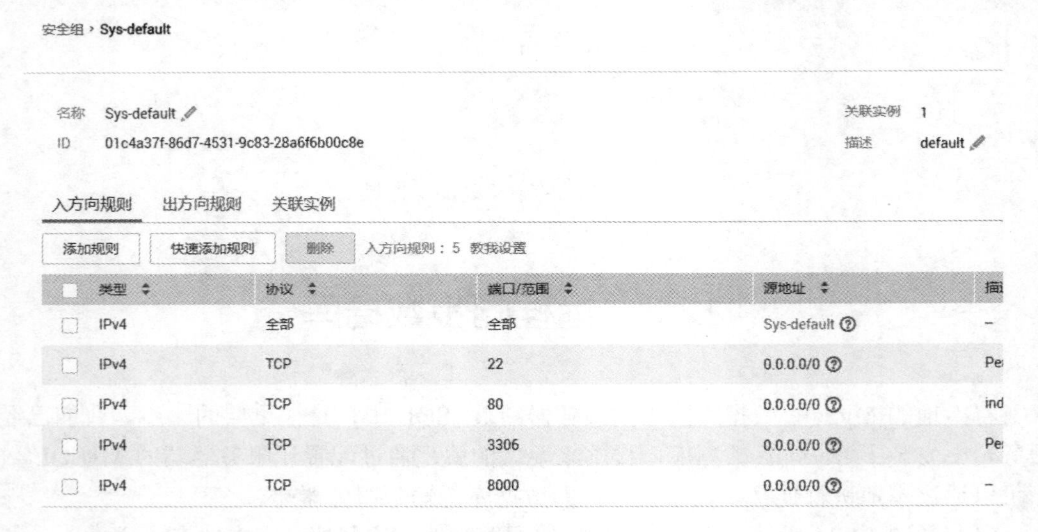

图 12-35　安全组端口

（4）如图 12-36 所示，使用 Navicat 新建 MySQL 连接，连接远程数据库。

（5）如图 12-37 所示，使用 Navicat 连接本地 MySQL 数据库。

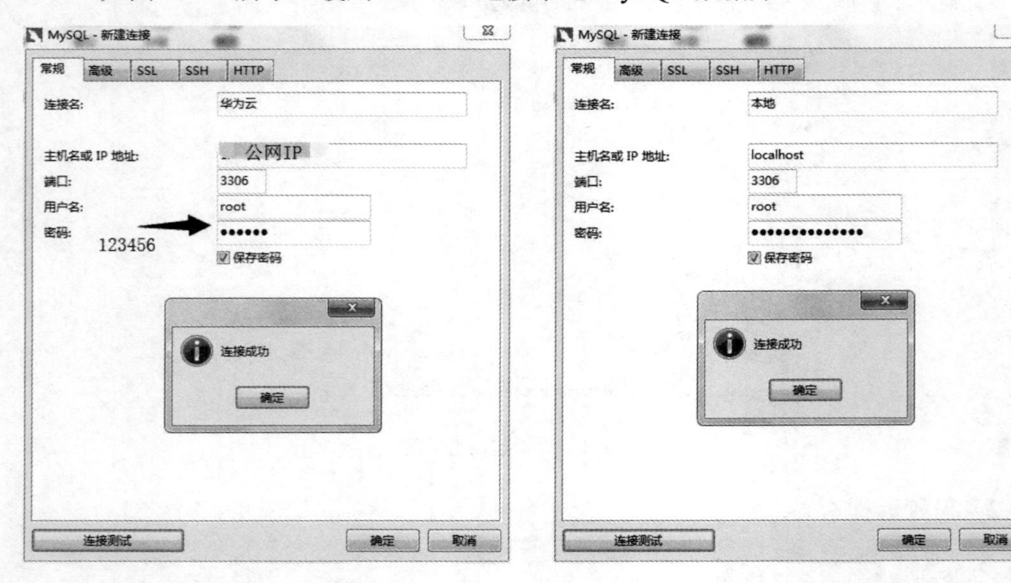

图 12-36　连接服务器 MySQL　　　　图 12-37　连接本地 MySQL

（6）如图 12-38 所示，分别双击两个连接（“华为云”和“本地”），图标从灰色变成绿色，代表建立连接成功了。

（7）如图 12-39 所示，右键单击“本地”，在弹出的菜单中选择“数据传输”选项。

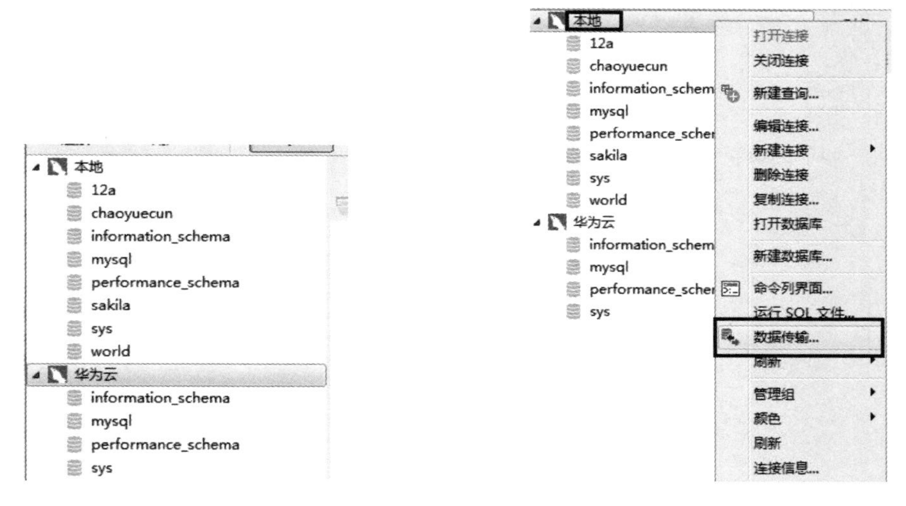

图 12-38　连接两端数据库　　　　图 12-39　选择数据传输

（8）如图 12-40 所示，选择要传输的数据库 12a，选择远程连接的数据库“华为云”，单击“开始”，然后连接页面中单击“确定”按钮，等待数据传输。

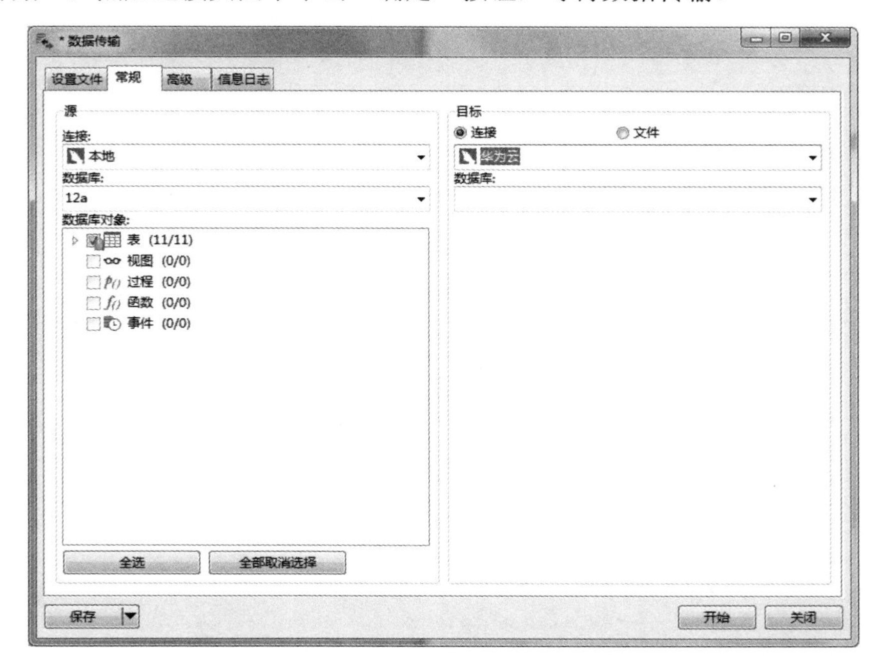

图 12-40　选择要同步的数据库

数据传输成功页面如图 12-41 所示，单击“关闭”按钮，代表数据库已经同步成功。

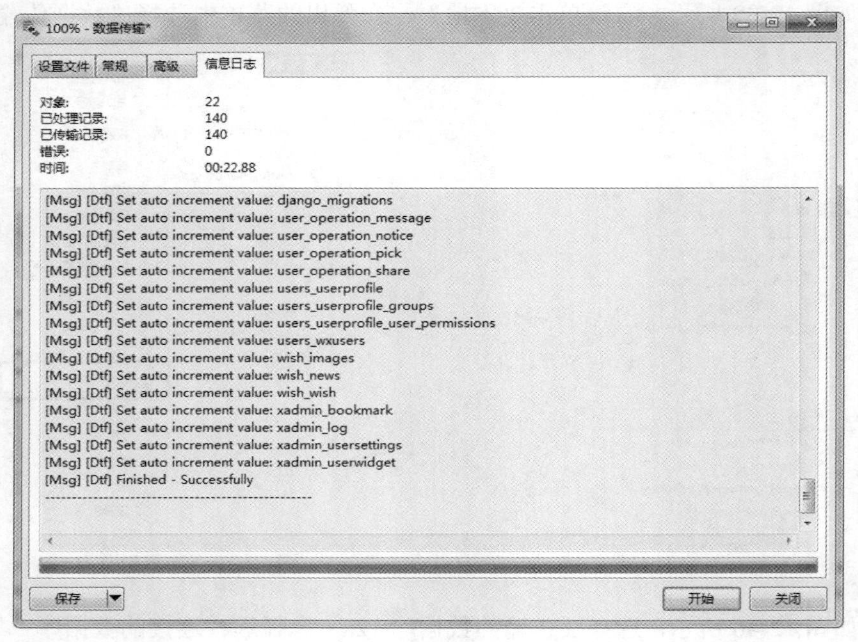

图 12-41　数据同步成功

（9）查看并验证服务器端数据库是否同步成功，如图 12-42 所示，执行命令：

```
mysql -u root -p
#输入密码登录数据库
show databases;
quit;
```

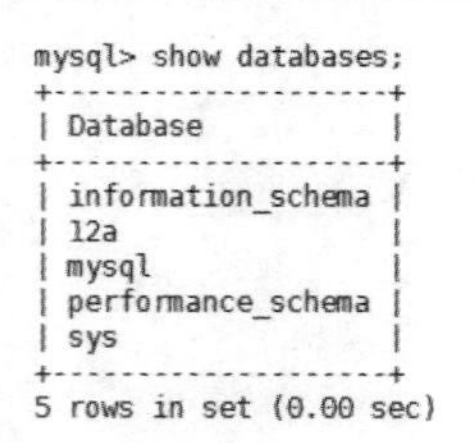

图 12-42　查看数据库

从图 12-42 中可以看到，数据库 12a 已经存在于服务器中了。

（10）如图 12-43 所示，关闭远程访问权限：

```
vim /etc/mysql/mysql.conf.d/mysqld.cnf
# 英文输入环境下，按 I 键，进入插入模式
#通过上、下、左、右键移动光标，去掉 bind-address = 127.0.0.1 这行的注释
#英文输入环境下，按 Esc 键，输入:wq 保存退出
```

```
basedir         = /usr
datadir         = /var/lib/mysql
tmpdir          = /tmp
lc-messages-dir = /usr/share/mysql
skip-external-locking
#
# Instead of skip-networking the default is now to listen only on
# localhost which is more compatible and is not less secure.
bind-address            = 127.0.0.1
#
# * Fine Tuning
#
key_buffer_size         = 16M
max_allowed_packet      = 16M
thread_stack            = 192K
thread_cache_size       = 8
# This replaces the startup script and checks MyISAM tables if needed
# the first time they are touched
:wq
```

图 12-43　修改 MySQL 配置文件

12.4　正式开始部署

为项目上线部署所准备的工作已经做完了，接下来要做的就是将项目部署到服务器环境下。我们给服务器安装了 MySQL 数据库，并且通过 Navicat 将本地的 MySQL 数据库同步到了服务器中，还将前后端项目都压缩为 zip 包通过 FileZilla 上传到了服务器的/home 目录下。剩下的工作，就是让项目可以在云服务器环境下正常地运行。

12.4.1　部署前端项目 demo12b

部署前端项目 demo12b，首先安装前端项目的运行环境，然后安装所有的依赖库，再将前端项目进行打包。具体步骤如下：

（1）安装 node、npm、cnpm 代码如下：

```
apt install nodejs
apt-get install npm
node -v
npm -v
npm install cnpm -g --registry=HTTPS://registry.npm.taobao.org;
cnpm -v
```

（2）如图 12-44 所示，解压 demo12b.zip 文件：

```
cd /home
ls
apt install unzip
unzip demo12b.zip
```

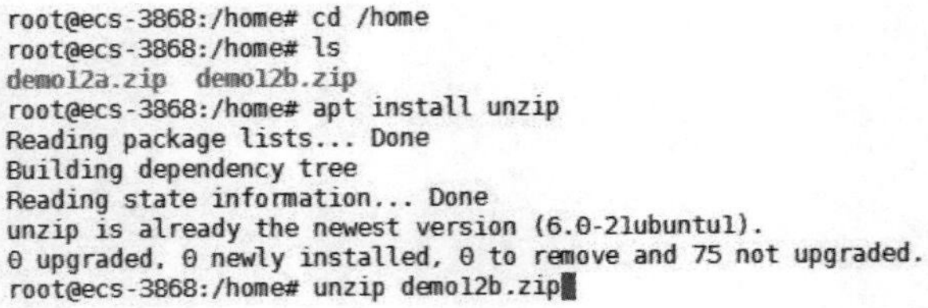

```
root@ecs-3868:/home# cd /home
root@ecs-3868:/home# ls
demo12a.zip  demo12b.zip
root@ecs-3868:/home# apt install unzip
Reading package lists... Done
Building dependency tree
Reading state information... Done
unzip is already the newest version (6.0-21ubuntu1).
0 upgraded, 0 newly installed, 0 to remove and 75 not upgraded.
root@ecs-3868:/home# unzip demo12b.zip
```

图 12-44　解压 demo12b.zip 文件

（3）安装 demo12b 的依赖包：

```
cd demo12b
cnpm install demo12b
```

（4）如图 12-45 所示，将路由模式改成 history 模式：

```
vim src/router/index.js
#加入 mode: 'history'
```

（5）如图 12-46 所示，执行命令：

```
vim src/App.vue
```

将 host 中的回环地址改为公网 IP 地址。

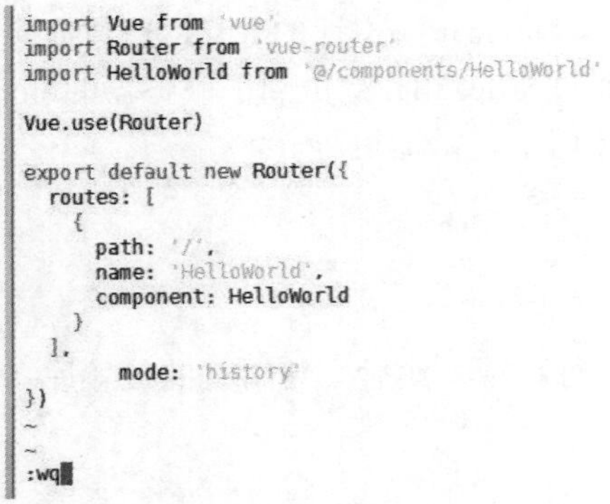

```
import Vue from 'vue'
import Router from 'vue-router'
import HelloWorld from '@/components/HelloWorld'

Vue.use(Router)

export default new Router({
  routes: [
    {
      path: '/',
      name: 'HelloWorld',
      component: HelloWorld
    }
  ],
      mode: 'history'
})
~
~
:wq
```

图 12-45　修改 mode 为 history 模式

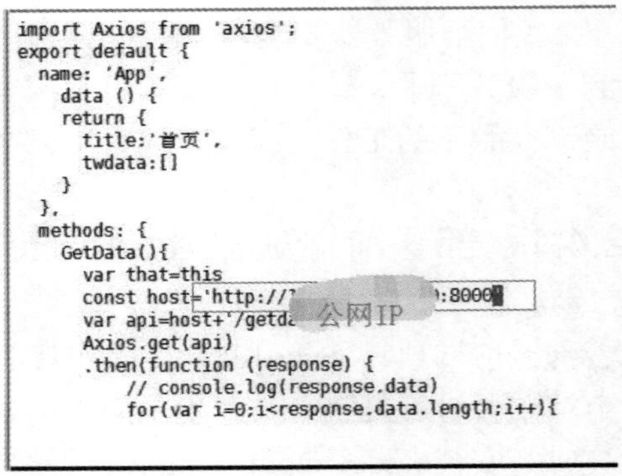

```
import Axios from 'axios';
export default {
  name: 'App',
    data () {
    return {
      title:'首页',
      twdata:[]
    }
  },
  methods: {
    GetData(){
      var that=this
      const host='http://      :8000
      var api=host+'/getda   公网IP
      Axios.get(api)
      .then(function (response) {
          // console.log(response.data)
          for(var i=0;i<response.data.length;i++){
```

图 12-46　修改 host

（6）打包：

```
npm run build
```

如图 12-47 所示，如果打包成功，会生成一个 dist 目录，dist 目录下有 index.html 和 static 目录。

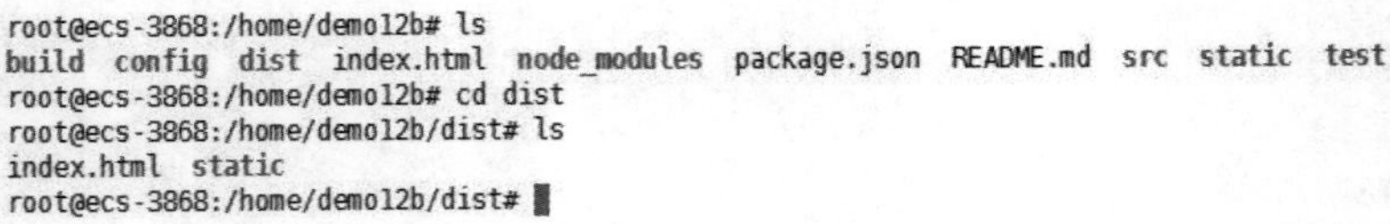

```
root@ecs-3868:/home/demo12b# ls
build  config  dist  index.html  node_modules  package.json  README.md  src  static  test
root@ecs-3868:/home/demo12b# cd dist
root@ecs-3868:/home/demo12b/dist# ls
index.html  static
root@ecs-3868:/home/demo12b/dist#
```

图 12-47　检验打包程序

（7）安装 Nginx 如下：

```
apt-get install nginx
y
```

（8）删除 default，代码如下：

```
#防止错误，先把 default 文件删除
cd /etc/nginx/sites-available/
rm default
ls
cd /etc/nginx/sites-enabled/
rm default
ls
```

（9）新建配置文件如下：

```
cd /etc/nginx/sites-available/
vim demo12.conf
```

编辑内容：

```
i #进入编辑状态
```

如图 12-48 所示，在配置文件内输入以下内容：

```
server {
        listen       80;
        server_name  公网 IP;
        location / {
        root /home/demo12b/dist;
        index index.html;
        }
    }
```

图 12-48　Nginx 配置文件

然后按 Esc 键，输入:wq 保存并退出。

（10）建立软连接如下：

```
cd /etc/nginx/
ln -s /etc/nginx/sites-available/demo12.conf /etc/nginx/sites-enabled/demo12.conf
ls sites-enabled/
nginx -t                                   #查看 Nginx 运行情况
service nginx restart                      #重启 Nginx
```

（11）如图 12-49 所示，通过浏览器访问公网 IP 地址，通过按 F12 键，打开开发者模式，可以看到因为没有启动后端项目，所以报出了错误，没显示图片资源。

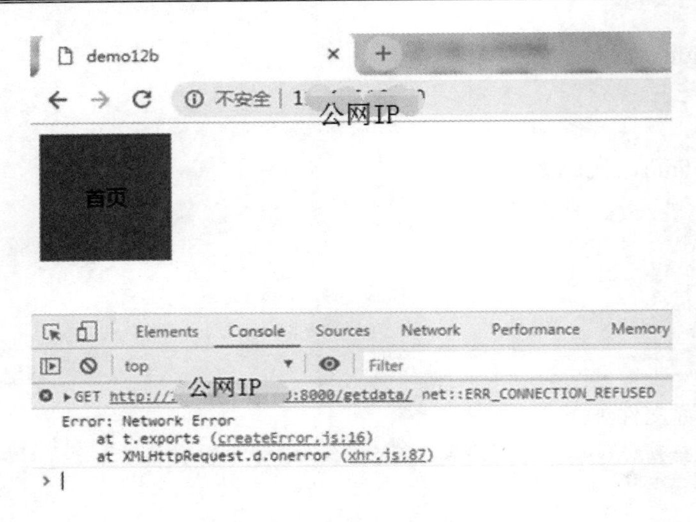

图 12-49　浏览器打印日志

12.4.2　部署后端项目 demo12a

接下来就是部署后端项目 demo12a，部署完 demo12a 以后，前后端分离项目才算正式完成了上线部署。部署后端项目，首先要配置虚拟环境，安装配置 uwsgi，配置 Nginx，具体步骤如下：

（1）解压 demo12a.zip 文件：

```
cd /home
unzip demo12a.zip
ls
```

（2）安装配置虚拟环境如下：

```
#安装虚拟环境
apt-get install Python3-venv
y
#在当前目录下，创建一个 Python3.6 的虚拟环境，命名为 env36
Python3 -m venv env36
. env36/bin/activate
#进入虚拟环境
#退出虚拟环境 deactivate
cd demo12a
pip3 install -r requirements.txt
```

（3）运行测试。执行运行项目命令：

```
Python manage.py runserver 0.0.0.0:8000
```

如图 12-50 所示，通过浏览器访问公网 IP，即可看到完整的项目首页，同时控制台也不报错。

图 12-50　首页测试

按 Ctrl+C 组合键退出运行状态。

（4）安装 uwsgi 到系统环境下：

```
#退出虚拟环境
deactivate
cd ..
apt install Python3-pip
y
pip3 install uwsgi
#使用 uwsgi 启动项目
uwsgi --chdir /home/demo12a --home /home/env36 --http :8000 --module demo12a.wsgi
#/home/demo12a 代表项目路径
#/home/env36 代表虚拟环境路径
```

如图 12-51 所示，通过浏览器访问公网 IP，即可看到使用 uwsgi 也成功启动了项目。

（5）配置 uwsgi 如下：

```
cd /home
mkdir demo12_uwsgi        #创建一个目录，专门存放 uwsgi 的相关文件
cd demo12_uwsgi/
vim demo12.ini            #创建一个 ini 文件
```

输入内容如下：

```
[uwsgi]
#项目目录
chdir= /home/demo12a
#wsgi 目录
```

```
module = demo12a.wsgi:application
#虚拟环境
home = /home/env36
master = true
processes = 1
socket= 0.0.0.0:9000
vacuum= true
#后台运行 uwsgi
daemonize=yes
```

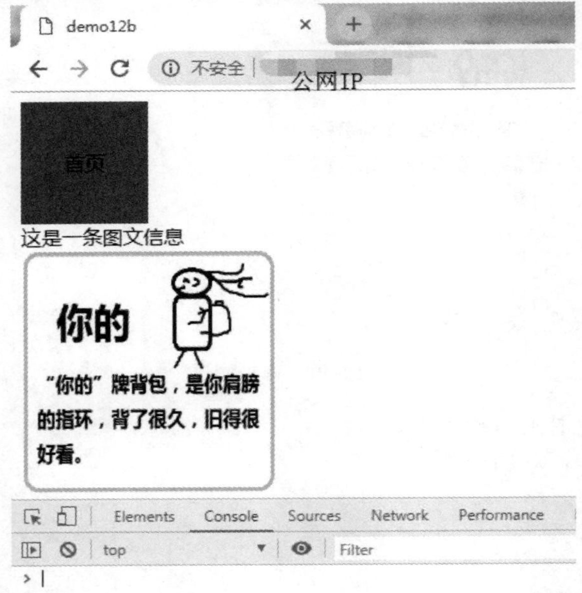

图 12-51　首页

注意：vim 编辑器进入编辑模式、保存和退出方法，请参考 12.3 节。

（6）执行通过 ini 启动项目命令：

```
uwsgi --ini /home/demo12_uwsgi/demo12.ini
```

（7）执行检验是否启动了多线程的命令，如图 12-52 所示，显示有多条线程运行，代表成功启动了多线程。

```
ps -aux | grep uwsgi
```

```
[uWSGI] getting INI configuration from /home/demo12_uwsgi/demo12.ini
root@ecs-3868:/home/demo12_uwsgi# ps -aux | grep uwsgi
root      24683  1.0  0.8 105164 34504 ?        S    23:21   0:00 uwsgi --ini /home/demo12_uwsgi/demo12
.ini
root      24685  0.0  0.6 105164 27400 ?        S    23:21   0:00 uwsgi --ini /home/demo12_uwsgi/demo12
.ini
root      24687  0.0  0.0  14428  1152 pts/0    S+   23:21   0:00 grep --color=auto uwsgi
root@ecs-3868:/home/demo12_uwsgi#
```

图 12-52　多线程

（8）修改 Nginx 配置文件，如图 12-53 所示，在原本的配置代码后增加如下代码：

```
server{
  listen 8000;
  server_name 114.115.163.50;
  charset utf-8;
  client_max_body_size 75M;
  location /static {
    alias /home/demo12a/static;
  }
  location /media {
    alias /home/demo12a/media;
  }
  location / {
    uwsgi_pass 127.0.0.1:9000;
    include /etc/nginx/uwsgi_params;
  }
}
```

然后重启 Nginx 服务：

```
service nginx restart #重启 Nginx
```

（9）为了显示后台管理页面的样式，还需要收集静态文件：

```
cd /home
. env36/bin/activate
cd chaoyuecun
Python manage.py collectstatic
```

（10）如图 12-54 所示，使用浏览器再次访问公网 IP，成功的获取到了首页数据。

```
server {
        listen        80;
        server_name   公网IP;
        location / {
        root /home/demo12b/dist;
        index index.html;
        }
    }

server{
  listen 8000;
  server_name 公网IP;
  charset utf-8;

  client_max_body_size 75M;

  location /static {
    alias /home/demo12a/static;
  }
  location /media {
    alias /home/demo12a/media;
  }

  location / {
    uwsgi_pass 127.0.0.1:9000;
    include /etc/nginx/uwsgi_params;
  }
}
```

图 12-53　Nginx 配置

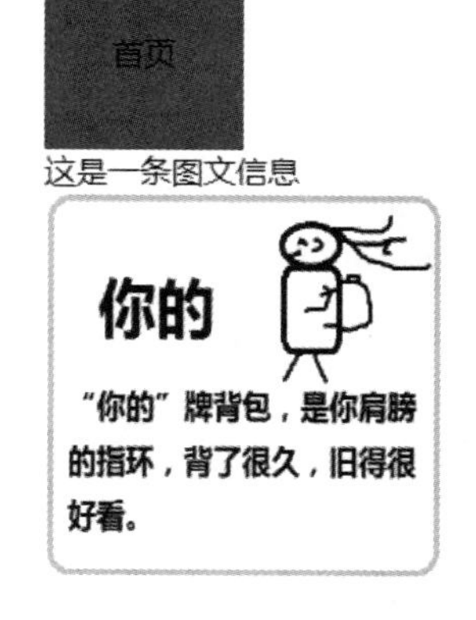

图 12-54　首页页面

至此，我们前后端分离项目上线部署成功。

推荐阅读

Python Flask Web开发入门与项目实战

作者：钱游　书号：978-7-111-63088-3　定价：99.00元

从Flask框架的基础知识讲起，逐步深入到Flask Web应用开发
详解116个实例、28个编程练习题、1个综合项目案例

本书从Flask框架的基础知识讲起，逐步深入到使用Flask进行Web应用开发。其中，重点介绍了使用Flask+SQLAlchemy进行服务端开发，以及使用Jinja 2模板引擎和Bootstrap进行前端页面开发，让读者系统地掌握用Python微型框架开发Web应用的相关知识，并掌握Web开发中的角色访问权限控制方法。

React+Redux前端开发实战

作者：徐顺发　书号：978-7-111-63145-3　定价：69.00元

阿里巴巴钉钉前端技术专家核心等三位大咖力荐

本书是一本React入门书，也是一本React实践书，更是一本React企业级项目开发指导书。书中全面、深入地分享了资深前端技术专家多年一线开发经验，并系统地介绍了以React.js为中心的各种前端开发技术，可以帮助前端开发人员系统地掌握这些知识，提升自己的开发水平。

Vue.js项目开发实战

作者：张帆　书号：978-7-111-60529-4　定价：89.00元

通过一个完整的Web项目案例，展现了从项目设计到项目开发的完整流程

本书以JavaScript语言为基础，以Vue.js项目开发过程为主线，系统地介绍了一整套面向Vue.js的项目开发技术。从NoSQL数据库的搭建到Express项目API的编写，最后再由Vue.js显示在前端页面中，让读者可以非常迅速地掌握一门技术，提高项目开发的能力。